新农科·专题论丛
年度进展报告系列

全国新农科建设进展报告

（2021–2022）

全国新农科建设中心

中国教育出版传媒集团
高等教育出版社·北京

内容简介

本书是由教育部高等教育司指导，全国新农科建设中心编写的全国新农科建设系列报告之一。

本书设置总报告、专题研究、国际动态、专家观点、典型案例五个内容模块，系统梳理新农科建设启动以来的进展与成效，与此同时，重点聚焦学科专业布局调整，从宏观、中观的历史与国际维度对我国新农科专业建设的方向与路径作出研判。汇集专家观点及18所高校新农科建设典型案例，从理念到行动，集中展现新农科建设的理论与实践探索，为推动新农科建设再深化、再提高提供借鉴与启示。

图书在版编目（CIP）数据

全国新农科建设进展报告．2021—2022/全国新农科建设中心编．-- 北京：高等教育出版社，2022.10

ISBN 978-7-04-059257-3

Ⅰ．①全… Ⅱ．①全… Ⅲ．①农业科学－学科建设－研究报告－中国－2021－2022 Ⅳ．①S

中国版本图书馆CIP数据核字（2022）第154519号

Quanguo Xinnongke Jianshe Jinzhan Baogao

策划编辑 孟 丽 赵晓玉　责任编辑 赵晓玉　封面设计 李沛蓉　责任印制 赵义民

出版发行 高等教育出版社
社 址 北京市西城区德外大街4号
邮政编码 100120
印 刷 北京中科印刷有限公司
开 本 787mm×1092mm 1/16
印 张 17
字 数 370千字
购书热线 010-58581118
咨询电话 400-810-0598
网 址 http://www.hep.edu.cn
http://www.hep.com.cn
网上订购 http://www.hepmall.com.cn
http://www.hepmall.com
http://www.hepmall.cn
版 次 2022年10月第1版
印 次 2022年10月第1次印刷
定 价 56.00元

物 料 号 59257-00

《全国新农科建设进展报告（2021—2022）》

编委会

主　任　孙其信

成　员（按姓氏笔画排序）

安黎哲　严纯华　李　斌　李召虎　吴朝晖

吴普特　张卫国　陈发棣　徐　辉

编写组

主　编　孙其信

副主编　林万龙　曹志军　金　帷

成　员　杨　娟　赵　勇　朱菲菲　邓淑娟

前　言

2019 年 9 月 5 日，习近平总书记给全国涉农高校的书记校长和专家代表回信，充分肯定了涉农高校牢记办学使命，精心培育英才，加强科研创新，为"三农"事业发展作出的积极贡献。深切希望全国涉农高校继续以立德树人为根本，以强农兴农为己任，拿出更多科技成果，培养更多知农爱农新型人才，为推进农业农村现代化、确保国家粮食安全、提高亿万农民生活水平和思想道德素质、促进山水林田湖草系统治理，为打赢脱贫攻坚战、推进乡村全面振兴作出新的更大的贡献。总书记的重要回信充分体现了以习近平同志为核心的党中央对高等农林教育的亲切关怀和对加快推进农业农村现代化建设的高度重视，为高等学校全面落实立德树人根本任务，全面推进新时代高等教育、特别是高等农林教育改革发展，大力培养适应时代、引领时代的新型人才进一步指明了前进方向，提供了根本遵循。

全国高等农林教育战线始终牢记总书记嘱托，切实把总书记的重要回信、重要指示批示精神贯彻落实到新农科建设的全过程、各环节。2019 年，面向新农业、新乡村、新农民、新生态，先后推出《安吉共识》《北大仓行动》和《北京指南》，奏响了新农科建设"三部曲"，从宏观、中观、微观层面对新农科建设作出总体部署。2021 年 10 月，召开全国新农科建设工作推进会，对深入推进农林教育创新发展作出系统部署，进一步提升农林院校强农兴农的使命担当，坚定自主培养高素质农林人才的决心信心。

为深入贯彻落实习近平总书记的重要回信、重要指示批示精神，在教育部高等教育司的指导下，全国新农科建设中心编写了《全国新农科建设进展报告（2021—2022）》。全书主要包括四方面内容。

一是新农科建设总体进展。系统梳理我国 50 余所涉农高校推进新农科建设、服务脱贫攻坚和乡村振兴的进展与成效；基于教育部首批新农科研究与改革实践项目，分析新农科研究与改革实践的主题特征；回顾"十三五"期间我国高等农林教育改革与发展政策并展望"十四五"期间高等农林教育改革路径。

二是新农科专业建设专题研究。系统回顾我国农科专业目录调整以及主要涉农高校学科专业结构的历史变迁；聚焦我国农科专业设置的主要问题，立足新农科专业建设的重要战略面向，提出新农科专业的建设理念和重点建设领域；并以五所涉农高校为案例呈现涉农高校新农科专业建设的主要路径。

三是国外高等农林教育改革动态。分析国外高等教育人才培养改革趋势；分析加利福尼亚大学戴维斯分校等七所一流涉农高校人才培养改革及教育教学改革规划；分析英美两国农科专业目录调整情况、四所英美高校涉农学科专业结构调整和跨学科专业设置情况。

四是新农科理论研究与实践案例。收录多位专家学者关于新农科建设的理论研究成果，集中阐释了新农科建设的内涵和路径；汇集 18 所涉农高校新农科改革实践典型案例，展现新农科建设的进展与成效。

希望本书对涉农高校教育工作者、研究者及感兴趣的读者提供有价值的参考和借鉴，对推动全国新农科建设再深化、再提高，不断开创高等农林教育新局面发挥启示作用。

全国新农科建设中心

2022 年 7 月

目　录

总报告

3 /　胸怀“国之大者”　高质量推进全国新农科建设
20 /　新农科研究与改革实践：方向与路径分析
29 /　“十三五”期间我国高等农林教育改革与发展政策分析

专题研究

37 /　我国农科专业目录历次调整回顾
48 /　我国农林高校专业结构布局情况
54 /　我国新农科专业体系构建研究
65 /　新农科专业建设进展院校案例

国际动态

79 /　国外高等教育人才培养改革重要趋势
85 /　国外一流涉农高校人才培养改革与规划分析
112 /　英美农科专业目录调整情况
118 /　英美涉农高校农科专业调整及跨学科专业设置

专家观点

129 /　新农科：历史演进、内涵与建设路径

139 /　新农科教育的内在机理及融合性发展路径
150 /　新时代推进新农科建设的挑战、路径与思考
161 /　新农科建设的必要性、框架设计与实施路径

典型案例

173 /　中国农业大学：牢记强农兴农使命　奋战全面乡村振兴
177 /　北京林业大学：以总书记回信精神为指引　为生态文明建设培养时代新人
182 /　吉林大学：综合性大学新农科建设机制的实践探索
187 /　东北林业大学："四个坚持"推动新农科建设发展
191 /　南京农业大学：农科教融合发展的"南农模式"
196　浙江大学：面向国家战略需求培养创新型农科拔尖人才
200　华中农业大学：牢记初心使命　服务乡村振兴
204　西南大学：立德树人　强农兴农
208　西北农林科技大学：牢记使命　勇担责任　为乡村振兴战略实施贡献西农力量
212　兰州大学：初心如磐　笃行不怠
215　宁夏大学：融入新发展格局　助力乡村振兴
218　内蒙古农业大学：聚焦草原畜牧业　建设北疆新农科
222　吉林农业大学：构建"三融三通"一体化协同育人模式
226　东北农业大学：开改革发展新路　育卓越农林新才　全力助推新农科建设
232　黑龙江八一农垦大学：构筑底蕴支撑　营造新农科建设新生态
236　扬州大学：发挥综合性大学优势　勇担强农兴农使命
240　浙江农林大学：深耕绿水青山　扎实推进新农科建设
245　云南农业大学：扎根西南边疆　矢志不移培养新型农科人才

249 /　新农科大事记
257 /　安吉共识——中国新农科建设宣言
261 /　全国新农科建设进展简报

总　报　告

胸怀“国之大者” 高质量推进全国新农科建设

——2019年以来全国新农科建设进展与成效

2019年，教育部全面启动新农科建设，标志着中国高等农林教育改革进入新阶段。2019年9月，习近平总书记给全国涉农高校的书记校长和专家代表回信，对涉农高校办学方向提出要求，为知农爱农新型人才培养指明了方向。近3年来，全国涉农高校全面贯彻落实总书记重要回信精神，牢固树立面向新农业、新乡村、新农民、新生态的“四新”建设理念，以新农科建设为统领，勇担“立德树人、强农兴农”时代重任，协同推进新农科建设工作格局不断拓展，知农爱农新型人才培养体系建设持续完善，服务乡村全面振兴取得重要成果。

一、学习领会回信精神，深刻认识新农科建设重大意义和涉农高校新时代使命

总书记重要回信精神，为新时代高等农林教育改革和发展方向提出了新的战略指引，为全体农林高校在新时代进一步强化人才培养、科技创新和社会服务办学职能提出了根本遵循，更为农林高校如何更好地为党分忧、为国奉献，再建新业、再立新功提出了新的行动指南。

党的十八大以来，以习近平总书记为核心的党中央高度重视“三农”工作，提出了推进农业农村现代化、实现乡村全面振兴的重大战略部署。全面实现乡村振兴，人才和科技是重要的支撑力量。面向科技强国和教育强国的重大战略需求，面向粮食安全与农业农村现代化主战场，面向国际农业科技变革与产业变革新趋势，面向未来国际竞争之大变局，我国高等农林教育面临前所未有的改革、转型与创新的内外部需求与动力。推动新农科建设，是高等农林教育在新时代创新发展的重要战略举措，也是新时代高等农林教育的系统性变革，事关高等农林教育是否能够适应我国农业农村现代化乃至全球农业的重大转型和快速发展。

二、系统谋划，协同构建新农科建设工作格局

总书记回信以来，高等农林教育战线提高政治站位，深刻认识高等农林教育对支撑服务乡村全面振兴的重大意义，坚定自主培养高素质农林人才的信心，将强烈的使命感和紧迫感转化为扎实的行动，以新农科建设突出成就回应总书记的殷切期待。

加快推进新农科建设，奏响“安吉共识”“北大仓行动”“北京指南”新农科建设“三部曲”，统筹布局407项新农科研究和改革实践项目，全面推动新农科研究与改革实践。制定出台《加强和改进涉农高校耕读教育工作方案》，大力培养知农爱农新型人才。在总书记回信一周年之际，教育部组织召开了“学习贯彻习近平总书记给全国涉农高校的书记校长和专家代表重要回信精神一周年座谈会”，全面总结各地各高校贯彻落实总书记重要回信情况。成立全国新农科建设中心，组织召开全国新农科建设工作推进会。从宏观、中观、微观层面，层层递进、环环相扣，共同构成了全面推动新农科建设的完整体系。各地教育行政部门、各涉农高校上下联动，凝心聚力，形成协同推进新农科建设的良好局面。

三、以立德树人为根本，大力强化新农科人才培养

全国涉农高校牢记总书记嘱托，落实立德树人根本任务，积极推进耕读教育，优化学科专业布局，培育高水平师资，开展教育教学改革，推进新农科建设不断取得新成效。

（一）强化知农爱农情怀教育

培养既有高尚道德情操，又有扎实理论基础，还有广博国际视野，更有卓越实践能力的知农爱农新型人才，最重要的是在教育教学的全过程，全方位深化农林学子的“三农”价值塑造和“三农”情怀教育，以中华五千年农业文明和农耕文化的传承创新坚定“四个自信”，以感恩乡土、感悟乡村、感知乡音、感动乡民的足迹和历练锻造农林学子心系“三农”、情牵“三农”、行为“三农”的赤子情怀。

1. 大力推进课程思政建设，夯实立德树人基础

中国农业大学率先启动并完成了全校本科课程从“教学大纲”到“育人大纲”的转变，引导每一门课程从知识传授、能力提升、人格完善三个层面系统设计教学目

标、育人使命和教学内容；率先打造全国首门“大国三农”在线开放课程，2020年12月至2021年6月半年间，选课高校已达65所，选课人数累计1.2万，在学习强国平台的点击量突破210万，引领了全国高校乃至全社会的知农爱农教育；率先开展“专业课发挥思政功能”专项教改，连续4年在全校累计支持218门本科专业课程探索和推广将思政教育融入专业课建设的经验。西北农林科技大学构建农林特色课程思政领航体系；建设课程思政示范课程236门，编印《社会主义核心价值观和中华优秀传统文化教育案例集——课程思政示范课优秀案例》。南京农业大学立项建设125门校级课程思政示范课程，覆盖所有学院所有学科专业；推出“大国三农”教育系列教材，建设“秾味思政”系列课程，实现课程思政在各类课程中全覆盖。华中农业大学立项课程思政项目230项，成立课程思政教学研究与实践中心，发起成立“高等农林院校课程思政联盟”；搭建了全国农林院校课程思政建设交流平台。东北林业大学重点打造生态文明教育类一流课程和以生态文明为着眼点的课程思政教育。西南大学、江南大学要求将立德树人和课程思政元素融入相关涉农专业的培养目标、毕业要求、课程体系设置。河北农业大学、沈阳农业大学连续出版课程思政案例辑要。江西农业大学、天津农学院的党委书记等校领导亲自主讲相关思政课程。

2. 创新开展耕读教育，培育“三农”情怀

中国农业大学构建了知识、认知、实践、文化四个维度的劳动教育框架，实现耕读教育全覆盖，并牵头农林高校编写《耕读教育十讲》教材，建设耕读实践基地，全校近3 000名一年级本科生成为首批“劳动周”的践行者，通过亲身实践，树立正确劳动价值观，理解耕读文化，厚植“三农”情怀。华中农业大学从19世纪90年代末倡导“手脑并用，知行合一”到2019年第十次党代会提出“德智体美劳五育并举”“以社会责任感、自主学习能力、实践创新能力、全球胜任力培养为重点”，耕读教育的理念和实践不断丰富。山西农业大学聚焦构建耕读教育体系，拓展人才培养实践路径，制定《山西农业大学加强新时代劳动教育的实施方案》，开设人文素养与文化传承、农业发展与生态文明方面的通识课，举办“耕读讲堂”专题教学活动，通过真人、真事、真心话，感染学生、引领学生；学校在万荣县建立中国农民丰收节农耕文化实践教育基地，挖掘万荣县黄河农耕文化资源优势，把丰收节庆的历史价值、文化价值、社会价值，进一步转化为学校实践教育和劳动教育的鲜活资源，通过农耕文化熏陶，滋养“懂农业、爱农村、爱农民”情怀。

3. 深入开展社会实践，强化使命担当

西北农林科技大学打造“知农爱农”社会实践品牌。连续多年组织开展“三下乡”“青年红色筑梦之旅”、驻村驻点支教支农等系列品牌实践活动，通过国情民情教育和社会实践，学生“四个自信”更加坚定，学农爱农意识和强农兴农使命感、责任感显著增强。华中农业大学打造“行走的思政课堂”，组织“耕读路上”社会实践，让学生亲历农业发展变革，培养学生“三农”情怀。近3年来，共有3万多名学生深入“三农”领域开展实践，锤炼强农兴农本领。河北农业大学将参观现代农业体验中心、“德润农大”道德实践馆、太行山道路展览馆和碑廊等作为新生入学教育重要内容，培养学生知农爱农情怀。江西农业大学开展暑期“三下乡”社会实践活动，让学生学习红色革命历史和校情校史，传承共大精神和农耕文化，培植大学生“三农”情怀和致力乡村振兴的使命担当。

（二）聚力学科专业布局

新农科建设是涉农教育的创新发展。农科专业创新、拓展和融合发展是新农科建设的重点，也是难点。其总体目标着眼于从面向过去和现在的专业布局系统升级为面向未来的专业布局。为此，新农科建设启动以来，各涉农高校加强对学校学科专业布局调整的整体规划，调整存量、优化增量、用好学科交叉融合的“催化剂”，聚焦科技前沿、国家战略需求和区域经济社会发展需要，不断加速推进农林专业供给侧改革。

1. 改造、升级传统农科专业，重构农科专业体系及知识结构

对传统农科专业的改造是新农科专业建设的重要内涵。随着现代农业与第二、第三产业的深度融合，现代农业作为现代技术的重要应用场景快速发展，新产业、新业态不断涌现，为此，将现代生物技术、信息技术、工程技术等融入传统农科专业人才培养，并重构其知识体系成为新农科专业建设领域一项重要改革实践。南京农业大学为确保前沿技术进入核心课程建设，对农学、种子科学与工程、植物保护、园艺、中药学、农业资源与环境等作物科学类专业集群进行升级改造，更新作物科学类专业毕业要求，将现代生物技术、信息技术、工程技术、人文社科知识等融入人才培养，构建多学科交叉融合的人才培养方案。浙江大学不断深化新农科专业内涵建设。以一流本科专业建设为抓手，推进“学科—专业”的一体化协同发展，以“宽口径、模块化”的思路，优化专业设置；2019年以来，新增专业6个、撤销专业4个、恢复招生专业2个。河海大学修订农业水利工程专业培养方案，在课程体系中增设人工智能、生物工程、生态工程、BIM（建筑信息模型）技术等课程或教学内容。吉林大学按照“扶优扶特、升级改造、优胜劣汰”的思路优化学校学科专业结构，促进涉农专业建设水平的提升。南京林业大学制定《本科专业结构优化实施方案》，按照“停招撤销一批、升级改造一批、规划布局一批、重点建设一批”的思路，改造升级传统林科专业8个，主动布局特色鲜明新农科专业3个。

2. 打破学科壁垒，布局新建新工科、新农科、新文科专业

新农科建设要打破学科壁垒，用好学科交叉融合的“催化剂”，实现农工、农理、农医、农文等的深度交叉融合。现代化农业是通过多学科交叉、多技术耦合、多领域渗透的综合性农业生产体系，其突出特点是突破传统学科边界和产业划分。新农科建设启动以来，中国农业大学、浙江大学、吉林大学、江苏大学充分依托在农机装备关键技术攻关上取得的积极进展，设立农业智能装备专业，目前该专业全国布点数达到10个。华中农业大学、上海交通大学、扬州大学等27所高校设立智慧农业专业，培养掌握农业生产、装备设计制造、信息化、智能化等多领域跨学科知识，拥有系统工程思维与创新能力，具有解决实际复杂问题能力的复合型人才。西北农林科技大学出台“关于加快推进新农科专业建设的意见”，不断深化专业供给侧结构性改革，扎实推进新农科建设；近年来增设智慧牧业科学与工程等7个新农科专业，开办智慧牧场、城乡社会管理等辅修专业。华中农业大学坚持“四个面向”，以智慧农业为引领，改造老专业、设置新专业，推动农工、农理、农文交叉融合，促进学科专业优化调整。

3. 面向服务乡村全面振兴战略需求，设置新兴农科专业

新农科建设要面向国家战略需求，加快急需紧缺人才培养，不断提升农林人才培养对乡村振兴战略的适应度。中国农业大学为适应农业作为经济、生态、社会和文化多功能为一体的产业发展格局，设置生物质科学与工程、土地整治工程、食品营养与健康等新型农科、工科专业，增设兽医公共卫生、土地科学与技术、社会政策等新专业。东北农业大学、河南农业大学、中国地质大学等15所高校设立土地整治工程专业，面向生态文明建设对生态保护修复和空间治理人才需求，培养具有工程学、资源学、生态学等学科知识的应用型工程技术人才。西北农林科技大学、华中农业大学、江南大学等25所高校设立食品营养与健康专业，聚焦营养源与健康、精准营养与健康工程、营养与流行病、食品质量与食品安全等方向开展人才培养。浙江农林大学按照“面向需求、聚焦农林、彰显生态”的原则，构建面向全产业链的智慧农业、现代林业、人居环境、绿色生态等六大专业群。江苏大学“以工强农，以融兴农”，不断强化新农科、新工科一体化建设布局。

4. 瞄准科技前沿和关键领域，加快布局生物育种紧缺专业

为加快国家急需紧缺人才培养，2021 年，中国农业大学依托“强基计划”推进生物育种专业建设，以突破种源“卡脖子”瓶颈，打赢种业翻身仗为目标，培养具备扎实的遗传学、分子生物学、农业生物基因组学、生物信息学、人工智能等理论知识，掌握动植物种质资源创新、数字化育种、基因编辑等新兴前沿技术的种业领军人才，引领种业创新与发展。2022 年，学校获批设立国内首个生物育种科学本科专业。西北农林科技大学 2022 年获批“强基计划”招生改革试点，依托种子科学与工程和动物科学两个专业，选拔培养未来致力于国家种业科技发展和种源安全的拔尖创新人才，助力国家打好种业翻身仗。

（三）深化人才培养模式改革

坚定不移走好农林人才自主培养之路，开创具有中国特色的农林人才培养模式是关键。新农科建设启动以来，涉农高校不断深化人才培养模式改革与创新，打造人才培养新模式，实施卓越农林人才教育培养计划升级版，在探索卓越农林人才分类培养、推进农科教协同育人等关键方面取得重要进展和成效。

1. 推进“通专平衡、通专融合”人才培养模式改革

不断深化通识教育与专业教育相融合的人才培养模式改革探索。2016 年，中国农业大学明确提出“通专平衡、全面发展”的人才培养理念。2021 年，学校进一步明确“通专平衡、交叉融合”的新一轮改革理念，通过学生培养方案修订及制度体系设计持续推进人才培养模式改革，实现融汇通专的人才培养目标。首先，通过培养方案修订重构人才培养知识体系，构建通识、大类、专业三层次课程体系，强调多学科知识的基础支撑与交叉融合，又强调相近学科专业在知识体系上的系统设计与融合互通，实现科学与人文融合、通识与专业融合、思政与育人融合。其次，推动教学治理体系改革，建立完善责权清晰、运行有效的“学校—学院—基层教学组织—课程”的组织构架，充分发挥通识教育委员会、大类平台课程委员会等人才培养专门委员会的作用，形成“自上而下”和“自下而上”的联动机制。浙江大学充分发挥综合性大学优势，实施大类招生、大类培养，成立“数理化生公共基础课程教学平台”，强化数理化生基础教学，为农科学生未来发展奠定基础。坚持“知识、能力、素质、人格”并重的培养理念，完善“通专跨国际化”课程体系，深化“四课堂融通”的培养路径，加强农学创新人才培养。

2. 探索卓越农林人才分类培养模式

为持续推进拔尖创新人才培养探索，设立人才培养“特区”，有效衔接本科生教育与研究生教育，探索本硕博贯通拔尖人才培养模式。南京农业大学于2019年成立金善宝书院，书院培养模式融合荣誉教育、通识教育与书院文化，集中建设通识教育核心课程，开设高阶荣誉课程，推行小班化教学与跨学科学习，实行全员导师制、科研训练与国际访学交流全覆盖、学制贯通本研教育。吉林大学打造“基础学科拔尖人才培养计划”唐敖庆理科实验班、“卓越农林人才教育培养计划”动物医学拔尖创新人才实验班。华中农业大学制订“狮山英才班”本博贯通培养方案，培养一批未来能够在粮食安全、食品安全、生态安全等方面作出重大贡献的领跑人才，全面带动学校拔尖创新人才培养。在复合应用型人才培养上持续深化校企合作育人，实现人才培养紧密对接产业需求。北京林业大学基于林业产业发展需求，实施农文交叉融合复合型农林管理人才培养创新与实践，深入推进“农林＋经管”的复合型人才培养的改革探索。在实用技能型人才培养上探索通过订单、定向培养方式为基层输送“一懂两爱”人才。广西大学结合地方产业对农林人才需求及学校定位，采取“1+X”主辅修制、本硕贯通、创新创业三种人才培养模式。

3. 推动科教协同、产教融合、校地合作人才培养模式改革

吉林省融合共生，内外协同，链接优质教育资源、学术资源与产业资源，以创新发展推动人才链、创新链与产业链的融合发展；实施“一省一校一所”推动农科教深入融合，推动吉林农业大学和省农科院全方位合作，形成了“三融三通”一体化育人的“吉林模式”。西南大学深化农科教协同育人，实施“一省一校一所”科教协同育人探索与实践，与重庆市畜牧科学院签订战略合作协议建立合作办学育人、合作科研攻关的长效机制，推进教育资源与科研资源紧密结合。加强与产业、企业合作，打造协同创新的实践育人平台。南京农业大学新建协同育人基地127个，与科研机构、企事业单位共建研究生工作站100余个。江南大学构建“校、地、产、研、训”五位一体的实践教育体系，与地方合作共建校地产业技术研究院（所）9个。华中农业大学不断深化“专业＋”协同育人，累计开发创业案例课92门，产学合作育人项目86个，开办校企合作创新班9个，聘请189名企业骨干担任校外导师，基于产业链建立实践基地346个。

（四）培育高水平师资

各涉农高校坚持把师德师风作为评价教师队伍素质的第一标准，加强专业教师

"双师"素质培养，引导教师做"大先生"。

1. 强化师德师风建设和思想政治引领，着力破除"五唯"顽疾

中国农业大学多措并举，协同推进师德师风建设工作；不断创新工作形式、工作理念，树立品牌意识，积极开展"师德论坛"、师德师风优秀案例评选、师德师风沙龙等活动，关心关爱教师成长，为教师提供具有学院特色的经验交流平台。南京农业大学制定《新进教师思想政治素质和师德师风考察工作办法》等系列文件，优化教师师德考核，提高考核的科学性和实效性。

2. 分层次着力培养教师，加强教师实践锻炼

西北农林科技大学在全国首创开展中青年教师驻点实践锻炼，首批436名青年教师陆续到180个场站和企事业单位开展实践锻炼；学校修订了教学业绩考核与津贴分配办法，突出教育教学业绩导向。建立教学名师支持体系，激励广大教师潜心教书育人。内蒙古农业大学对于新进专任教师，采用高校新进专任教师多元化培训体系，分阶段开展系列培训；对于中青年骨干教师，采取国外进修与国内培养相结合的方式，全面提升骨干教师业务水平。黑龙江八一农垦大学充分依托全产业链中各级各类企业的技术平台，通过实践锻炼、岗位实习、技术服务等方式，加强专任教师应用能力培养。河北农业大学重视青年教师培养，建立课程进修提升教学能力、访问学者提升科研能力、实践锻炼提升实践和服务能力三位一体的青年教师培养和发展体系；实施"太行学者"人才梯队培育计划、新入职教师"五个一"工程，已遴选43名教师重点培养，150余名教师到太行山农业创新驿站等基地实践锻炼；设立教学为主型教授、副教授，引导教师将更多精力投入教育教学。江南大学围绕新农科建设深化教育教学改革，不断提升高等教育服务"三农"的能力和水平，助推长三角地区乡村振兴和农业农村现代化；通过一系列行之有效的举措，打造高端智库；通过汇聚校内外涉农领域专家、经验丰富的"三农"工作者，努力把新农村发展研究院、基层社会治理研究中心等，建设成为惠及"三农"的理论智库平台、信息服务平台。宁夏大学积极推进跨学科团队建设，建立学科带头人负责制，进一步优化团队成员的学科结构，尤其是增加企业技术骨干及技术学科、新兴学科、交叉学科成员，形成产学研紧密结合的学术队伍。

3. 引进高层次人才，实施教师品牌计划

优化人才成长生态环境，引育并举，形成以高层次人才为核心、以教师队伍为主体，层次清晰的人才体系和成长路径。南京农业大学打造并深入实施"钟山学者计划"，学术研究上设有特聘教授、首席教授、学术骨干、学术新秀四个层次，教育教学上有钟山教学名师、教学优秀奖、教学质量优秀奖三个层面。浙江农林大学引进中国工程院院士、澳大利亚科学院院士各1人，国家专项人才计划等国家级人才10人，省部级人才21人；新增省部级及以上创新团队5个；全面实施青年英才培养计划、天目学者计划、特殊津贴人才计划、青年教师助教助研计划、青年教师基层锻炼计划。华南农业大学聚力教师发展机制创新，抓制度建设，提升教师发展生态保障力。东北林业大学构建“一个核心、两个重点、三个保障”的教师发展体系，营造有利于教师可持续发展的良性环境。青岛农业大学出台《优秀本科教学团队建设管理办法》，建立教学团队遴选、建设、激励和退出机制，构建教师荣誉体系，加大对一线教师的教学奖励力度。甘肃农业大学实施伏羲学者特聘教授计划、伏羲杰出人才培育计划、伏羲青年英才培养计划、高层次专门人才和应用型人才培养计划、校派访问学者计划。青岛农业大学起草和修订了《青岛农业大学优秀人才“特支计划”管理暂行办法》《专业技术职务评价与岗位聘用实施办法》等14个政策文件，构建人才制度体系；持续加大人才引进力度，引育并举优化师资队伍结构。

4. 加强基层教育组织建设，提升教师教学能力

华中农业大学出台《华中农业大学基层教学组织管理办法》，重构全校建制；常态化开展课堂教学示范观摩，组织课程思政示范课、实践教学示范课、智慧教学示范课等；加强教师教学培训，组织开展各种主题教学培训、跨学科体验教学实践活动等。东北农业大学建设65个专业教学团队、14个课程教学团队，系、专业、教学团队三位一体，实行青年教师导师制、新教师助教制和试讲制、集体备课制。沈阳农业大学完善基层教学组织建设机制，规范设置教研室97个，明确专业负责人、教研室主任、教学秘书职责权益；培育一批倾心培育农林人才的教学名师，推进“教学名师示范课堂”“思政课名师工作室”，开展课程思政、板书和教师教学大赛，实施教师进修培训等。福建农林大学发挥省级教师教学发展中心作用，开展各类教师教学培训。海南大学制定“青年教师教学能力提升计划”，通过开展师德师风培训、课堂教学能力培训、支持青年教师到国内外著名高校进行课程进修、短训，或参加国内课程教学改革研讨会等提升青年教师教学能力。石河子大学采用跨学科双负责人制度，设立了多学科交叉融合科研项目，积极推进跨学院教师深度交流；完善跨学校、跨学院、跨学科教师管理制度，构建了“信息＋农业”等跨院教学基层组织交流制度，与对口支援高校积极建立跨校虚拟教研室建设，每年定期开展校级优秀基层教学组织遴选，并予以表彰奖励。

5. 聘任行业产业导师，加强双师型教师队伍建设，突出跨界培养

西北农林科技大学实施产业教师特设岗位计划，首批聘任215名具有高级职称的涉农行业、企业高管和技术人员作为产业导师。浙江大学加强双师型教师队伍建设，选拔教师到重点企事业单位、综合基地进行挂职锻炼，提升实践教学能力，并从校外单位遴选一批师德高尚、业务精良、熟悉农业农村产业、具有丰富生产实践经验的兼职教师。延边大学采用校内外“双导师制”培养模式，与企业、行业高层次人才互聘科研和教学人员，实现身份互认互通。广西大学鼓励教师与企业、科研院所联合进行技术攻关及项目研究，聘请有企业工作经历的专兼职教师授课或指导论文及项目。大连海洋大学引进具有化工、生物信息专业背景的教师 10 人，组建适合专业集群发展的复合型师资队伍，持续推动青年教师到企业行业实践锻炼，加强双师型教师团队建设。

（五）提升国际化水平

扎根中国大地办好高等农林教育，服务中国农业农村现代化是高等农林教育的时代使命。作为世界农业大国，中国高等农林教育还承担着为全球农业可持续发展提供中国方案的重要使命。新农科建设启动以来，部分涉农高校的教学和研究体系历经了一个从“引进来”到“走出去”的转型和成长过程，从全球搭建联系到重点国家布局，从制度建设到海外实地探索，从科学研究到教学实践，涉农高校国际合作交流机制建设不断完善。同时，依托重要国际合作联盟的建立，高等农林教育国际影响力不断得到提升。

1. 强化人才培养国际交流合作机制，拓展学生国际视野

中国农业大学积极构建与国际组织新型合作关系，与联合国南南合作办公室、联合国粮农组织、世界粮食计划署等国际组织建立合作关系，努力提高中国农业高等教育国际话语权。学校推出研究生、本科生“出海深度学习”重大举措，与世界顶尖涉农大学联盟（A5 联盟）成员大学建立首个双边合作人才培养计划，联合培养农业科技人才。青海大学建立了清华大学、青海大学、奥克兰大学战略性学术合作机制，选派在校本科生赴新西兰进行短期访学，拓展了学生的国际视野。东北林业大学成立中外合作办学机构奥林学院，设立生态学硕士点、生物技术本科专业，加强与奥克兰大学、阿斯顿大学等海外知名高水平大学的联合培养项目建设，通过创新培养理念、培养内容、培养方式等培养具有国际交往与跨文化沟通能力的农林高水平创新人才。

2. 在培养方案中增设国际化模块，提升本科生国际化素养

浙江大学 2019 级本科专业培养方案通过增设国际化模块和跨专业模块，加强学生创新能力、国际化能力培养。西南大学举办“国际课程周”，邀请全球农科专业近百位知名教授为本科生和研究生讲授全英文课程。兰州大学依托草地农业生态国际联合研究中心、国家“111”草地农业创新引智基地等，邀请外籍专家参与本科生和研究生教学；积极开设暑期国际课程，邀请国外专家进行线上教学。

3. 服务国家战略，积极开展援外培训

中国农业大学服务国家“中非合作”战略，打造中非公共管理、“中非科技小院”“中非农业合作 1+1”三个专业硕士班，公共管理硕士（MPA）新增“国际组织与社会组织管理”人才培养方向，突出中国农业发展和减贫经验，助力农业教育援外人才培养。吉林农业大学以服务乡村振兴战略为核心，强化国际合作交流，筹建学科创新引智计划基地，推动海外农业科技创新示范；获得首批教育部、国家外国专家局“高等学校学科创新引智计划”（“111”计划）省属高校；依托被誉为南南合作典范的赞比亚农业技术示范中心平台，打造对非教育科技合作桥头堡；先后成为“一带一路”南南合作农业教育科技创新联盟理事成员单位和南南合作援助基金申报机构，成功开展我国在赞首批“走出去”境外人力资源培训项目。

4. 牵头成立国际合作联盟，提升国际话语权

中国农业大学参与构建人类农业教育命运共同体，引领我国在“一带一路”与南南合作领域的农业教育科技合作；成立于 2017 年的“一带一路农业合作学院”在联合国总部发布系列报告，参与国际发展评估标准制定；在坦桑尼亚实施的“千户万亩玉米增产示范工程”减贫项目，入选联合国南南合作优秀案例。江苏大学牵头组建农业工程大学国际联盟、农机装备国际（产能）合作联盟，与联合国工发组织签署合作谅解备忘录，共建巴奥农业与食品卓越中心等一批高水平平台；成功注册赞比亚江苏大学，与赞比亚大学开展来华留学教育农业工程“2+2”联合培养项目；届次化举办赞比亚农业机械培训，受众面拓展至南部非洲四国。

四、以强农兴农为己任，持续提升涉农高校服务乡村振兴能力

全国涉农高校以改革创新的奋进精神、真抓实干的工作作风，主动服务国家重大发展战略，主动承担强农兴农历史重任，以总书记重要回信精神为指引，全面提升服务农业农村现代化能力。

（一）决战决胜脱贫攻坚

紧紧围绕中央关于决胜脱贫攻坚和全面推进乡村振兴的决策部署，各涉农高校坚持以服务“三农”为核心宗旨，聚焦脱贫攻坚和乡村振兴，培养和鼓励广大师生走向

生产一线、服务“三农”，充分发挥科技和人才优势，为有序推进定点帮扶工作，高质量打赢脱贫攻坚战贡献高校力量。

1. 创新育人理念，培养创新人才，服务乡村振兴

中国农业大学将脱贫攻坚、乡村振兴等国家重大需求与人才培养有机衔接，与政府、行业领先部门、产业龙头企业等共同打造“政产学研用”人才培养共同体，建设近400个实践教学基地，每年近3 000名学子赴全国百余县开展社会实践，形成了“科技小院”“乡村振兴班”“种业菁英班”“牛精英”“脱贫攻坚·青春建功”“全国农科学子联合实践行动”等一批深扎“三农”一线的特色育人品牌，在干事创业的实践舞台上提升解决复杂实际问题的能力。江南大学以“脱贫攻坚和乡村振兴”为突破口，推动高校第二课堂课程思政教学，构建“校、地、产、研、训”五位一体的实践教育体系；创新“研学”结合育人模式，提高学生社会调查能力和研究创新能力。广西大学充分发挥科教融合优势，助力创新人才培养和乡村振兴，把学科最新科研成果融入教学内容，要求每个学科、每门课程、每名教师，特别是涉农等应用学科，都要及时把自己的科研成果恰当地引入教学，编写的《南方果树育苗繁育技术》《广西荔枝栽培新技术》等教材实现知识传授与支农，为学生传授专业知识的同时，帮助地方农户实现脱贫致富。

2. 充分依托高校科学研究与技术转化优势，开展科技扶贫

吉林大学充分发挥科研优势，组织教师开展科技扶贫，将科研成果转化为扶贫项目，在定点扶贫的吉林省通榆县累计投入11个科研项目、100余名科技专家开展科技扶贫，研究盐碱地治理，研发转化“玉米秸秆液化液改良盐碱土壤及综合利用技术”，建立作物栽培技术试验示范基地，连续3年持续增产，新品种创造了增产80.9%的历史新高，为脱贫攻坚和乡村振兴作出了重要贡献。北京林业大学认真践行“把论文写在祖国的大地上，把科技成果应用在实现现代化的伟大事业中”，在云南省昆明市等近10个州市挂牌成立林下经济创新发展示范基地、林下经济专家团队工作站以及乡村振兴研究中心，通过推动科技成果转化、打造林下经济全产业链条助力地方经济发展。江西农业大学秉持“立足江西、服务三农”宗旨，与449个农业龙头企业等新型主体开展科技合作，建立科技助力精准扶贫示范基地72个，建有19个科技小院。组建科技特派团开展新时代“三农”问题决策咨询研究，“6161”科技服务与精准帮扶模式成效显著，获科技部表彰和推介，“‘三式合一’‘五位一体’机制创新　科技服务助力脱贫攻坚与乡村振兴”“新时代　新使命　新担当——江西农业大学秉持初心，全心全意为‘三农’服务”2个案例在全国高校乡村振兴及脱贫攻坚交流会上分别获评为典型案例和优秀案例。

3. 对口支援、精准扶贫，真招实效为脱贫攻坚贡献力量

中国人民大学自2013年起开始承担对云南省怒江傈僳族州兰坪白族普米族自治县教育专项扶贫工作，专门成立兰坪县专项扶贫工作领导小组，聚焦兰坪在基础教育、消费扶贫、智力支持等方面的需求，以“教育扶贫、智力扶贫、产业扶贫”为主线，充分挖掘学校人才、科研、教育、产业及校友资源，通过派出挂职干部、帮扶基础教育、培训基层干部、提供决策咨询等方式，直接投入和帮助引进帮扶资金1 141万余元，定向培训基层干部和专业技术人员1 766人，直接采购和帮助销售农副产品733万余元，有效助推了兰坪县如期实现脱贫攻坚目标。北京林业大学组建脱贫攻坚与乡村振兴专项团队，连续4年高质量完成了陕西等6省28个贫困县的精准扶贫工作第三方评估及贫困县退出专项评估检查，先后派遣3名副处级、3名科级优秀干部驻村，接收2名当地青年干部挂职锻炼，选派129名优秀青年教师和研究生深入12所当地中小学开展支教帮扶；2017年以来，学校直接投入帮扶资金787.9万元，引进帮扶资金3 559.2万元；同时派出两院院士、校长领衔的最强讲师团队，以“请进来”“送过去”两种方式累计培训当地干部4 968人次、技术人员4 281人次。东北林业大学创建精准扶贫服务工程，对定点对口支援的黑龙江省齐齐哈尔市泰来县开展全面帮扶工作，校县共同谋划了科技扶贫、教育扶贫、消费扶贫和捐赠扶贫4个帮扶方向，泰来县于2019年顺利完成脱贫摘帽任务。南京农业大学10个学院对接帮扶贵州省麻江县10个村，围绕麻江县的10个特色产业，跨学院组建10个产业技术专班，选派学科带头人、产业体系岗位科学家等60余名产业带动能力强的精锐，与麻江县地方产业技术人才共同担任班长和专家，组团开展全产业链帮扶。

（二）加快农业核心关键技术创新

各涉农高校主动对接国家粮食安全、农业可持续发展等重大战略需求，强化农业科技创新源头供给，加快重大科学问题攻关，在农业科技核心关键领域和“卡脖子”技术等方面不断取得突破性进展的同时，不断强化实用技术研究，以高科技创新成果服务国家重大战略，以新技术解决农业产业发展实际问题。

1. 加快农业科技核心关键技术创新，发挥引领和先导作用

乡村振兴离不开科技创新。涉农高校针对新一轮的农业科技革命的前沿重大科学问题以及关键核心技术创新，打造和掌握一批农业农村现代化核心关键技术和模式上的国之重器，成为世界农业科技创新的前沿阵地和推进农业农村现代化的重要技术策源地，为乡村振兴注入强大的科技动力。中国农业大学近年来在生物种业、耕地保护、农业绿色发展等农业科技核心关键领域，产出一批农业关键技术成果；持续攻克玉米单倍体育种、黑土地保护、低蛋白日粮与食品安全快检等一批农业领域“卡脖子”重大关键技术，抢占基础前沿制高点，打破国际垄断，提升农业产业竞争力；依托优势学科新增“生物育种”强基计划招生专业，培养能够解决现代种业“卡脖子”技术问题的高素质农业人才。浙江大学依托“浙江大学农业设计育种中心”，推进设计育种公共平台建设。华南农业大学依托 9 个国家级科研平台，牵头建设岭南现代农业科学与技术广东省实验室，集聚、协调、统筹校内外力量，在水稻育种、畜禽养殖等领域攻克了一批关键共性技术。

2. 强化实用技术研究与成果转化应用，以科技助推产业发展

涉农高校建立以问题、目标和服务为导向的创新体系，强化实用技术研究和成果转化利用，让科研成果走出实验室，走向广袤的田野乡村，走向农业产业一线。福建农林大学建设“茶树绿色栽培与加工协同创新中心”，提升服务福建千亿茶叶产业的能力水平。大连海洋大学、广东海洋大学、浙江海洋大学等发挥专业特色优势，推进“蓝海行动”，助力未来海洋渔业产业发展。沈阳农业大学围绕水稻育种、作物提质增效、畜禽重大疫病防控及生物炭等领域中的共性关键技术开展研究，并将科研成果在东北地区进行大面积推广。吉林大学研究盐碱地治理，建立作物栽培技术试验示范基地，连续 3 年持续增产，新品种创造了增产 80.9% 的历史新高。青海大学攻克了长期制约藏羊产业发展的诸多瓶颈问题，构建了适合高原藏羊高效规范养殖技术体系，研发了促进草地生态保护与草地畜牧业生产协调发展的养殖新技术。南京信息工程大学与国内 20 家科研院所和生产实践单位成功地解决了两系法杂交稻制种“打摆子”气候风险瓶颈问题和超级稻大面积栽培的气候适宜性保障技术。扬州大学组建一批科技领军人才领衔，跨学科、跨领域的协同攻关团队，在稻米品质遗传改良、农业与农产品安全、重大动物疫病防控、农业智能装备等领域取得显著成效。

（三）提升山水林田湖草生态系统治理服务能力

党的十八大以来，习近平总书记多次强调“山水林田湖草是一个生命体”的理念，2019 年中央一号文件提出“统筹推进山水林田湖草系统治理”，充分体现了党中央对生态文明建设的高度重视和坚定决心。涉农高校充分发挥相关学科专业人才培养和科技研发的优势，紧密对接山水林田湖草系统治理重大决策部署，助力“碳中和、碳达峰”目标实现，推进农业绿色发展转型，服务生态文明建设。

1. 搭建生态教育课程体系和实践育人平台

统筹推进山水林田湖草系统治理应坚持创新导向，提高生态文明保护意识，生态教育在其中发挥着重要的作用。东北林业大学履行行业特色大学使命，聚焦国家生态文明，“碳达峰、碳中和”战略需求，出台《东北林业大学生态文明教育实施方案》，重点打造生态文明教育类一流课程和以生态文明为着眼点的课程思政教育，构建生态文明学科专业体系，设置生态文明教育课程体系，增设生态文明通识教育课程模块，打造生态文明人才培养体系。南京林业大学在全校通识教育模块中重点建设“生态文明”类通识课程群，开设“农林中国”“智慧林业”“人工智能与林业”等全校通识选修课程，打造57门校级生态示范课程，以思政课程为点、课程思政为面，将生态意识培育融入课程教学全过程。在实践育人平台建设上，北京林业大学申办生态学、草坪科学与工程专业，学校建设“农林生态环境”相关本科实验教学中心8个（建筑面积2.27万平方米），各类实验室等139个，建设“农林生态环境”类实习基地40个，制定了水土保持与荒漠化防治、农业资源与环境等自然保护与环境生态类专业教学认证国家标准。北华大学建有森林植被与生态国家实验教学示范中心、北华大学－吉林省蛟河林业实验区管理局农科教合作人才培养基地等国家级、省部级教学平台4个，长白山特色森林资源保育与高效利用国家林业和草原局重点实验室等各级科研平台10个，初步形成了以部委重点实验室、省重点实验室、工程中心、实践教育基地相互支撑、功能相互衔接的教学、科研服务支持体系。

2. 为提升生态系统治理服务贡献高校力量

农林高校履行行业特色大学的使命，坚持科学技术的研发和创新，服务生态治理需求。助力“碳中和、碳达峰”目标实现，助力生态修复和生态治理，为推动绿色发展、促进人与自然和谐共生贡献力量。兰州大学依托草地农业生态系统国家重点实验室、草地农业教育部工程中心科研平台，联合企业建成甘肃庆阳草地农业、临泽草原生态修复等实习实践基地，育成了一系列适应寒区旱区生长的优质牧草，提出“存粮于草”，推动我国从“耕地农业”向“粮草兼顾”转型升级。北京林业大学聚焦农村绿色发展现实选题，开展农村绿色发展水平评价、外溢效应测度与生态补偿等科学问题研究，依托课题项目等研发退化森林生态系统恢复与重建关键技术，实现植被快速更新、生态服务能力快速提升，为我国典型脆弱生态修复与保护提供了重要科技支撑。东北林业大学实施乡村生态振兴服务工程，围绕发展生态农业，重点加强食用菌、沙生经济作物、湿地养殖和修复技术，逐步实现了生态保护与生态开发相结合的绿色发展之路；制定《泰湖国家湿地公园水生态修复与生态补水方案》，通过逐级降解解决了泰湖水资源短缺、水质恶化的问题，实现了泰来县“再生水”的高效利用。青海大学依托青藏高原独特的生态环境和物种资源，实施“发挥特色、重点突破、形成优势”战略，研发了促进草地生态保护与草地畜牧业生产协调发展的养殖新技术，促进了牧区生态、生产、生活共赢，充分彰显了科技人才和科技成果对生态保护和绿色发展的巨大推动作用，同时加强三江源区的生态保护和流域综合治理。

（四）搭建智库，服务乡村振兴政策

各高校依托自身特色，围绕国家战略发展和区域经济发展需要，建设各种不同类型的智库，为乡村振兴科学决策提供依据，有力推动乡村振兴发展。

1. 集中资源优势，围绕政府宏观问题，开展调查研究

中国人民大学组建成立中国乡村振兴研究院设定一批乡村振兴重大研究课题，建立一批乡村振兴观察点，开展一系列推动乡村产业、人才、文化、生态和组织振兴的活动，全面系统加强了新发展阶段“三农”理论与政策研究。北京林业大学成立绿色发展与中国农村土地问题研究中心。一是聚焦农村绿色发展现实选题，开展农村绿色发展水平评价、外溢效应测度与生态补偿等科学问题研究；二是聚焦农村“三块地”科学管理现实选题，就农村土地资源动态监测、农村宅基地制度改革、土地到期再延包 30 年试点评估等科学问题开展研究。多份研究报告得到上级的肯定性批示，为有关重大决策提供了支撑。江苏大学积极与中央农村工作领导小组办公室、农业农村部、国家林业和草原局等共建平台，先后成立农村政策研究中心、生态文明与乡村振兴研究中心、中国特色生态文明智库等研究机构，相关研究成果得到国家有关部门政策文件采纳。扬州大学围绕稻米产业发展、乡村振兴战略实施、农村物流等，形成 20 余项高层次智库成果；相关成果得到国家和江苏省多位领导批示。

2. 立足学校学科专业特色，建立智库集群，服务区域发展需要

华中农业大学先后成立新农村建设研究院、宏观农业研究院、双水双绿研究院、乡村振兴研究院、农业绿色低碳发展实验室等，自主设立乡村振兴项目 11 个，围绕粮食与种业安全、绿色健康养殖、农村环境保护等绿色发展与乡村振兴议题，开展全方位政策研究并提出咨询建议。兰州大学聚焦国家重大战略需求和地方经济社会发展需要，组建经济研究所、社会经济发展研究所等 6 个基层专业研究所；设立中小企业研究中心等 3 个非实体研究机构；成立丝绸之路经济带建设研究中心、西部地区区域经济发展与区域政策研究中心 2 个省级重大、重点研究基地；建成县域经济发展研究

院、绿色金融研究院2个新型智库机构；围绕西北地区和甘肃省经济社会发展中的重大现实问题，形成了一批有价值的研究成果。华南农业大学先后组建国家农业制度与发展研究院、乡村振兴战略研究院、广东省减贫治理研究院和广东乡村建设研究院，统筹全校人文社科研究力量开展乡村振兴政策研究。

3. 发挥协同优势，积极建言献策

江苏大学通过汇集全国农业装备领域知名院士、协会学会专家以及龙头企业高管，召开“农业装备产业与技术发展路线图”研讨会，加强政产学研交流与合作，全力打造国内有影响的农业装备产业数据库，每两年发布一次《中国农机产业发展报告》白皮书；积极开展行业发展规划和相关政策研究，完成了各类报告，为行业发展作出贡献；发起并筹建了江苏省农业农村厅“江苏省智能农机装备产业联盟”以及江苏省科技厅“江苏省除草机械产业技术创新战略联盟”。江南大学设立了新农村发展研究院，以优化特色资源布局助推江南智库建设；积极支持国家农业高新技术产业示范区建设，助力南京溧水白马国家农业科技园成功获批首批“国家农业高新技术产业示范区”；为锡山现代农业产业园、长广溪国家湿地公园等在区位选择、功能定位、产业定位等方面提供多方位的服务；设立贵州省从江县扶贫专项；资助战略研究课题30项，完成政府咨询报告6篇，出版专著8部。

下一阶段，全国高等农林教育战线将继续深入学习贯彻落实习近平总书记重要回信精神，面向新农业、新乡村、新农民、新生态，坚持胸怀“国之大者”，紧紧围绕国家重大发展战略、地方经济社会和行业产业发展的需求，以立德树人为根本，高质量推进新农科建设，开创高等农林教育创新发展的新局面，进一步谋划新农科建设再上台阶。一要进一步加强新农科建设紧迫感。涉农高校要切实提高政治站位，深刻认识高等农林教育对支撑服务乡村全面振兴的重大意义，以人才振兴推动乡村振兴。要坚定不移走好人才自主培养之路，系统谋划推动新农科建设，力争在新百年立德树人上出思路、出经验、出典型。二要进一步完善“知农爱农”人才培养体系。涉农高校要牢牢坚守立德树人根本任务，以扎根“三农”为关键，以耕读教育为重要抓手，深度融合课程教学与实践育人，积极构建“德智体美劳五育并举”的育人体系，构建“大思政”格局，全面加强学生知农爱农情怀教育。三要进一步推进科教融合、产教融合人才培养格局。农业农村现代化是涉农高校、涉农科研院所和涉农产业共同的使命和追求。涉农高校应进一步深化科教融合、产教融合人才培养模式改革，推进人才培养、科技创新与社会服务的有机融合，不断在科教融合、产教融合的新机制、新路径、新模式探索中取得突破和成效。

新农科研究与改革实践：方向与路径分析

新农科是以融入全球新技术革命与产业变革为开端，以服务乡村振兴、生态文明、美丽中国、健康中国等国家战略需求为导向，以科技创新为基础，以人才培养为根本，以解决农业农村现代化关键问题为重点的新时代农科高等教育体系[1]，新农科建设是一项长期性、复杂性、系统性工程。2020年1月19日，教育部发布《新农科研究与改革实践项目指南》，并于当年8月公布首批407个新农科研究与改革实践项目。项目立项主题和研究内容在一定程度上客观反映了当前全国新农科建设的全貌和重点改革走向，分析新农科在建项目对探究其未来发展方向与现实路径具有重要意义。

一、总体立项情况

首批新农科研究与改革实践项目参与高校共有167所。其中，"双一流"建设高校在新农科研究与改革实践项目中参与度较高，已经成为推动新农科建设和发展的主力军。一流大学建设高校在同类型高校中的占比和一流学科建设高校的占比相对持平，约为30%；而其他普通本科院校在同类型高校中占比较少，只占10.14%。在高校类型方面，综合类高校新农科在建项目数量最多，占总项目数的41.32%；其次是农林类高校，在建项目数量占24.55%（见表Ⅰ-1）。此外，理工类、师范类、财经类、艺术类、医药类及民族类高校也参与了新农科项目建设，这表明新农科建设不仅是农科院校自身的创新发展，也是所有建设高校促进学科交叉融合、全面推进新学科发展的重要举措。

[1] 新时代农科高等教育战略研究项目组．新时代农科高等教育战略研究[M]. 北京：高等教育出版社，2021.

表Ⅰ-1 新农科研究与改革实践项目在建高校分布

分类	类别	高校数量/所	在同类型高校中占比/%	在建项目数量/个	项目数量占比/%
高校层次	一流大学建设高校	13	30.95	62	15.50
	一流学科建设高校	28	29.47	102	25.50
	其他普通本科院校	126	10.14	236	59.00
高校类型	综合类	69	41.32	168	42.00
	农林类	41	24.55	155	38.75
	理工类	25	14.97	39	9.75
	师范类	21	12.57	24	6.00
	财经类	8	4.79	11	2.75
	艺术类	1	0.60	1	0.25
	医药类	1	0.60	1	0.25
	民族类	1	0.60	1	0.25

二、选题方向分布

如表Ⅰ-2所示，从立项领域来看，“新型农林人才培养改革实践”是五大改革领域中最受关注的改革领域，项目数高达188项，占总数量的47.00%；其次是“协同育人机制创新实践”和“专业优化改革攻坚实践”两个领域，占比分别为28.25%和17.25%。相对而言，“新农科建设发展理念研究与实践”和“质量文化建设综合改革实践”两个领域关注度不足，共占立项总数的7.5%。

表Ⅰ-2 首批新农科研究与改革实践项目选题分布

立项领域	选题方向	数量/个	合计/个	占比/%
新农科建设发展理念研究与实践	新农科建设改革与发展研究	5	19	4.75
	新农科建设政策与支撑体系研究	1		
	基于四个面向的知农爱农新型人才需求研究	3		
	新型农林人才核心能力体系研究	7		
	基于四个面向的教学组织体系重构研究与实践	2		
	新农科建设绩效评价研究	1		

续表

立项领域	选题方向	数量 / 个	合计 / 个	占比 /%
专业优化改革攻坚实践	新农科人才培养引导性专业目录研制	1	69	17.25
	新兴涉农专业建设探索与实践	19		
	传统涉农专业改造提升改革与实践	33		
	面向新农科的农林类专业三级认证体系构建	4		
	农林类一流专业建设标准研制	12		
新型农林人才培养改革实践	农林人才思政教育与“大国三农”教育实践	16	188	47.00
	新农科多样化人才培养模式创新实践	46		
	多学科交叉融合的农林人才培养模式机制创新实践	41		
	新农科课程体系与教材建设	7		
	信息技术与教育教学深度融合实践	16		
	面向基层的新型农林人才培养实践	10		
	面向新农科的实践教育体系构建	31		
	农林创新创业教育与实践	20		
	农林类一流课程建设标准研究	1		
协同育人机制创新实践	校企合作产教融合协同育人实践	51	113	28.25
	“一省一校一所”科教协同育人探索与实践	21		
	校校协同育人改革与实践	4		
	服务乡村振兴战略模式研究与实践	23		
	高等农林教育国际化研究与实践	14		
质量文化建设综合改革实践	以质量提升为核心的管理体制机制建设	1	11	2.75
	高校内部教育质量保障体系建设	2		
	教师评价激励机制改革	1		
	教师教学发展示范中心建设	7		

从具体选题方向看，“校企合作产教融合协同育人实践”方向立项最多，占12.75%；其次是“新农科多样化人才培养模式创新实践”和“多学科交叉融合的农林人才培养模式机制创新实践”，占比为11.50%和10.25%。各选题方向在建项目数量分布不均。如协同育人机制创新实践领域下，与“校企合作产教融合协同育人实践”有关的项目数量高达51项，而与“校校协同育人改革与实践”有关的在建项目却只有4项，这在一定程度上对新农科研究与改革的广度与深度造成一定影响。

三、主题特征分析

对 407 个新农科在建项目内容进行主题词抽取，对抽取出来的主题词进行数据清洗，剔除掉重复意义的词语，如“科教融合”和“科教结合”，最终获得 2 305 个主题词，其中高频主题词如表 I –3 所示。

表 I –3　首批新农科研究与改革实践项目内容高频主题词（词频≥9）

主题词	频次	主题词	频次	主题词	频次
多学科交叉融合	155	国际化合作	24	动物科学	11
产教融合	87	课程思政	24	科教协同育人	11
校企合作	85	OBE 理念	23	立德树人	11
实践教育教学	78	校地合作	23	专业教育	11
协同育人	72	食品类专业	22	开放式办学理念	10
创新创业教育	54	国际化合作育人	21	全产业链	10
乡村振兴	53	质量保障机制	21	双导师制	10
实践教学	39	大数据	19	校企协同育人	10
产学研融合	35	一带一路	19	专业改造	10
科教融合	32	通识教育	18	互联网	9
多元协同育人	30	案例教学	15	金课	9
师资队伍建设	30	创新能力培养	14	考核评价机制	9
线上线下混合式教学	30	人才需求	13	慕课	9
“双师型”师资队伍建设	29	智慧农业	13	三全育人	9
理论结合实践	27	人工智能技术	12	现代农业	9
一二三产业融合	26	园林	12	校企协同	9
信息技术与教育教学融合	25	资源共享	12	以学生为中心	9
本土化特点	24	产业需求	11	优化课程体系	9

基于文献计量学的共词分析方法，利用 VOSviewer 软件对新农科在建项目主题进行聚类分析，获得七大子类团，具体聚类结果如图 I –1 所示。

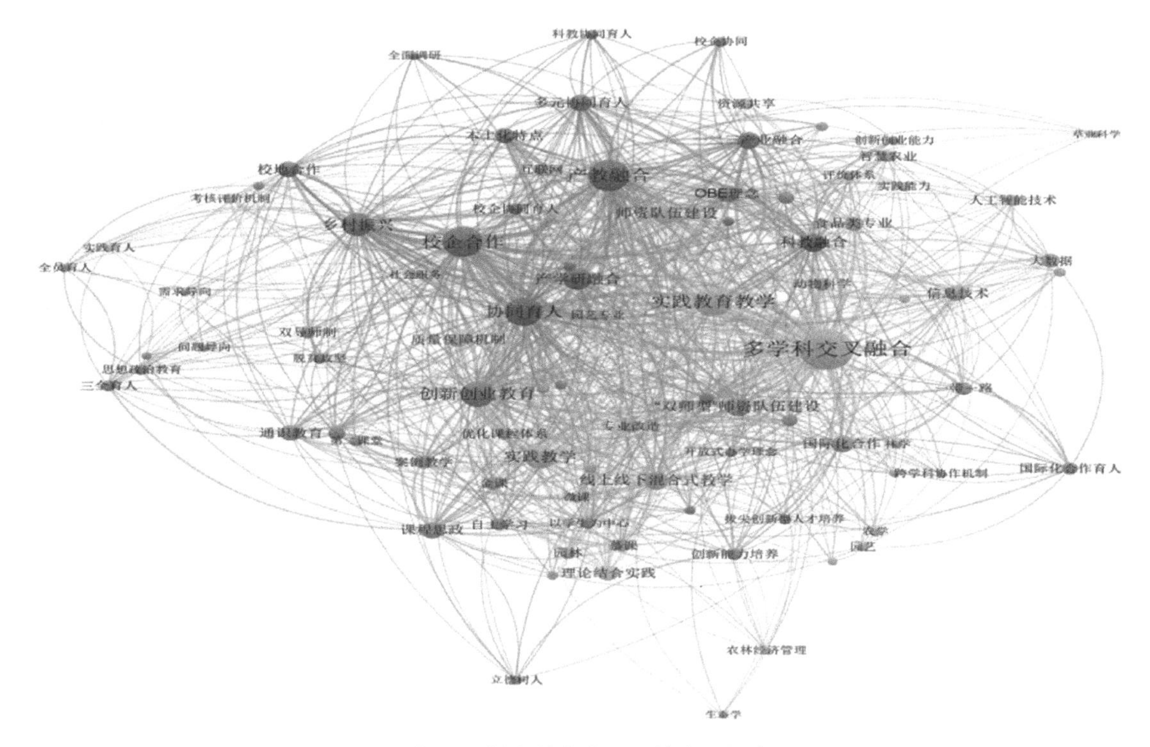

图Ⅰ-1　新农科在建项目的主题聚类

1. 多学科交叉融合

习近平总书记在2021年4月考察清华大学时就推进新农科等“四新”建设提出，要打破学科专业壁垒，对现有学科专业体系进行调整升级，加快培养紧缺人才，为新农科建设指明了方向。推动农科专业交叉融合是现代科技发展、农业农村现代化建设以及涉农学科专业发展的内在需求。随着社会的发展，多技术领域的高度交叉和深度融合，驱动着新一轮科技与产业变革，对人才知识和能力的需求已经超越了某个单一传统专业的培养能力。结合新农科在建项目内容可以发现，各高校对动物科学、水产养殖及食品科学与工程等传统农林类专业进行改造，旨在结合现代信息技术开设一批新型涉农专业，为推进传统农业向现代农业转变提供强有力的人才支撑和技术支持。因此，图Ⅰ-1中“动物科学”“信息技术”“专业改造”等与“多学科交叉融合”节点存在密切的连接。

2. 产教融合

深化产教融合、构建校企合作育人新模式是新农科人才培养的重要改革路径。新农科建设的重要任务之一是对接农业新产业新业态发展新要求，对接乡村一二三产业融合发展新要求，推进人才培养链与产业链的对接融合。产教融合不仅可以促使高校培养的农林人才与社会需求顺利接轨，还可以有效整合校内和校外的资源，为新型农林人才的培养提供更加完善的实践平台。[1] 由图 I –1 中聚类也可以看到，“产教融合”是新农科研究与改革实践的重要聚类，其子节点还包括“校企合作”“乡村振兴”等主题。

3. 创新创业教育

新农科研究与改革实践项目的第三个重要聚类是“创新创业教育”，这也是新农科建设的重要方向与路径之一。推进新农科建设，推动涉农高校人才培养模式改革创新，一方面要对接农业农村现代化发展要求，着力提升学生的创新意识、创新能力和科研素养，培养一大批高层次、高水平、国际化的创新型农林人才；另一方面，要聚焦服务农业农村现代化和乡村全面振兴战略，培养一批爱农业、懂技术、善经营、下得去、留得住、离不开的能够在农业农村的广阔天地建功立业的人才。因此，这一聚类主要围绕“以学生为中心”“创新创业能力”“拔尖创新型人才培养”等主题展开。

4. 实践教育教学

为补齐农林教育实践短板，涉农高校积极开展课程实践改革，构建实践教育体系。如通过分类分层次建立功能集约、开放充分、协同联动的校内外实践教学平台，重构与新农科对人才要求相适应的专业实践教育教学体系。因此，“实践教学”这一聚类主要包括“实践教育教学”“实践基地建设”“理论结合实践”等关键词，这些也的确是改革提升实践教学的重点。不过，整体来看，实践教学方向项目主要着力点在于实践教学和实践育人体系，而对实践教学基地建设尤其是校内外协同联动的实践教学平台、区域性共享共建农林实践教学基地建设方面整体关注不足。

5. 国际化合作

对比发达国家，我国农林教育国际化程度有待提高，具体表现为人才培养中国际化内容不足、学生参与国际化交流渠道偏少、国际留学生比例偏低等。应对未来国际竞争的挑战、稳定我国农业基本盘、提高我国农业国际竞争力，我们急需一大批具有全球视野，既掌握中国农林渔业的特点和规律，又通晓国际业务运作，能够参与国际合作与竞争的新型农业人才。在首批新农科研究与改革实践项目中，一些学校尝试从探索国际化人才培养的新模式、建立具有国际化视野的师资队伍等方面推进相关改革。这一点可以从“国际化合作”这一聚类中“开放式教学理念”“‘双师型’师资队

[1] 施婷，任清褒，夏更寿 . 产教融合视野下的“新农人”培养模式探索 [J]. 丽水学院学报，2021，43（1）：113–118.

伍建设”等主题词看出。

6. 线上线下混合式教学

“信息技术与教育教学融合”“金课”“慕课”等是该主题的热点。现代信息技术能够把教学中的图片、文字和声音等教学内容人性化，把一些抽象的知识转化成为具体、直观的知识以便于学生学习和吸收。[1]随着现代信息技术和互联网的迅猛发展，线上线下混合式教学逐渐走入课堂，它不仅弥补了传统教学方式的缺陷，而且也为教师改善教学方法提供了新的思路。[2]在新冠肺炎疫情在我国肆虐的时期，高等教育实施全面线上教育，“金课”“慕课”为推进后疫情时代高等农林教育的改革和发展提供了契机，成为推进农林教育教学与信息技术深度融合的重要抓手。因此，“线上线下混合式教学”也成为本轮新农科研究与改革实践项目的重要推进方向。

7. 课程思政

坚持立德树人根本任务，培养知农爱农新型人才最重要的是筑牢学生知农爱农家国情怀，为此，涉农高校必须将思想政治教育贯穿人才培养全过程，切实发挥好思政课程和课程思政育人功能。面向新农业、新乡村、新农民、新生态，从管理、课程、队伍、平台、机制等要素入手，着力破解农业高校思想政治教育存在的难点、盲点和堵点，推动形成“三全育人”格局，探索实践农业教育与思想政治教育深度融合、第一课堂和第二课堂有机结合的模式与路径。“课程思政”这一聚类的主题主要包括“思想政治教育”“文化育人”“立德树人”“第二课堂”等。

四、新农科研究与改革实践展望

总体而言，新农科研究与改革实践项目呈现如下特征：一是在建项目呈现出综合类、农林类高校引导，理工类、师范类、财经类等高校共同参与的多元共建局面。二是传统专业改造与新兴农科专业建设是首批新农科研究与改革实践项目的关键着力点。其中，“多学科交叉融合”是其主要关注点。三是首批新农科研究与改革实践项目主要聚焦人才培养模式改革。其中，“产教融合”“创新创业教育”“实践教育教学”“国际化合作”“线上线下混合式教学”“课程思政”是人才培养模式改革的主要

[1] 何长芳 . 西部高等教育教学与现代信息技术的深度融合 [J]. 教育现代化，2019，6（64）：284–286.

[2] 王鑫，彭晓珏，李绍波 . 基于现代信息技术的“分子生物学实验”课程建设与实践 [J]. 教育教学论坛，2020（17）：226–227.

抓手。四是发展理念研究与质量文化建设是首批新农科研究与实践项目的短板。

从 2019 年 6 月《安吉共识》发布至今，新农科建设已走过 3 年历程，涉农高校以习近平总书记重要回信、系列重要指示批示精神为引领，紧密围绕农业农村现代化发展，牢固树立面向新农业、新乡村、新农民、新生态的理念，积极探索高等农林教育改革新路径，加快构建新农科建设体系。为高质量推进新农科建设，未来应主要在以下方面走实走深：

第一，持续深化专业布局改革，不断拓展农科专业内涵。首先，面向现代农业信息化、智能化转型，运用工程技术、生物技术、信息技术等现代科学技术改造、升级传统农科专业，拓展传统农科知识内涵和外延，重构农科专业体系及知识结构。其次，破解涉农专业划分口径过窄、专业之间缺乏衔接和专业设置跨学科交叉融合不足的问题，打破学科壁垒，对现有学科专业体系进行调整升级，布局新建智慧农业、农业智能装备工程、智慧林业等新工科、新农科专业。再次，面向服务乡村全面振兴战略需求，适应农业作为经济、生态、社会和文化多功能为一体的产业发展格局，设置生物质科学与工程、土地整治工程、食品营养与健康等新农科、新工科专业。最后，瞄准科技前沿和关键领域，加快布局生物育种紧缺专业布点，培养国家急需紧缺人才。

第二，以科教协同、产教融合、校地合作为重点，全面加强农科人才培养模式创新。首先，继续探索卓越农林人才分类培养模式。在拔尖创新人才培养上有效衔接本科生教育与研究生教育，探索本硕博贯通培养。在复合应用型人才培养上持续深化校企合作育人，在实用技能型人才培养上探索通过订单、定向培养方式为基层输送“一懂两爱”人才。其次，推动科教协同、产教融合、校地合作人才培养模式改革。融合共生，内外协同，链接优质教育资源、学术资源与产业资源，以创新发展推动人才链、创新链与产业链的融合发展。最后，要克服短板，探索农林高校基础学科拔尖人才培养模式。一方面，要加快构建厚基础、重融合、强特色的新型发展格局，完善基础学科人才培养体系；另一方面，要聚焦关键核心领域重大技术突破，面向国家急需紧缺人才培养，推动以科技前沿技术为驱动的基础学科拔尖人才培养模式。

第三，加强新农科建设发展理念研究和质量文化建设。“新农科建设发展理念研究与实践”与“质量文化建设综和改革实践”两个选题领域下的立项数占比不足10%，这在一定程度上构成了新农科建设的短板。新农科建设的最终目标不仅是推动高等农林教育实践的改革与创新发展，还包括建设具有中国特色的新农科发展模式。加强新农科理念研究，对构建中国特色新农科发展范式具有重大意义。质量文化建设以及推动新农科改革与发展的体制机制建设对于新农科的深入、深化也具有深远的意义。因此，加强新农科建设发展理念研究和质量文化建设不仅是当前新农科建设重要任务，也是未来新农科发展的必然趋势。

第四，鼓励一线教师参与新农科建设。从首批新农科研究与改革实践项目主持情况来看，一线教师参与比例较低，而且，教师教学发展方向的立项数同样不高。新农科建设 3 年来，部分高校通过校级教改课题立项的方式鼓励教师参与新农科建设，但是总体而言，一线教师对于新农科的认知和参与度仍然不足。教师是人才培养的载体和关键因素，是任何人才培养改革的主体和根本。无论是科教融合，还是产教融合，抑或是在线教育在教育教学中的深度融入，都需要教师的认同与参与，需要涉农高校完善教师的激励、发展和评价机制。这是未来新农科建设的一个重要着力点。

“十三五”期间我国高等农林教育改革与发展政策分析

高等农林教育是我国高等教育的重要组成部分，是认真贯彻执行国家高等教育发展方针和政策，结合我国国家战略和社会需求，形成的以涉农学科和专业为主，多科类、多层次的高等教育体系。纵观我国高等农林教育发展的历史，公共政策的支持和引导是其稳步发展的重要推动力量。政策文献能够反映社会过程的变动和多样性，对于研究政策系统与政策过程具有重要的意义。[1] 为此，本报告整理了“十三五”期间高等农林教育领域重要改革与政策文件，通过对政策内容和属性特征进行分析，以更加细致、客观地探讨高等农林教育领域政策发展历程。

一、高等农林教育改革与发展政策文件基本情况

按照发文单位和关键词进行搜索，共搜集到 18 份与高等农林教育改革相关的政策文件（如表Ⅰ–4 所示）。总体而言，近年来高等农林教育政策文本主要着力点集中在专业课程规划与设计、师资水平培养与提高、教学管理与评估、硬件设施与办学水平和课程建设与教学应用等方面。

表Ⅰ–4　高等农林教育改革与发展政策文献表

编号	时间	政策文献名称
1	2017—09—21	《教育部　财政部　国家发展改革委关于公布世界一流大学和一流学科建设高校及建设学科名单的通知》
2	2017—12—29	《教育部关于推动高校形成就业与招生计划人才培养联动机制的指导意见》

[1]　黄萃．政策文献量化研究 [M]. 北京：科学出版社，2016.

续表

编号	时间	政策文献名称
3	2018—04—03	《教育部关于印发〈高等学校人工智能创新行动计划〉的通知》
4	2018—07—19	《教育部关于印发〈前沿科学中心建设方案（试行）〉的通知》
5	2018—10—08	《教育部关于加快建设高水平本科教育全面提高人才培养能力的意见》
6	2018—10—08	《教育部　农业农村部　国家林业和草原局关于加强农科教结合实施卓越农林人才教育培养计划 2.0 的意见》
7	2018—12—29	《教育部关于印发〈高等学校乡村振兴科技创新行动计划（2018—2022年）〉的通知》
8	2019—02—23	《加快推进教育现代化实施方案（2018—2022 年）》
9	2019—07—02	《安吉共识——中国新农科建设宣言》
10	2019—09—23	新农科建设“北大仓行动”方案
11	2019—10—08	《教育部关于深化本科教育教学改革全面提高人才培养质量的意见》
12	2019—10—30	《教育部关于一流本科课程建设的实施意见》
13	2019—12—06	新农科建设“北京指南”
14	2020—01—14	《教育部办公厅关于印发〈教育部产学合作协同育人项目管理办法〉的通知》
15	2020—02—03	《教育部办公厅关于推荐新农科研究与改革实践项目的通知》
16	2020—04—10	《教育部办公厅关于启动部分领域教学资源建设工作的通知》
17	2020—08—11	《教育部办公厅　工业和信息化部办公厅关于印发〈现代产业学院建设指南（试行）〉的通知》
18	2020—09—08	《教育部办公厅关于公布新农科研究与改革实践项目的通知》

二、“十三五”期间我国高等农林教育改革与发展政策文件分析

如表Ⅰ–5 所示，从政策文献类别来看，“十三五”期间与高等农林教育改革相关的政策文献类别包括“通知”9 份、“意见”5 份、“方案”2 份、“指南”1 份、“宣言”1 份，政策文献类型主要为“通知”，其次为“意见”。就整个高等农林教育相关政策发展来看，“十三五”期间是我国高等农林教育改革与发展政策发布相对集中的一个阶段。这一时期的政策从数量上看，在 2018 年和 2019 年相对较多。这与新农科建设的前期酝酿和正式启动有一定的关系。

在 18 份政策文件中，关于目标引领与规划主题的政策有 16 份，占总政策文本数

量的 88.7%，侧重点从"发挥政策引导和调控作用，主动对接国家重大战略需求，解决重大战略问题，储备战略人才"到"优化学科专业结构，培养知农爱农人才"等。关于教师队伍建设主题的政策有 10 份，占总政策文本数量的 55.6%，侧重点从"关注提高教师队伍保障制度"到"开展教师培训，推进教师激励制度探索，打造高水平教学团队"等。关于教学管理与评估主题的政策有 10 份，占总政策文本数量的 55.6%，侧重点从"建立有利于教师静心教学、潜心育人，有利于学生全面发展和个性发展相结合的管理制度和评价办法"到"强化高校、地方政府、行业协会、企业机构等多元主体协同，形成共建共管的组织架构，建设科学高效的管理制度"等。关于硬件设施与办学条件主题的政策有 11 份，占总政策文本数量的 61.1%，侧重点从"建设教育部前沿科学中心、教育部重点实验室、教育部工程研究中心等创新基地"到"建设一批农林类区域性共建共享实践教学基地、校内实践教学示范基地"等。关于课程建设与教学应用主题的政策有 12 份，占总政策文本数量的 66.7%，侧重点从"完善学科布局，加强各个学科的交叉融合"到"鼓励课程资源共享，建设一流本科课程"等。

表Ⅰ–5 "十三五"期间高等农林教育改革政策文本分析

政策主题	数量 / 份	百分比 /%
目标引领与规划	16	88.7
教师队伍建设	10	55.6
教学管理与评估	10	55.6
硬件设施与办学条件	11	61.1
课程建设与教学应用	12	66.7

通常，同一份政策文本中会涉及不同的政策主题内容。如图Ⅰ–2 所示，根据政策文本中涉及的主题内容年份，进一步分析政策制定的变化情况可以发现：2017 年的政策主要围绕目标引领与规划和教学管理与评估，2018 年的政策依然主要围绕目标引领与规划、硬件设施与办学条件和课程建设与教学应用，这段时间由于"双一流"政策刚刚颁布，还处在通过规划引领设计，集中探索一流本科教育内涵的阶段。2019 年的政策开始主要围绕课程建设与教学应用，2020 年围绕课程建设与教学应用的政策比例进一步增加，主要由于这一阶段关注教学方式和教学过程等的变革以及课程应用和内容的变革等，侧重于如何培养学生。

从政策内容和政策发布主题情况来看，"十三五"期间高等农林教育改革与发展政策具有如下几个特征：

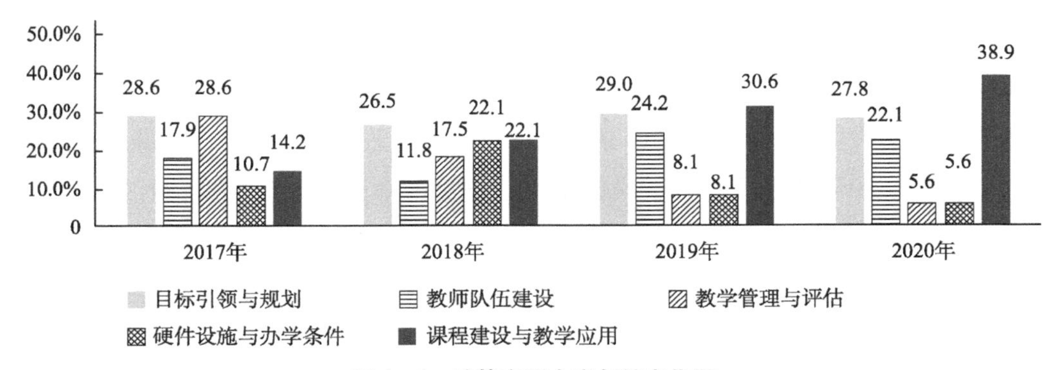

图Ⅰ-2　政策主题内容年份变化图

首先，高等农林教育教学质量改革与发展一直是高等教育政策的热点。总的来说，“十三五”期间，高等农林教育改革与发展政策主要有几种情况：其一，国家乡村振兴战略背景下，高等学校采取行动，通过各种手段培养学生知农爱农素养；其二，面向社会新技术新需求，促进专业发展和人才培养；其三，立足高等农林教育自身使命，强调农林院校特色发展。

其次，新农科建设为高等农林教育教学质量改革与发展指明了方向。“十三五”期间，专门针对高等农林教育的政策以《教育部　农业农村部　国家林业和草原局关于加强农科教结合实施卓越农林人才教育培养计划 2.0 的意见》(以下简称《意见》)为开端。2019 年,《安吉共识》拉开了新农科建设的序幕。接着“北大仓行动”再到“北京指南”的发布，高等农林教育教学质量改革与发展的思路也随着新农科建设的步伐更加明确。

最后，政策发布单位以教育部为主，跨部门联合发布的政策较少。高等农林教育是高等教育的重要组成部分，也带有农林行业的深深烙印。高等农林教育的管理以教育部为主，也需要其他管理部门的支持。就“十三五”期间高等农林教育教学质量改革与发展相关政策来看，只有《意见》是由教育部、农业农村部、国家林业和草原局联合发布的。新农科建设相关政策虽然有农林行业管理部门的支持和参与，但在政策文本上没有明确的体现。

三、“十四五”期间高等农林教育改革与发展政策展望

政策工具是公共权力部门为解决社会公共问题或达成一致性的政策目标而采取的

可以控制的手段。[1] 弗兰斯·F·范富格特将高等教育政策工具分为系统和院校两个层次，系统层次的政策工具包括提供资金、规划、评估和调节，院校层次的政策工具包括筹措资金、规划、评估和调节。Ingram 和 Schneider 根据公共政策是驱使人们按政策引导做事的行为假设，将政策工具分为权威工具、激励工具、能力工具、符号和规劝工具、学习工具五种类型。[2] 因此，对高等农林教育改革与发展政策的分析，可以从系统和院校两个层次，从权威工具、激励工具、能力工具、符号和规劝工具、学习工具五种类型着手。

第一，从系统层面来说，"十四五"期间应进一步加强相关政策在"权威工具"方面的使用。通过对高等农林教育改革与发展的政策分析发现，相关政策在目标引领与规划主题下使用权威工具的频次最高，这与我国高等教育管理体系和管理特点是密不可分的。目标引领与规划的主题内容主要是通过教育管理部门的目标进行规划，设计未来及专业的发展路径，指引目标对象发展成为能够满足社会需求的人才。但是，在目标引领与规划主题之外，也应当恰当利用权威工具，如通过政策在系统层面建立高等农林教育教学质量监测和评估体系，对教学过程和教学效果进行实时的多方位监测，在过程中逐步完善监督机制，促进高等农林教育高质量发展。

第二，为推进新农科建设深入开展，应增加相关政策符号和规劝工具的应用。"十四五"期间，高等农林教育创新发展需立足服务农业农村现代化发展需求，服务乡村全面振兴战略，涉农高校科学研究和人才培养在其中发挥着重要作用。人才是实现乡村振兴战略目标的关键要素，必须在系统层面探索培养新模式、新机制。应当持续加强符号和规劝工具的应用，引导农林高校改造传统涉农学科专业、发展新兴涉农专业，以学科专业创新改革为基础，构建新的人才培养体系。同时，可以适当增加激励工具的应用，鼓励高等农林教育系统培养知农爱农的创新型、复合型和应用型新农科人才，培养学生以"强国兴农为己任"的责任与担当。

第三，在高校层面，相关政策应注意增加"能力工具"的应用。农林院校应当准确定位，强化学科体系建设，面向新农业、新乡村、新农民、新生态布局学科专业，同时聚焦国际农业科技发展前沿、聚焦国家农业重大战略需求，主动增强服务国家战略和区域发展的责任担当，以粮食安全、生态文明、营养与健康等为重点，利用现代生物科学技术、信息技术等改造传统农林专业，优先增设农林优势学科与

[1] 吴合文. 高等教育政策工具分析 [M]. 北京：北京师范大学出版社，2011.

[2] 同上.

现代生物技术、人工智能、大数据、“互联网 +”交叉融合的新专业，稳步推进农工、农理、农文、农医的深度交叉融合，同时面向农业农村现代化新产业、新业态布局新兴农科专业。

专题研究

我国农科专业目录历次调整回顾

1949年以来，农科专业目录历经6次大的调整。

一、《高等学校专业分类设置（草案）》（1954年）

1952年，中央人民政府进行了院系大调整，借鉴“苏联模式”，对旧的高等教育体制进行了大规模调整。1954年11月，高等教育部参考苏联的专业目录制定并颁布了《高等学校专业分类设置（草案）》，该草案主要是根据当时的11个行业部门进行专业划分，包括40个专业类，257种专业（见表Ⅱ-1）。[1]其中农业部门农科专业共有4类13种，占全部专业的5.1%，林业部门设Ⅰ类3个专业，在专业中占比1.2%。

二、《高等学校通用专业目录》（1963年）

1963年，教育部发布了《高等学校通用专业目录》和《高等学校绝密和机密专业目录》。这也是国家首次正式统一制定高校专业目录。[2]此次专业目录中的专业门类摒弃了1954年《高等学校专业目录分类设置》中的行业部门分类法，采用了学科与行业部门相结合的专业门类划分方法，划分出工科、文科、理科、医药、农科等11个专业门类，其中仅工科与艺术划分专业大类。同时规定了各专业设置、学生人数统计、招生计划、毕业生的分配等。[3]农林类专业由1954年的16个增加到1963年的47个，占全部专业的10.0%。1987年，农林专业增加到75个。

---

[1] 陈涛.高等教育学科专业目录：问题与逻辑[J].西南交通大学学报（社会科学版），2015，16（3）：43–49.

[2] 郭雷振.我国高校本科专业目录修订的演变——兼论目录对高校专业设置数量的调节[J].现代教育科学，2013（3）：44–49+54.

[3] 刘少雪.高等学校本科专业结构、设置及管理机制研究[M].北京：高等教育出版社，2009.

表Ⅱ-1 1954年《高等学校专业分类设置（草案）》专业分布

<table>
<tr><th colspan="2">行业部门</th><th>专业门类</th><th>专业类数量/个</th><th>专业数量/个</th><th>专业数量占比/%</th></tr>
<tr><td colspan="2">工业部门</td><td rowspan="3">工科</td><td>16</td><td>106</td><td>41.2</td></tr>
<tr><td colspan="2">建筑部门</td><td>3</td><td>20</td><td>7.8</td></tr>
<tr><td colspan="2">运输部门</td><td>3</td><td>16</td><td>6.2</td></tr>
<tr><td rowspan="3">教育部门</td><td rowspan="2">大学</td><td>文科</td><td>2</td><td>25</td><td>9.7</td></tr>
<tr><td>理科</td><td>1</td><td>21</td><td>8.2</td></tr>
<tr><td>高等师范</td><td>师范</td><td>1</td><td>16</td><td>6.2</td></tr>
<tr><td colspan="2">财政经济部门</td><td>财经</td><td>1</td><td>16</td><td>6.2</td></tr>
<tr><td colspan="2">农业部门</td><td>农科</td><td>4</td><td>13</td><td>5.1</td></tr>
<tr><td colspan="2">艺术部门</td><td>艺术</td><td>4</td><td>13</td><td>5.1</td></tr>
<tr><td colspan="2">保健部门</td><td>医科</td><td>2</td><td>5</td><td>1.9</td></tr>
<tr><td colspan="2">林业部门</td><td>林科</td><td>1</td><td>3</td><td>1.2</td></tr>
<tr><td colspan="2">法律部门</td><td>政法</td><td>1</td><td>2</td><td>0.8</td></tr>
<tr><td colspan="2">体育部门</td><td>体育</td><td>1</td><td>1</td><td>0.4</td></tr>
<tr><td colspan="3">总计</td><td>40</td><td>257</td><td>100</td></tr>
</table>

资料来源：根据高等教育部1954年颁布的《高等学校专业分类设置（草案）》整理。

三、《普通高等学校农科、林科本科专业目录》（1988年）

1982年，教育部开始着手进行新一轮本科专业目录的修订工作，历时5年，在此期间相继发布了7个本科专业目录，包括《高等学校工科本科专业目录》（1986年）、《普通高等学校农科、林科本科专业目录》（1986年）、《全国普通高等学校医药本科专业目录》（1987年）、《普通高等学校理科本科基本专业目录》（1987年）、《普通高等学校社会科学本科专业目录》（1987年）、《普通高等师范教学本科专业目录》（1988年）、《全国普通高等学校体育本科专业目录》（1988年）、，对文、理、工、农林、医药各类本科专业目录进行了全面的修订，覆盖8个门类、77个专业类和702种专业（包括正式专业671种，试办专业31种），本文中此处将该次的目录修订统称为

"1988 年本科专业目录"。[1-2]1988 年本科专业目录保持了 1963 年专业目录中的门类划分，并确立了"门类—专业类—专业"三级基本架构，注意专业划分和设置上的分层次适应性问题，确立了本科教育与研究生教育接受不同专业目录指导的框架格局。[3]

修订后的农科本科专业共计 10 个专业类 55 种专业，其中，正式专业 43 种，试办专业 12 种（见表Ⅱ–2）；林科本科专业共计 6 个专业类 20 种专业，其中，正式专业 16 种，试办专业 4 种。1986 年 7 月 1 日发布的《普通高等学校农科、林科本科专业目录》调整了农科专业结构，增加了经济与管理、环境与资源和农业工程等方面的专业，以及农工、农理、农文相结合的专业；拓宽了专业口径，从单一的专业向多种专业领域扩展，学科之间日益渗透，逐步出现交叉学科，涉及技术、经济与管理等多领域。此外，新的专业简介还在业务培养目标和学生应获得的知识能力方面提出了明确、具体的要求，并且第一次明确了各个专业的主干学科。1963 年与 1988 年专业目录各专业分布表见表Ⅱ–3。

表Ⅱ–2　1986 年本科专业目录农科专业

专业类	正式专业 / 种	试办专业 / 种
农学基础类	5	3
植物生产类	12	0
动物生产类	6	0
水产类	3	0
经济、管理类	5	2
农业工程类	3	3
农产品加工类	2	0
兽医类	4	0
资源、环境类	3	3
应用文科类	0	1
总计	43	12

资料来源：根据 1986 年《普通高等学校农科、林科本科专业目录》整理。

[1] 国家教育委员会高教一司．普通高等学校社会科学本科专业目录与专业简介 [Z]. 武汉：武汉大学出版社，1989.

[2] 国家教育委员会高教二司．普通高等学校本科专业目录及简介：理工　农林　医药 [Z]. 北京：科学出版社，1989.

[3] 刘少雪．高等学校本科专业结构、设置及管理机制研究 [M]. 北京：高等教育出版社，2009.

表Ⅱ-3 1963年与1988年专业目录各专业分布表

学科门类	1963年			1988年		
	专业类数量/个	专业数量/种	专业数量占比/%	专业类数量/个	专业数量/种	专业数量占比/%
工科	14	207	47.9	21	255	36.3
文科	0	53	12.3	8	100	14.2
理科	0	42	9.7	14	70	10.0
医药	0	10	2.3	9	57	8.1
农科	0	33	7.6	10	55	7.8
政法	0	2	0.5	2	16	2.3
财经	0	10	2.3	1	48	6.8
艺术	6	36	8.3	1	50	7.1
林科	0	14	3.2	6	20	2.8
体育	0	8	1.9	5	9	1.3
师范	0	17	3.9	0	22	3.1
总计	20	432	100	77	702	100

资料来源：根据教育部高等教育司1963年与1988年颁布的普通高等学校本科专业目录整理。

四、《普通高等学校本科专业目录》(1993年)

1989年，本科专业目录开始了第二次大规模调整。历时4年，高等教育司于1993年公布了《普通高等学校本科专业目录》。[1]修订后目录共有专业504个，其中，农学专业40个。此次修订将原有的农学和林学合并为新的农科专业，类别由1987年的10个专业类变为7个专业类，分别为：0901植物生产类、0902森林资源学、0903环境保护类、0904动物生产与兽医类、0905水产类、0906管理类、0907农业推广类。此外，原本的农、林学科中与工程有关的专业归并到工学门类。

五、《普通高等学校本科专业目录》(1998年)

随着“十五”发展计划的提出，高等教育的发展暴露出新的问题，市场经济体制

[1] 国家教育委员会高等教育司.普通高等学校本科专业目录和专业简介(1993年7月颁布)[Z].北京：高等教育出版社，1993.

的深入推进，高等教育发展大众化的要求及经济发展对高素质人才的要求，使得高校本科专业设置制度改革成为必然，着力提高受教育者的文化素质和专业素养使得进一步调整本科专业目录成为当时高等教育改革与发展的重要任务。1997 年，教育部开始对本科专业目录进行第三次大规模的调整，历时 1 年零 3 个月，于 1998 年 7 月 16 日由教育部颁布了新的《普通高等学校本科专业目录》[1]，这次修订也被认为是学科专业目录调整幅度最大的一次修订。目录专业总数由 1993 年的 504 个调整压缩到 249 个，改变了原有过分强调专业对口的教育理念，确立了知识、能力、素质全方面共同提高的人才观，农学专业从 1993 年的 40 个调整到 16 个。具体见表Ⅱ–4。

其中，“09 农学”分为 7 个专业大类，类别种数与原来一样，但对专业数量做了大幅度的优化整合，由原本的 40 种专业缩小到 16 种。修订后的“09 农学”中的 7 类分别是：0901 植物生产类、0902 草业科学类、0903 森林资源类、0904 环境生态类、0905 动物生产类、0906 动物医学类和 0907 水产类。1993 年、1998 年与 2012 年专业目录各专业分布表见表Ⅱ–5。

表Ⅱ–4　1993 与 1998 年普通高等学校专业目录农科专业对照表

1993 年		1998 年	
专业代码	专业门类、专业类、专业名称	专业代码	专业门类、专业类、专业名称
		09	学科门类：农学
		0901	植物生产类
090101	农学	090101	农学
090102	热带作物		
090109	药用植物（部分）		
090108	土壤与农业化学（部分）		
090112W	烟草		
090103	园艺	090102	园艺
090104	果树		
090105	蔬菜		
090106	观赏园艺（部分）		
090107	植物保护	090103	植物保护

[1] 教育部高等教育司 . 普通高等学校本科专业目录和专业介绍：1998 年颁布 [Z]. 北京：高等教育出版社，1998.

续表

1993年		1998年	
专业代码	专业门类、专业类、专业名称	专业代码	专业门类、专业类、专业名称
090110	茶学	090104 △	茶学
		0902	草业科学类
090111	草学	090201	草业科学
		0903	森林资源类
090201	林学	090301	林学
090202	森林保护		
090203	经济林		
090204	野生植物资源开发与利用（部分）	090302	森林资源保护与游憩
090206W	森林旅游		
090205	野生动物保护与利用	090303*	野生动物与自然保护区管理
090605	自然保护区资源管理		
		0904	环境生态类
090106	观赏园艺（部分）	090401	园林
090301	园林		
090302	风景园林（部分）		
090303	水土保持	090402	水土保持与荒漠化防治
090304	沙漠治理		
090108	土壤与农业化学（部分）	090403	农业资源与环境
090305	农业环境保护（部分）		
090604	渔业资源与渔政管理（部分）		
070904	农业气象（部分）		
		0905	动物生产类
090401	畜牧兽医（部分）	090501	动物科学
090402	畜牧		
090405	蜂学（部分）		
090406	动物营养与饲料加工		
090404	蚕学	090502 △	蚕学
		0906	动物医学类
0904	畜牧兽医（部分）	090601	动物医学
090403	实验动物		
090407	兽医		

续表

1993 年		1998 年	
专业代码	专业门类、专业类、专业名称	专业代码	专业门类、专业类、专业名称
090408	中兽医		
090409	动物药学		
		0907	水产类
090501	淡水渔业	090701	水产养殖学
090502	海水养殖		
090503	海洋渔业	090702	海洋渔业科学与技术（注：可授农学或工学学士学位）
090604	渔业资源与渔政管理（部分）		

资料来源：教育部. 普通高等学校本科专业目录新旧专业对照表 [Z]. 北京：高等教育出版社，1998.

注：专业代码后带“*”的表示目录内需一般控制设置的专业；专业代码后带“△”的表示目录内需从严控制设置的专业；专业代码后带“W”的表示目录外专业。

表 Ⅱ-5　1993 年、1998 年与 2012 年专业目录各专业分布表

专业门类	1993 年			1998 年			2012 年		
	专业类数量 / 个	专业数量 / 种	专业数量占比 /%	专业类数量 / 个	专业数量 / 种	专业数量占比 /%	专业类数量 / 个	专业数量 / 种	专业数量占比 /%
哲学	2	9	1.8	1	3	1.2	1	3	0.9
经济学	2	31	6.2	1	4	1.6	4	10	2.8
法学	4	19	3.8	5	12	4.8	6	13	3.7
教育学	3	13	2.6	2	9	3.6	2	13	3.7
文学	4	106	21.0	4	66	26.5	3	72	20.5
历史学	2	13	2.6	1	5	2.0	1	4	1.1
理学	16	55	10.9	16	30	12.0	12	28	8.0
工学	22	181	35.9	21	70	28.1	31	104	29.5
农学	7	40	7.9	7	16	6.4	7	18	5.1
医学	9	37	7.3	8	16	6.4	11	26	7.4
管理学	—	—	—	5	18	7.2	9	32	9.1
艺术学	—	—	—	—	—	—	5	29	8.2
总计	71	504	100	71	249	100	92	352	100

资料来源：根据教育部高等教育司 1993 年、1998 年与 2012 年颁布的普通高等学校本科专业目录整理。

六、《普通高等学校本科专业目录》(2012年)

2010年，中共中央、国务院印发《国家中长期教育改革和发展规划纲要（2010—2020)》，纲要提出，高等教育专业结构应当满足国家和区域经济社会发展对人才结构的需求，建立动态调整机制，优化专业结构。2010年10月，教育部启动新一轮高校本科专业目录修订工作。2012年9月，教育部印发《普通高等学校本科专业目录（2012年)》和《普通高等学校本科专业设置管理规定》等重要文件，在进一步优化高等教育人才培养结构，促进高等教育与经济社会的紧密结合，提高人才培养质量等方面起到了应有的作用，并且一直沿用至今。改革后的“09农学”专业门类依旧设七大类，把原来的“0904环境生态类”修订成了“0902自然保护与环境生态类”；“0903森林资源类”修订成了“0905林学类”；“0902草业科学类”修订成了“0907草学类”。专业数量基本与原来一样，由16个增长到18个。具体见表Ⅱ-6。

2012年的农科专业目录在农学门类中开设了满足现阶段我国现代农业农村发展所需的新型农学专业，并重新调整了我国农学类基本专业。新增一批适应现代农业发展和有助于乡村振兴的应用性强、针对性强的新农学专业，如植物生产类的种子科学与工程专业和设施农业科学与工程专业等。

表Ⅱ-6　1998年与2012年普通高等学校专业目录农科专业对照表

<table>
<tr><th colspan="2">1998年</th><th colspan="2">2012年</th></tr>
<tr><th>专业代码</th><th>学科门类、专业类、专业名称</th><th>专业代码</th><th>学科门类、专业类、专业名称</th></tr>
<tr><td>09</td><td>学科门类：农学</td><td>09</td><td>学科门类：农学</td></tr>
<tr><td>0901</td><td>植物生产类</td><td>0901</td><td>植物生产类</td></tr>
<tr><td>090101</td><td>农学</td><td rowspan="2">090101</td><td rowspan="2">农学</td></tr>
<tr><td>040311W</td><td>农产品储运与加工教育（部分）</td></tr>
<tr><td>090102</td><td>园艺</td><td>090102</td><td>园艺</td></tr>
<tr><td>090103</td><td>植物保护</td><td>090103</td><td>植物保护</td></tr>
<tr><td>090106W</td><td>植物科学与技术</td><td rowspan="3">090104</td><td rowspan="3">植物科学与技术</td></tr>
<tr><td>070409W</td><td>植物生物技术</td></tr>
<tr><td>040303W</td><td>特用作物教育</td></tr>
<tr><td>090107W</td><td>种子科学与工程</td><td>090105</td><td>种子科学与工程</td></tr>
</table>

续表

1998 年		2012 年	
专业代码	学科门类、专业类、专业名称	专业代码	学科门类、专业类、专业名称
090109W	设施农业科学与工程	090106	设施农业科学与工程（注：可授农学或工学学士学位）
0904	环境生态类	0902	自然保护与环境生态类
090403	农业资源与环境	090201	农业资源与环境
081414S	植物资源工程		
090303*	野生动物与自然保护区管理	090202	野生动物与自然保护区管理
090402	水土保持与荒漠化防治	090203	水土保持与荒漠化防治
0905	动物生产类	0903	动物生产类
090501	动物科学	090301	动物科学
070410W	动物生物技术		
040306W	畜禽生产教育		
0906	动物医学类	0904	动物医学类
090601	动物医学	090401	动物医学
090602S	动物药学	090402	动物药学
0903	森林资源类	0905	林学类
090301	林学	090501	林学
090401	园林	090502	园林
090302	森林资源保护与游憩（部分）	090503	森林保护
0907	水产类	0906	水产类
090701	水产养殖学	090601	水产养殖学
040307W	水产养殖教育		
090702	海洋渔业科学与技术	090602	海洋渔业科学与技术
0902	草业科学类	0907	草学类
090201	草业科学	090701	草业科学

注：专业代码后带“*”的表示目录内需一般控制设置的专业；专业代码后带“W”的表示目录外专业；专业代码后带“S”的表示在少数高校试点的目录外专业。

根据《普通高等学校本科专业设置管理规定》，专业目录 10 年修订一次，基本专业 5 年调整一次，高校专业设置和调整实行备案或审批制度。备案或审批工作每年集中进行一次。据统计，截至 2022 年，累计有 24 个涉农新增专业通过备案进入专业目录。2022年，教育部在本科专业设置调整工作中，支持高校主动服务国家战略、区域经济社会和产业发展需要，31个新专业列入《普通高等学校本科专业目录》，其中涉农专业4个。2012年以来新增涉农专业目录见表Ⅱ-7。

表Ⅱ-7 2012年以来新增涉农专业目录

学科门类	代码	专业（类）	增设年份（年）
09：农学	**0901**	**植物生产类**	
	090112T	智慧农业	2019
	090113T	菌物科学与工程	2019
	090114T	农药化肥	2019
	090115T	生物农药科学与工程	2020
	090116TK	生物育种科学	2021
	0902	**自然保护与环境生态类**	
	090204T	生物质科学与工程	2019
	090205T	土地科学与技术	2020
	090206T	湿地保护与修复	2021
	0903	**动物生产类**	
	090304T	经济动物科学	2018
	090305T	马业科学	2018
	090306T	饲料工程	2020
	090307T	智慧牧业科学与工程	2020
	0904	**动物医学类**	
	090404T	实验动物学	2017
	090405T	中兽医学	2018
	090406TK	兽医公共卫生	2020
	0905	**林学类**	
	090504T	经济林	2018
	090505T	智慧林业	2021
08：工学	**0823**	**农业工程类**	
	082306T	土地整治工程	2016
	082307T	农业智能装备工程	2019
	0824	**林业工程类**	
	082405T	木结构建筑与材料	2021

续表

学科门类	代码	专业（类）	增设年份（年）
	0827	**食品科学与工程**	
	082709T	食品安全与检测	2016
	082710T	食品营养与健康	2019
	082711T	食用菌科学与工程	2019
	082712T	白酒酿造科学与工程	2019

注：本表根据教育部《普通高等学校本科专业目录（2021年）》整理而成。

我国农林高校专业结构布局情况

1949 年以来，我国高等农林教育取得了长足发展。高等农林教育逐步形成了以本科为主体，研究生教育为龙头，专科教育协调并进的格局。农林高校专业格局由农科单科的“一枝独秀”逐渐向多科性和综合性转型，农林高校基本已实现了农、工、理、经、管、文、法多学科专业交叉综合化发展，涉农、非农专业围绕农林学科优势协调发展，形成了以农科为特色的相对综合的专业体系。

表 Ⅱ–8　1949 年以来全国高校总数及农林院校总数

年份 / 年	全国高校总数 / 所	全国农林高校数量			
		农林高校总数 / 所	农林高校占比 /%	本科院校 / 所	高职高专 / 所
1978	598	56	9.36	—	—
1979	633	61	9.64	—	—
1980	675	66	9.78	—	—
1981	704	65	9.23	—	—
1982	715	66	9.23	—	—
1983	805	67	8.32	—	—
1984	902	68	7.54	—	—
1985	1 016	72	7.09	—	—
1986	1 054	72	6.83	57	15
1987	1 063	71	6.68	56	15
1988	1 075	70	6.51	57	13
1989	1 075	70	6.51	57	13
1990	1 075	70	6.51	57	13
1991	1 075	70	6.51	57	13
1992	1 053	69	6.55	57	12
1993	1 065	70	6.57	57	13
1994	1 080	70	6.48	57	13

续表

年份 / 年	全国高校总数 / 所	全国农林高校数量			
		农林高校总数 / 所	农林高校占比 /%	本科院校 / 所	高职高专 / 所
1995	1 054	66	6.26	55	11
1996	1 032	63	6.10	53	10
1997	1 020	60	5.88	50	10
1998	1 022	59	5.77	49	10
1999	1 071	54	5.04	45	9
2000	1 041	50	4.80	43	7
2001	1 225	48	3.92	41	7
2002	1 396	46	3.30	40	6
2003	1 552	43	2.77	39	4
2004	1 731	90	5.20	39	51
2005	1 792	92	5.13	38	54
2006	1 867	93	4.98	39	54
2007	1 908	92	4.82	38	54
2008	2 263	101	4.46	48	53
2009	2 305	99	4.30	48	51
2010	2 358	99	4.20	48	51
2011	2 409	101	4.19	48	53
2012	2 442	100	4.10	48	52
2013	2 491	103	4.13	50	53
2014	2 529	101	3.99	48	53
2015	2 560	100	3.91	46	54
2016	2 596	100	3.85	47	53
2017	2 631	100	3.80	47	43
2018	2 663	102	3.83	47	55
2019	2 688	102	3.79	47	55

资料来源：根据 1978—2019 年《中国教育统计年鉴》整理。

教育部科学技术司发布的《2020 年高等学校科技统计资料汇编》数据显示：截至 2019 年底，我国共有高等院校 2 688 所，共有农林高校（含农林科研机构和农林职业院校）102 所，其中，一流大学建设高校有 2 所，分别是中国农业大学（A 类）和西北农林科技大学（B 类）；一流学科建设高校有北京林业大学、东北农业大学、东北林

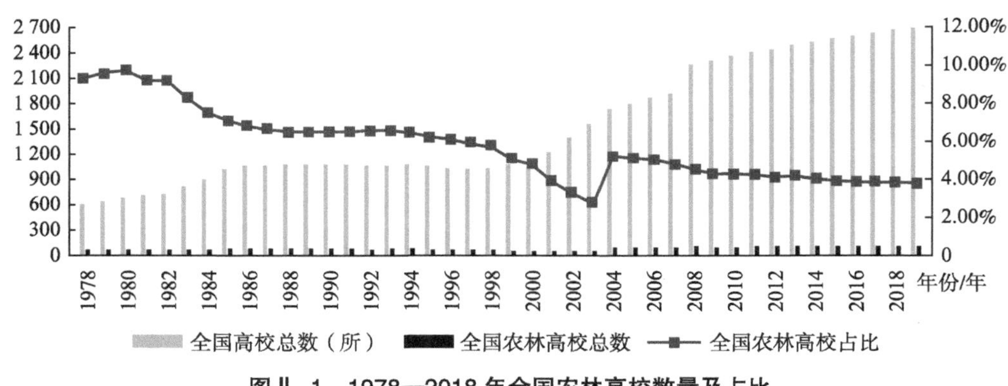

图Ⅱ-1 1978—2018年全国农林高校数量及占比

业大学、南京林业大学、南京农业大学、华中农业大学、四川农业大学；“985”院校有2所，分别是中国农业大学和西北农林科技大学。“211”院校有8所，分别是中国农业大学、北京林业大学、南京农业大学、东北农业大学、东北林业大学、华中农业大学、四川农业大学、西北农林科技大学。

一、我国主要农林高校专业结构（1993年）

1993年，《普通高等学校本科专业目录》正式颁布实施，农林院校所设学科专业门类开始有所拓展，涉及门类包括了理、工、管、经、文、法、教等。其中涉及门类为6个的学校有3所，分别是北京农业大学、北京林业大学、东北林业大学，均为教育部直属高校。在各农林本科院校设置的非农及非涉农类专业种类中，最多的为工科类专业，其次为经济类专业，可见农林院校的专业设置向外拓展的脚步最先始于工科和经济学科。部分农林院校很早就开设了农业工程、林业工程，以及农业经济、林业经济等与农息息相关的涉农工科专业和经济类专业，具有良好的发展基础。1993年主要涉农高校专业结构见表Ⅱ-9。

表Ⅱ-9 1993年主要涉农高校专业结构

学校名称	专业数/个	涉及门类	涉农专业占比/%	非涉农专业占比/%
中国农业大学	36	农、理、工、管、经、文	94.44	5.56
西北农林科技大学	18	农、工、管	83.33	16.67
北京林业大学	15	农、理、工、管、经、文	73.33	26.67
东北农业大学	17	农、工、经	76.47	23.53

续表

学校名称	专业数 / 个	涉及门类	涉农专业占比 /%	非涉农专业占比 /%
东北林业大学	22	农、理、工、管、经、文	59.09	40.91
南京农业大学	26	农、工、经、文	84.62	15.38
华中农业大学	22	农、工、管、经、法	90.91	9.09
四川农业大学	25	农、工、管、经	96.00	4.00

资料来源：①中华人民共和国国家教育委员会计划建设司 . 中国高等学校大全 [M]. 北京：高等教育出版社，1994.

②新时代农科高等教育战略研究项目组 . 新时代农科高等教育战略研究 [M]. 北京：高等教育出版社，2021.

二、我国主要农林高校专业结构（1998 年）

1998 年，设置非农及非涉农专业的农林院校数大幅增加，农林院校的专业设置快速向理学、工学、管理学、经济学、法学、文学领域拓展。同时，各院校所设非农及非涉农专业数在学校专业总数的占比有所提升，北京林业大学所设非农及非涉农专业数超过了 50%，中国农业大学、东北林业大学超过了 40%。“高等农业院校的专业结构发生了很大的变革，农科专业在专业类和专业种数上分别占 9% 和 28.37%，在专业布点和在校生数量上分别达到 53.57% 和 53.6%，非农专业布点和在校生比例已接近 50%”。[1]1998年主要农林高校专业结构见表Ⅱ–10。

表Ⅱ–10 1998 年主要农林高校专业结构

学校名称	专业数 / 个	涉及门类	涉农专业占比 /%	非涉农专业占比 /%
中国农业大学	40	农、理、经、管、工、文、法	52.50	47.50
西北农林科技大学	23	农、理、工、管、经、法	73.91	26.09
北京林业大学	18	农、理、经、管、工、文	44.44	55.56
东北农业大学	19	农、理、工、管、经	78.95	21.05
东北林业大学	27	农、理、经、管、工、文、法	55.56	44.44
南京农业大学	27	农、理、经、管、工、文、法、医	62.96	37.04

[1] 包平 . 二十世纪中国农业教育变迁研究 [D]. 南京：南京农业大学，2006.

续表

学校名称	专业数 / 个	涉及门类	涉农专业占比 /%	非涉农专业占比 /%
南京林业大学	14	农、管、工、文	78.57	21.43
华中农业大学	26	农、理、经、管、工、文、法	73.08	26.92
四川农业大学	17	农、理、工、管、经	88.24	11.76

资料来源：李辉 . 中国高等院校指南 [M]. 北京：中国戏剧出版社，1999.

三、我国主要农林高校专业结构（2011 年）

1998—2010 年，各农林院校的专业设置数迅速增长，农林高校开设专业数量有了较大幅度增长，并且，随着农业产业新业态的不断呈现和农村产业结构的优化升级，对人才需求更加多样化，农业院校的专业设置向产前、产中、产后延伸，直到面向整个农村经济，新学科、新专业发展很快，远远超出了传统农科的范围，极大拓宽了农业院校的学科专业门类和服务面向。

2010 年，教育部启动新一轮高校本科专业目录修订工作，新增艺术学门类，专业类由原来的 73 个增至 92 个，专业由原来的 635 种调减至 506 种，其中基本专业 352 种，特设专业 154 种。农学门类下设专业类 7 个，27 种专业。

2011 年，农林院校开设的专业数量增长迅猛。农林院校开设的专业已覆盖了除军事以外的所有门类，大部分农业院校开设的专业涉及门类达到 7 个以上。非涉农专业逐渐占据较大比例，东北林业大学、南京林业大学等农林院校非涉农专业已超过了 70%。2011 年部分涉农高校专业结构见表Ⅱ-11。

表Ⅱ-11 2011 年部分涉农高校专业结构

学校名称	专业数 / 个	涉及门类	涉农专业占比 /%	非涉农专业占比 /%
中国农业大学	58	农、工、理、经、管、法、文	46.55	53.45
西北农林科技大学	59	农、理、工、经、管、法、艺	54.24	45.76
北京林业大学	48	农、理、工、管、经、文、法、艺、教	44.44	55.56
东北农业大学	66	农、理、工、管、法、经、艺、文	51.52	48.48
东北林业大学	62	农、理、工、经、管、文、法、艺	29.03	70.97
南京农业大学	66	农、理、经、管、工、文、法、医、艺	50.00	50.00

续表

学校名称	专业数/个	涉及门类	涉农专业占比/%	非涉农专业占比/%
南京林业大学	57	理、工、农、文、管、经、法、艺	29.82	70.18
华中农业大学	48	农、理、工、文、法、经、管、艺	54.17	45.83
四川农业大学	84	农、理、工、经、管、医、文、教、法、艺	57.14	42.86

资料来源：中华人民共和国教育部发展规划司 . 中国高等学校大学 [M]. 北京：北京大学出版社，2012.

四、我国主要农林高校专业情况（2018 年）

随着经济社会不断的发展进步和高等教育改革的不断推进，高等农业教育由培养专门的精英农业科技人才向培养拔尖创新型、复合应用型和应用技能型人才转变，高等农林院校的学科专业结构也基本实现了多科性和综合性转型。

目前，独立设置的农林高校基本上已实现了农、工、理、经、管、文、法多学科专业交叉综合化发展，涉农、非农专业围绕农林学科优势协调发展，形成了以农科为特色的相对综合的学科专业体系。2018 年主要农林高校专业结构见表Ⅱ–12。

表Ⅱ–12　2018 年主要农林高校专业结构

学校名称	专业数/个	涉及门类	涉农专业占比/%	非涉农专业占比/%
中国农业大学	66	农、工、理、经、管、法、文	54.55	45.45
西北农林科技大学	67	农、理、工、经、管、法、医	56.72	43.28
北京林业大学	54	农、理、工、管、经、文、法、哲、教、艺	35.19	64.81
东北农业大学	72	农、理、工、管、经、法、文、艺	51.39	48.61
东北林业大学	63	农、理、工、经、管、文、法、医、艺	31.75	68.25
南京农业大学	62	农、理、经、管、工、文、法、医、艺	46.77	53.23
南京林业大学	74	理、工、农、文、管、经、哲、法、艺	29.73	70.27
华中农业大学	60	农、理、工、文、法、经、管、艺	55.00	45.00
四川农业大学	91	农、理、工、经、管、医、文、教、法、艺	47.26	52.74

资料来源：根据各高校官方网站整理。

我国新农科专业体系构建研究

中共中央、国务院《关于实施乡村振兴战略的意见》提出了到2035年我国基本实现农业农村现代化的总体目标。未来10余年的时间内，我国农业不仅承担着以农业供给侧结构性改革为主线，加快构建现代农业产业体系、生产体系、经营体系，提高农业创新力、竞争力和全要素生产，加快实现由农业大国向农业强国转变的历史使命，也面临着以人工智能、生物技术、材料技术、能源技术、制造技术等为代表的新一轮科技革命引领农业进入智慧时代，不断催生新产业和新业态，抢占农业未来发展制高点的艰巨任务。

21世纪以来，科学技术尤其是生物技术、信息技术、工程技术、材料技术的迅猛发展，正在推动新的农业科技革命。与此同时，现代农业产业转型升级加速，在推动农业学科调整优化的同时，为高等教育学科专业布局和人才培养提出新的挑战与需求。一是现代农业功能定位多元化，突破传统农业单一的经济价值，拓展为兼具经济、生态、社会和文化多功能为一体的产业发展格局，推动一二三产业融合发展，乡村经济业态日趋多元。二是现代农业依赖的学科知识日益综合化。科技创新在现代农业发展中的作用越来越突出，大数据挖掘、人工智能、生物基因等新兴科技在农业中广泛应用，5G、云计算、物联网、区块链与农业交互联动，推进现代农业向信息化、智能化、高端化升级。三是农业类型发生分化。现代农业形态主要分为效率农业、效益农业和效果农业，从对农产品产量要求转向对产量、品质和特色的多元化要求，加快高产值、高附加值的高质量农业供给体系构建。

如上所述，国家新的发展战略部署、新一轮科技革命推动下的农业产业革命以及由信息与互联网技术催生的农业新业态的快速发展为农林高等教育发展及人才培养带来前所未有的挑战与机遇。为增强涉农高校科学研究与人才培养对我国农业农村现代化发展的支撑引领作用，我国涉农高校必须拓展传统农科知识的内涵与外延，通过跨学科与系统化方法，重构交叉融合知识体系、专业体系及组织结构体系。这既是来自大学外部的挑战与动力，也是涉农高校学科专业布局发展的内在必然。

一、我国农科专业设置主要问题分析

1949 年以来，在“苏联模式”影响下，我国高等教育领域进行了一系列从宏观到微观领域的改造。“苏联模式”奠定了当代中国高等教育的基本框架。其中就包括前苏联式的学科与专业管理制度。至 20 世纪 90 年代，在专才教育理念的指导下，我国学科分类和专业设置主要依据社会生产部类，强调人才培养与社会生产的对应关系。20 世纪 90 年代以来，这种教育观念逐步发生转变。1998 年国家本科专业目录修订中，通过对专业的综合、交叉和延伸在一定程度上改变了专业设置过窄、过细、过死、局部陈旧的状况。在 2012 年的修订中，新目录的学科门类由原来的 11 个增加至 12 个，专业类由原来的 73 个增加至 92 个，专业则由原来的 635 种压缩至 506 种。由此带来高校新一轮专业结构的调整和优化，有力推动了高等教育高质量、内涵式发展。但总体而言，在“苏联模式”的学科专业框架和逻辑指导下，农科类专业设置及建设仍然存在一些亟待完善之处，尤其是在进入建设农业农村现代化的新时代，高等农林院校现行专业设置的弊端日益突出。

（一）专业划分口径过窄

农林领域专业设置基本围绕农业生产分工设立，如围绕作物生产设立的作物遗传育种学（解决作物新品种问题），作物栽培与耕作学（解决粮食高产问题），植物保护学（解决病虫害问题）等，专业划分过细、过专。这种专业设置方式适应当时农业发展的需求，为国家、“三农”发展培养了一大批具备专门能力的人才，促进了农林经济发展。但是，传统的专业设置已经不能够适应农业农林现代化的需要，不能适应知识和技术不断交叉融合的发展要求，也无法满足促进人的全面发展的要求。而专业之间缺乏衔接，在教育教学过程中缺乏系统化培养。现代农业生产各个环节之间界限日益模糊，单一技术已经无法推动农业发展，必须用系统的认知、系统的思维、系统的方法、系统的技术来推动农业的系统解决，传统专业划分方式导致人才培养与实际产业需求脱节，学生在解决复杂现实问题方面存在知识和能力缺口，这是当前涉农专业人才培养中的一大弊端，并且已经成为制约我国涉农高校人才培养质量提升的短板之一。

（二）专业设置缺乏跨学科交叉融合

现代化农业是通过多学科交叉、多技术耦合、多领域渗透的综合性农业生产体系。其突出特点是突破传统学科边界和产业划分，这就使得单纯“以学科为基础”，围绕学科设置专业和开展人才培养的模式受到挑战。在此背景下，我们需要根据科技、产业变革的需要和新经济发展的趋势来重新理解和认识农业学科及其范畴，赋予其跨越现有学科边界和产业边界的新的内涵。应积极关注农林产业相关新业态的发展变化，关注电子信息技术发展驱动下农林相关产业新的商业、经营、金融服务模式的发展变化，满足并引领产业经营模式的改革与创新。

作为行业型高校，由于具有较为深厚的行业底蕴和学科沉淀，中国的农林高校总体而言仍然带有非常鲜明的单科性院校特点，在多学科协调发展特别是新建学科的质量提升方面尚未取得理想效果。由此导致农林院校对新型、交叉学科专业建设与发展重视不足，理科、工科、经济、管理等多学科渗透与融合不够，而在人才培养方面，农林院校以往过度强化专业教育和专业能力，综合交叉学科人才的培养能力不足，既无法满足“人的全面发展”的需要，也难以充分满足我国农业农村现代化发展对人才的知识能力要求。

（三）专业面向传统农业场景设立

现代农业作为现代技术的重要应用场景快速发展，新产业新业态不断涌现，这些都给涉农高校专业设置和人才培养不断带来新的挑战，而现有农科专业主要面向传统农业场景设立，对农业农村新产业新业态响应度不足。2018 年 10 月，《教育部　农业农村部　国家林业局和草原局关于加强农科教结合实施卓越农林人才教育培养计划 2.0 的意见》，要求提升农林专业建设水平。瞄准农林产业发展新需求，深化高等农林教育专业供给侧结构性改革。2019 年 6 月，新农科建设《安吉共识》发布，在提出新农科建设 4 个面向的同时，明确新农科建设的重要使命之一是基于农林产业发展前沿、基于生产生活生态多维度服务、基于新兴交叉跨界融合科技发展，优化增量，主动布局新兴农科专业，服务职能农业、休闲农业、森林康养、生态修复等新产业新业态发展；调整存量，用生物技术、信息技术、工程技术等现代科学技术改造提升现有涉农专业。

（四）尚未建立完善的主辅修制度

通过国外一流涉农高校专业设置调整的调研发现，增加专业设置的灵活性，以快速回应不断变化的学生兴趣、劳动力市场以及终身学习的需求是国外大学普遍采取的措施。例如马里兰大学帕克分校通过设置模块化课程来适应专业 / 产业的前沿发展以及适应学生对专业不同层次的学习需求。加利福尼亚大学伯克利分校开设了多种辅修专业，并鼓励开设跨学院合作的综合专业，拓展本科生开展更多学科学习或在一个以上专业领域学习的可能性。

当然，通过建立主辅修制度，实现学生本科阶段宽口径学习和跨学科专业的学习是一种方式，除此之外，专业培养方案的设定为学生提供更大的学习弹性和自由度也是当前人才培养改革中的一个重要方向。

二、我国新农科专业建设主要战略方向

（一）粮食安全战略

粮食安全是维护国家安全的重要基石，是增进民生福祉的重要保障，是应对风险挑战的重要支撑。解决种业创新、耕地保育、资源胁迫、装备智能等“卡脖子”与核心关键问题，实现“藏粮于地、藏粮于技”战略，夯实国家粮食安全基础，是高等农科教育首要的战略方向。

种业创新“卡脖子”问题。当前，我国农业正处于由传统农业向现代农业转型的关键时期，农业发展方式的转变对种业发展提出了新的要求。同时，国内种业市场开放程度越来越高，国外种业的进入也带来了新挑战。我国农作物种业正处于由传统农业向现代农业转型的关键时期，种业对进口有着不同程度的依赖，包括品种、数量及种子质量等方面。2018 年中国农作物种子进口量为 7.27 万吨，2019 年农作物种子进口量为 6.60 万吨。在我国的主要作物中，玉米、马铃薯种子部分依赖进口，不少蔬菜品种严重依赖进口。此外，我国种业研发也存在陷入“技术锁定”的风险：由于国内种业企业发展缓慢、核心竞争力不强，跨国公司的涌入严重挤压国内种业企业的生存空间。国外企业加紧对我国进行研发布局，严重威胁到我国种子资源和种子产业的安全。

耕地保育“卡脖子”问题。长期以来，耕地重心向西北方向移动、化肥和农药的过度使用、耕地过度开垦、耕作技术不当等情况，导致土壤板结、地力衰减，耕地质量严重下降，甚至造成土壤与环境污染，进一步威胁粮食安全。同时，较低的土壤质量基础地力贡献率仅为 50%，远低于高质量土壤 85% 左右的比例，[1] 严重制约了高产

[1] 张斌，尹昌斌，杨鹏 . 实施“藏粮于地、藏粮于技”战略　必须守住耕地红线　持续保育耕地和土壤质量 [J]. 中国农业综合开发，2021（3）：17–22.

品种潜力的发挥。在国内粮食总需求刚性增长、“非农化”、“非粮化”土地挤占粮食生产空间且短期内难以逆转的格局下，耕地质量的提升迫在眉睫。但目前农业科技面临瓶颈，关键性技术突破缺乏，耕地质量提升科技的创新难以支撑种子增产潜能的发挥，让“藏粮于地、藏粮于技”战略面临更大挑战。

智能装备“卡脖子”问题。我国耕地细碎化、农业劳动力兼业化和老龄化趋势明显，粮食生产成本不断上升，农民生产积极性下降。工业城镇用水不断增长，这些情况导致水资源对粮食生产形成了更为明显的约束和瓶颈作用。释放和发挥现代先进农机装备的效能与效率、提高农业机械化水平，可以助推实现有限耕地粮食生产的节本增效。加快智慧农业技术的发展和应用，通过提升资本投入的产出效率，提高农业生产效率；加强研制一流的种业设备、促进农业生产工具的创新性变革。然而，我国农机装备科研经费投入少，不超过销售收入的3%，不及发达国家的5%[1]；农机装备质量不高，关键技术和基础零部件匮乏、作业质量不稳定；农机企业“小而散”且缺乏创新动力，企业产品同质化严重等。这些问题都成为阻碍新型农机推广应用、实现粮食种植节本增效的客观因素。

（二）生态文明战略

生态文明建设是我国“五位一体”总体布局的重要组成。把生态文明建设融入经济建设、政治建设、文化建设，贯彻落实习近平总书记提出的“山水林田湖草是生命共同体”的生态文明建设理念，统筹山水林田湖草系统治理，推进解决环境面源污染、生态环境修复、区域高质量发展等方面重大科学研究和人才培养工作是农林高校面临的重大战略性问题。

农业面源污染防控问题。农业生产中化肥、农药、农膜、农作物秸秆、畜禽粪便等引起的农业面源污染对我国水体、土壤和空气造成的危害日益严重。农业面源污染防控已经成为农业农村地区环境风险的重要来源。农业面源污染控制是我国极具现实性和紧迫性的问题。控制和解决农业面源污染不仅仅是技术问题，更是社会经济和发展问题，必须依靠多学科交叉，实现在经济和生态上的共生是解决农业面源污染问题的根本出路。相关问题的解决需要社会学、经济学、生态学、环境学等多学科的交叉整合，发挥多学科的优势互补培养人才，从驱动因素、农户行为响应、污染物排放迁

[1] 罗建强，姜亚文，李洪波．农机社会化服务生态系统：制度分析及实现机制——基于新制度经济学理论视角 [J]. 农业经济问题，2021（6）：34–46.

移、区域环境安全分析、政策干预效力等全过程分析，是解决农业面源污染问题的重要基石。

山水林田湖草沙生态系统保护问题。“山水林田湖草沙生命共同体”以山、水、林、田、湖、草等不同的资源环境要素所组成的复杂系统为主体，是对多层次、多尺度资源环境要素相互作用关系及人地协同关系的高度凝练。山水林田湖草沙生态系统保护工程不仅包括自然、社会、经济、文化等多种要素，而且覆盖山上与山下、流域上下游、地上与地下、陆地与海洋等不同地理单元，是多层次、立体化的复杂系统工程。必须依靠多学科交叉，形成多学科联动、协同参与的生态保护格局，从而保障生态的可持续发展。

生态系统修复问题。国家发展改革委、自然资源部联合印发了《全国重要生态系统保护和修复重大工程总体规划（2021—2035年）》，提出了“坚持保护优先、自然恢复为主，坚持统筹兼顾、突出重点难点，坚持科学治理、推进综合施策，坚持改革创新、完善建管机制”等基本原则。生态系统修复需要整合利用恢复生态学、景观生态学、逆境生物学、地理学、土壤学、植物学、土力等多学科的理论、技术优势，实现学科交叉互补，构建生态修复策略的长效发展机制，提升生态服务功能，实现对传统生态修复方案的升级和优化，对推进生态文明建设、保障国家生态安全具有重要意义。

（三）乡村振兴战略

乡村振兴战略是党的十九大提出的解决新时代“三农”问题的重大战略部署。从打赢脱贫攻坚战到全面推进乡村振兴，“三农”工作的重心发生了历史性转移。相比拓展巩固来之不易的脱贫攻坚成果，推进乡村振兴的范围更广、目标更高、任务更重。乡村振兴战略的实施亟需集农业、信息工程、人工智能以及经济管理等方面的复合型人才的大量输入，以服务产业振兴、人才振兴、文化振兴、生态振兴、组织振兴。

现代乡村农业产业体系构建。现代乡村农业产业体系是集食物保障、原料供给、资源开发、生态保护、经济发展、文化传承、市场服务等产业于一体的综合系统，是多层次、复合型的产业体系。现代乡村农业产业体系的构建是乡村产业振兴的关键驱动，农业现代化建设亟须重塑乡村振兴新格局。提高农业现代化水平，需要在农业信息学理论基础研究、农业大数据、云计算、精确农业、生物芯片和人工智能等方面加快推进，着力提升产业高效化、精细化、智能化、绿色化发展能力，引领优势特色农业现代化。在此背景下，需要培养具备农学、经济学、计算机科学和工程学等背景的复合型人才，包括精准农业、区块链、大数据、人工智能、生物技术等专业人才。

数字乡村战略。赋能数字乡村建设是乡村振兴的重要驱动战略。数字乡村是伴随网络化、信息化和数字化在农业农村经济社会发展中的应用，以及农民现代信息技能的提高而内生的农业农村现代化发展和转型进程，既是乡村振兴的战略方向，也是建设数字中国的重要内容。推动现代信息技术与农业农村各领域各环节深度融合，加快推进农业转型升级，不断提高传统产业数字化、智能化水平，加速重构经济发展与农村治理模式的新业态，对于数字乡村的建设有着重要的意义，也对数字农业领域人才培养提出了较大的需求与挑战。

完善“三农”综合信息服务。“三农”综合信息服务主要针对农民群体提供精准信息服务以及精准应用服务，应用现代移动信息技术改变传统的业务上线模式，实现农业信息化、无人化。新型“三农”综合信息服务的建立和完善亟须基础农业、信息工程、人工智能以及物联网等复合型人才的注入，迫切需要强化农学、工程、计算机和人文社科等多学科的交叉融合和人才培养。

（四）健康中国战略

2016年，中共中央、国务院印发了《“健康中国2030”规划纲要》，党的十九大再次将健康中国提升到国家战略高度，提出人民健康是民族昌盛和国家富强的重要标志，要完善国家健康政策，为人民群众提供全方位全周期的健康服务。在不断推进的健康中国大背景下，无论是营养健康农产品的生产、食品安全、重大疾病的预防控制、健康文明的生活方式，还是传承发展中医药事业，挖掘药食同源的理论依据，均对农业科技创新、人才培养等农业的内涵和外延提出了更新更高的要求。

创新食品生产加工方式保障食品需求。依托科学研究支撑和引领新型食品的生产，通过系统生物学、功能基因组学、基因编辑等领域研究的推进，从不同层面对生命活动进行解析，为人工设计育种奠定坚实理论和实践基础，保障食品供给、扩展食品种类。同时，通过传统农业与生物学、材料科学、食品科学与工程、制造科学的交叉与融合，不断推动食品生产领域的进步和革新。

重大人畜共患病防控。人畜共患病造成了严重的全球性公共卫生和社会问题。重大人畜共患病的综合防控是涉及农业与科技、农业与人文、农业与国际关系、农业与国家政策、农业与经济的多学科、多角度问题。需要加强农业、生命和医学交叉研究，阐明人畜共患病传染途径，揭示人畜共患病致病机制，推进畜牧业健康发展，保障人类安全。

三、我国新农科专业体系构建：理念与领域

2021年年初，国务院办公厅印发《关于深化新时代高等教育学科专业体系改革的指导意见》，为深化新时代高等教育学科专业体系改革指明了方向。同年4月，习近平总书记在考察清华大学的讲话中明确指出，要用好学科交叉融合的“催化剂”，加强基础学科培养能力，打破学科专业壁垒，对现有学科专业体系进行调整升级，瞄准科技前沿和关键领域，推进新工科、新医科、新农科、新文科建设，加快培养紧缺人才。这为深化新农科专业布局、加快农林紧缺人才培养提供了根本遵循。

（一）我国新农科专业体系构建理念

新农科专业体系构建应立足新发展阶段、贯彻新发展理念、构建新发展格局，紧密围绕立德树人根本任务，聚焦服务乡村振兴等国家重大战略需求，面向世界科技前沿、面向经济主战场、面向国家重大需求、面向人民生命健康，想国家之所想，急国家之所急，应国家之所需，布局具有适应性、引领性、交融性的新农科专业。

第一，服务农业农村现代化和乡村全面振兴的战略需求。国家新的发展战略部署、新一轮科技革命推动下的农业产业革命以及由信息与互联网技术催生的农业新业态的快速发展，为农林高等教育发展及人才培养带来前所未有的挑战与机遇。现代农业功能定位多元化，农业已由单一的生产功能向经济功能、生态功能、文化等多功能拓展。与此同时，科技创新在现代农业发展中的作用越来越大，不断推动现代农业信息化、智能化转型升级。为增强涉农高校科学研究与人才培养对我国农业农村现代化发展的支撑引领作用，涉农高校需准确把握农业农村现代化和乡村全面振兴战略需求，面向新农业、新乡村、新农民、新生态拓展传统农科专业内涵和外延，重构农科专业体系及其知识结构。

第二，坚持问题导向，着力解决涉农专业设置中存在的突出问题。首先，破解围绕学科设置专业和开展人才培养的模式，围绕乡村振兴等国家重大发展战略布局专业，培养急需紧缺农林人才；其次，破解涉农专业主要围绕传统农业场景设立的问题，瞄准农业农村现代化发展新产业、新业态、新乡村发展需求，布局农科专业，提升农林专业设置与乡村振兴的融合度；再次，破解涉农专业划分口径过窄、专业之间

缺乏衔接的问题，同时避免人才培养因专业口径过宽可能导致的“宽而不深”的问题；最后，破解涉农专业设置跨学科交叉融合不足的问题，突破传统学科界限，实现农工、农理、农医、农文等的深度交叉融合，设置适应现代农业作为多学科交叉、多技术耦合、多领域渗透的综合性农业生产体系的新农科专业。

第三，对标国外一流大学涉农专业调整总体趋势。大力推动新兴农科专业的发展和对部分传统农科专业进行优化整合是国外涉农类高校专业设置调整的重要趋势。具体表现在：其一，重视对传统农科专业的优化整合，对部分口径过窄的传统农科专业进行合并或者改造，以赋予传统专业新的更为丰富的内涵；其二，及时根据市场需求调整专业设置，同时增加专业设置和修读方式的弹性，以快速回应不断变化的学生选择、产业及劳动力市场需求；其三，强调跨学科专业设置，适应引领现代农业复杂化、精准化、工程化、生命科学化趋势；其四，重视农业产业国际竞争力提升所需的知识能力素养及全球视野，在涉农专业增加国际农业市场与贸易相关课程模块。我国新农科专业体系构建在立足本土特色、面向国家战略需求、坚持问题导向的同时，还应当积极对标国际农科教育改革趋势。

（二）我国新农科专业体系专业领域

基于我国高等农林教育 4 个重要战略面向，以及现代农业所呈现出的数字化、智慧化、工程化等新特征，我国新农科专业体系应面向粮食安全、生态文明、智慧农业、营养与健康、乡村发展五大领域布局新农科专业。

1. 粮食安全领域

确保国家粮食安全是关系国家安全的重要战略。保障国家粮食安全，关键在于落实“藏粮于地、藏粮于技”战略。“藏粮于地”的核心是通过土地整治全面提高耕地质量、提升耕地产能。“藏粮于技”的关键在种业。种业是保障国家粮食安全、生态安全的重要战略基础。在新形势下，种业对掌握现代生物技术、生物信息学、设计育种学的生物育种人才的需求量逐步增加。要想突破种源“卡脖子”瓶颈，打赢种业翻身仗，人才是关键。种业领域重点围绕农作物、畜禽、园艺、草业等种业重大需求，发掘与创制农业生物种质资源、农业生物基因组学与系统生物学、农业生物经济性状形成的分子基础、农业生物智能分子育种理论和技术、生物新品种与新产品创制，培养种业领军人才，引领种业创新与发展。在该领域下，可优先布局生物育种科学、生物育种技术、土地科学与技术专业。

2. 生态文明领域

实施乡村振兴战略，生态环境是根本。加强生态文明领域新农科学科专业建设，是贯彻“绿水青山就是金山银山”的绿色发展理念，破解资源环境约束，提升农业可持续发展能力，推进我国农业绿色发展转型，实现农业“双碳”助力美丽中国建设的重要战略举措。生态文明领域以植物 / 动物生产学、生态学、环境科学、林学、水土保持学、系统理论、工程信息技术等多学科知识为背景，推动人类营养健康、资源集约利用、资源效率与环境效应、生态文明建设、农业绿色发展评价等学科专业领域的有效衔接。在该领域下，可优先布局生态修复学等专业。

3. 智慧农业领域

发展智慧农业是推进我国农业现代化进程，加快转变农业发展方式的迫切需求，对建设数字中国、实施乡村振兴战略、推进农业高质量发展具有十分重要的意义。智慧农业综合信息学、表型学、机械学、控制学、应用数学等学科知识，将农业设施面向农业生产要素组建为农业物联网，全面获取各场景下农业要素感知信息，进而通过人工智能模型生成控制决策、实现对农业要素的最优反馈控制。我国迫切需要培养具备农学与生命科学、信息科学、人工智能、农业工程、机械工程等多学科有机融合的知识结构，掌握农业生产、装备设计制造、信息化、智能化等多领域知识体系，拥有系统工程思维与创新能力，具有解决实际复杂问题能力的智慧农业领域复合型人才。在该领域，可优先布局智慧农业（包括智慧园艺、智慧水产、智慧草业等具体专业方向）、农业智能装备等新农科专业。

4. 营养与健康领域

营养与健康领域聚焦我国公共卫生、医疗等社会保障体系面临的严峻挑战，关注慢性疾病和亚健康，以国家农业科技重大需求和国际学术前沿为导向，围绕人类的营养与健康开展高水平科学研究、社会服务和文化传承与创新，通过多学科交叉融合，为加快实施和实现健康中国战略发挥前瞻引领作用。该领域依托食品科学与工程、生物学、兽医学、畜牧学、作物学、植物保护、农业资源与环境、医学、营养学等学科，将系统营养学与全健康理念相结合，重点聚焦营养源与健康、环境与营养健康、精准营养与健康工程、营养与流行病方向。提升健康水平，预防疾病发生，提高人民生命质量，服务健康中国战略。在该领域下，可优先布局食品营养与健康、兽医公共卫生等专业。

5. 乡村发展领域

乡村振兴战略的提出和实施对乡村发展领域专业设置和人才培养提出迫切的需

求。迫切需要综合利用社会学、经济学、管理学、发展规划等学科理论、方法和工具，推进乡村振兴的理论与实践、乡村发展的变迁、乡村发展的理论和实践、乡村发展规划的方法的研究，培养具备城乡规划、设计与管理的理论与技术，能够从事乡村发展研究、发展管理与发展实践的中高级人才。在该领域下，可优先布局乡村治理、全球农业发展治理等相关专业。

新农科专业建设进展院校案例

一、中国农业大学：持续推进专业布局调整，着力培养知农爱农新型人才

近年来，中国农业大学积极围绕“四新”建设，持续优化专业布局，前瞻谋划新兴新生专业，并大力推动传统专业升级改造，全力打造“结构合理、布局科学、特色鲜明、优势凸显”的一流专业新体系，建设一流本科专业。2020 年，中国农业大学布局农业智能装备工程、生物质科学与工程两个专业，均为教育部审批目录外新增专业，是推动信息技术、工程技术、生物技术与传统农业深度融合的重要探索，是新农科建设理念的有效实践，高度契合国家卓越农林人才教育培养计划 2.0 要求，在新农科建设领域具有重要的引领意义。数据科学与大数据、人工智能等新增专业则是新工科建设的重要布局。2021 年，中国农业大学申报获批兽医公共卫生、土地科学与技术、食品营养与健康新增目录外本科专业。2022 年，学校获批全国首个生物育种专业，是扎实推进新农科建设的重要举措。“十四五”期间，中国农业大学着力从以下四个方面持续优化专业布局，加强专业建设。

（一）加强对学校专业布局的统筹谋划

“十四五”期间，学校坚持优化专业结构、强化专业特色、提升专业竞争力的原则，统筹谋划专业布局。依据学科专业发展引领性及产业需求和就业前景，将专业分为优先发展、适当发展、限制发展、淘汰发展四大板块。围绕学校重点布局的七大学科领域——营养健康、生物科技、智慧农业、绿色发展、生态环境、乡村发展、全球农业，前瞻性布局一批新兴专业，在推动新农科建设、打造美丽中国、参与全球农业治理、贡献中国智慧等重大战略中发挥更强更实的引领作用。规划设立生物质能源、城乡规划、乡村治理、全球农业发展等 5 ~ 10 个新生专业。适度增加部分优势专业、特色专业的招生规模，使本科专业更加均衡。

（二）依托人才大类培养改造升级传统农科专业

结合新农科，做好人才大类培养基础上的专业改造，培养知农爱农新型人才。新农科人才培养的“新”重在创新，需要一二三产业的结合，强调农业生产体系、产业体系和经营体系的重构，是传统农科与工科、理科、文科、信息科学等的高度融合。因此，做好基于大类培养的一流专业建设，是培养新时代知农爱农新型人才的重要基础。立足知农爱农新型人才培养，面向新农业、新乡村、新农民和新生态，研究服务农业农村现代化、国家粮食安全、乡村振兴、山水林田湖草系统治理等方面的新变化和新需求，分析新时代农业重点发展方向及其对传统农业的挑战。在此基础上，进行新农科背景下传统专业的知识体系和能力要求分析；研究传统涉农专业的改造升级方法的适用性及其调整完善策略，总结传统涉农专业改造升级的普适性实施路径。改造1～2个涉农相关专业；利用信息技术、工程技术、生态环境技术等现代技术提升2～3个传统涉农专业的适应性，完成对传统涉农专业的改造升级。

（三）建立完善专业动态调整机制

探索建立校内本科专业和教学基础数据信息系统。综合考量办学定位（优势学科、长线学科）、办学条件（师资、教学设施）、毕业去向（就业率、就业质量、同行竞争力）、学生意向（高考志愿满足率、转专业报名比例、大类分流报名比例）等因素，完善全校专业评估和专业动态调整机制，以引领学科专业前沿发展和适应社会人才需求两个维度为标准，构建四象限专业发展区域，淘汰部分不适应经济社会发展和学校人才培养定位的专业，持续优化专业结构。

（四）强化专业条件建设

根据新农科、新工科、新文科建设引领的专业布局优化和专业结构调整工作的统筹开展，对标国内外一流高校专业建设条件，持续加强实验条件建设，建设1～2个国家级实验教学示范中心、3～5个国家级虚拟仿真实验教学中心、5～10个北京市级实验教学中心；加强实习基地建设，支持学校植物生产认知基地以及上庄、涿州、曲周实习基地建设，重点开展涿州共享实习基地建设，实现实践教学条件共建共享。继续加强产教融合实习基地建设，加强农科教结合、产学研协作，推动学院与行业领先部门、产业龙头企业共建大学生实习实践基地。

二、华中农业大学：智慧农业专业培育高素质创新型复合型农业人才

智慧农业是农业信息化发展从数字化到网络化再到智能化的高级阶段，对农业发展具有里程碑意义，已成为全球现代农业发展的趋势。华中农业大学智慧农业专业是在2018年获批的作物信息学二级学科学位点的基础之上，进一步整合学校植物科学技术学院、资源与环境学院、信息学院、工学院和经济管理学院等师资队伍、教学与科研平台，在2019年申报并于2020年正式获得教育部批复的新专业，是全国首批智慧农业专业。该专业致力于培养服务国家和区域农业农村现代化发展战略需求，能将信息技术、生物技术、现代工程技术、现代经营管理知识与传统农科知识与技术有机融合，理想信念坚定，具有良好的品德修养、理学和人文素养、“三农”情怀、社会责任感、审辩思维和全球视野，沟通交流能力、自主学习能力和实践创新创业能力强，能胜任现代农业及相关领域的教学科研、产业规划、经营管理、技术服务等工作的复合型创新农业人才。

为了更好地培养智慧农业专业拔尖创新型农业人才，华中农业大学锐意创新，推出一系列重要举措：

（一）深度学科交叉融合，打造农业综合型复合人才培养新模式

智慧农业本身就是跨学院跨学科交叉人才培养的专业。除了设置高标准文理素养通识教育外，专业课程还涵盖了农科与生物科学的核心课程、信息科学基础课与大数据科学、工学以及农业经济管理等多个专业方向的部分专业核心课程。现有智慧农业人才培养方案要求学生修完145个学分，学生具备了较为扎实的信息和理学素养。同时，学生也有较为充裕的时间开展创新创业以及相关专业的学习。重点培养数学、理学与工学等基础通识技能，同时让学生广泛接触作物信息学、农业智慧生产和农业产业链经营与管理3个核心相关专业以及全校其他相关专业，如大数据、人工智能专业等。

（二）本硕贯通培养，提升保研率，探索农业高精尖人才培养之路

当前，无论在产业一线还是科研院所，懂农业、擅信息又有扎实生物学基础的交叉复合人才均非常缺乏。对于传统农科来说，具备交叉学科知识背景的师资也是未来

提升改造传统农科的基础。在吸引高质量生源的同时，为实现高水平复合型创新人才培养目标，华中农业大学智慧农业专业实行本硕甚至本硕博贯通的一体化培养模式。此外，加大智慧农业专业学生的保研率，保障智慧农业专业学生的保研率不低于40%，以保障进入智慧农业专业的学生能够真正得到全面系统的通识教育和精英化的农业、生物和信息化交叉学科知识与技术的培养，最终成为能够服务我国农业现代化的高水平复合型创新人才。

（三）一对一导师解惑，跨学科书院化管理

智慧农业专业的每一位学生在入学后第一年，通常是大一下学期，就会在全校所有学院所有专业方向选择各自在专业方向上感兴趣的导师。所选择的跨学院导师会一对一地对其学业、将来的职业规划以及生活进行精心指导，真正做到跨学院跨专业的学科交叉，实现真正的农业专业精英教育。

（四）重视实践教育，产学研深度融合

学校在智慧农业相关的企业建立了实习基地，让每一个该专业的学生都可以在现代智慧农业的大型企事业单位进行实践实习，了解产业一线所需，融合学校农业科研优势，形成产学研一体化融合的培养模式。

（五）加强智慧农业人才国际化培养力度

智慧农业专业建设和人才培养无论在国内还是国外都属于开创性工作，华中农业大学积极加强与国际知名大学，尤其是国际一流农业学科相关高校的合作，以“引进来”和“走出去”的指导思想，与2～4所国际知名高校合作开设“智慧农业国际暑期培训班”，“3+2”“3.5+1.5”等本科生联合培养模式，树立智慧农业人才培养国际范式和标杆，大大提升了优质生源报考农业专业的比例。

目前智慧农业专业人才培养方案得到了2019级（张之洞班智慧农业专业试验班）、2020级智慧农业专业学生的一致认同。大部分学生认为，智慧农业大有可为，民以食为天，农业发展得好，国家才能有坚强的后盾，而智慧农业必将是新时代农业革命下的发展模式。学生表示，曾经认知中的智慧农业仅仅停留在机械化、自动化农场这个层面，而现在认为智慧农业应当是一种体系，是从新技术的开发、应用，到新品种的研制、生产，再到产品和技术的推广、销售，最后到用户，是一个支持“个性化订制”的完整农业产业链。很多学生在经历短暂的迷茫后坚定了自己成为引领现代

农业和经济社会发展的拔尖创新型人才的决心。

三、南京农业大学：围绕新农科核心要素开展专业建设

专业建设是新农科建设的重点和难点。农林院校专业建设的目标是培养国家和经济社会发展所需要的人才，主要分为4类：第一类是农业科技的领军人才。要解决农业方面的“卡脖子”问题，没有领军人才在农业科技最前沿领域开展研究是不行的。第二类是农业现代化或乡村振兴急需的紧缺人才。产业新业态逐步兴起，乡村振兴不断推进。2021年，中共中央办公厅、国务院办公厅印发了《关于加快推进乡村人才振兴的意见》，为培养乡村振兴紧缺人才提供了根本依据和遵循。第三类是面向一二三产业融合的复合型人才。一二三产业融合或面向全产业链需要从田间到地头再到餐桌的一条线的复合型人才。这类人才必须对全产业链有全面了解和把握，做到懂技术、善经营、会管理。第四类是实业技术农民。可以通过农林院校的继续教育学院提供培训，同时发动农林类的高职高专的力量来培养。在这4类人才培养当中，贯穿其中的非常重要的是强农兴农的初心使命和知农爱农的情怀作风。

目前，南京农业大学已形成了农科优势集聚，农业与生命科学特色鲜明，农、理、经、管、工、文、法多学科协调发展的学科专业结构与布局。2019年以来，共有30个专业入选国家一流本科专业建设“双万计划”和江苏高校品牌专业建设工程二期项目。近3年，学校结合学科特色与优势，进一步加强专业布局顶层设计，在传统专业改造和新专业建设两条路径上展开了探索。

（一）传统专业改造

在传统专业改造方面，学校围绕国家战略和农业发展对作物科学类人才培养提出的新要求，把农学、植物保护、园艺、农业资源与环境等作物科学类传统专业作为一个集群来进行升级改造。另外，对中药学、种子科学与工程两个专业做重点改造，着力体现学校特色。改造主要从以下几个方面入手：首先，升级培养目标。一方面，面向卓越，以培养引领未来农业科技发展的卓越人才为目标；另一方面，面向产业，培养目标必须对接国家战略和经济社会发展需求。其次，细化毕业要求。围绕人才培养目标，在品德素质、知识结构、基本能力等方面制定更为明确、详细的毕业要求，以学生为中心、以成果为导向，对接专业认证标准。再次，改造知识结构。突出通识教育，在本科阶段着力培养学生的通用知识。在能力方面突出培养创新创业能力、交流

协作能力、可持续发展能力、终身学习能力，以及批判性思维和全球视野。最后，注重学科交叉。将现代生物技术、信息技术、工程技术、人文社科知识等融入农科人才教育，创新人才培养模式，形成多学科交叉融合的人才培养方案；建设能够充分保障培养方案执行的高水平教学团队和实验实训平台；通过创新教学方式、加强课程思政、建设优质课程、强化实践训练、深化科教协同、推进产教融合、实施本研衔接、加强国际合作等形式，培养面向新农业、新乡村、新农民和新生态的农科卓越人才。

（二）新农科专业建设

农业院校开展新专业建设，必须要围绕国家现代农业发展战略，紧密结合社会需求、学校发展规划、学生个人及家长期盼等，主动适应农业农村现代化、粮食安全、乡村振兴、农村生态环境治理、江苏省重大新兴产业的需求。南京农业大学实践的基本思路是在稳定本科培养规模的基础上，科学慎重地布局新专业，并将招生和就业相关数据作为新专业建设的重要参考依据。

近年来，学校成立了人工智能学院和信息管理学院，增设了人工智能、数据科学与大数据技术等专业，申报了智慧农业、农业智能装备工程、食品营养与健康等新专业，开启了智慧农业类专业集群的建设探索与实践。成立了前沿交叉研究院，根据经济社会需求优化调整传统学科专业与招生指标分配机制，在作物表型组学、系统生物学、康养医学、农村发展等前沿交叉与未来技术重要领域，打造一批具有重要影响的高水平教师团队和复合型创新人才，培育新的专业增长点。此外，学校重视全面推进新工科、新农科、新医科、新文科建设中的“四新”融合，加强农学和其他学科的融合，增设文化遗产专业，注重农业文化遗产的传承和保护，体现农文结合；推进人工智能和企业展开全方位的合作，体现农工结合；布局食品营养与健康、动植物检疫、生态修复等专业，体现农医结合。

随着生态文明建设被纳入中国特色社会主义事业“五位一体”总体布局，结合新农科建设的总体部署，学校将进一步更新理念、对接需求，构建与国家战略需求相适应的专业体系。一是要利用生物技术、信息技术、工程技术等现代科学技术，持续提升或改造传统农科专业；二是要调整和淘汰办学理念滞后、专业建设水平较低的专业，为学校新农科、新工科和新文科发展提供充足的空间；三是要围绕产业发展需求，培育农科特色优势专业集群，提升专业人才培养服务区域经济社会发展的能力；四是要进一步完善激励机制与绩效机制，激发广大教师投入教学改革研究和人才培养，以期取得更好的专业建设成效，为全面推进乡村振兴和加快农业农村现代化提供强有力的人才保障。

四、西北农林科技大学：系统推进多学科交叉融合农林人才培养

推进新农科建设，促进高等农林教育综合改革，为未来农业的发展提供科技与人才支持，是高等农林院校人才培养面临的重大使命。而未来农业发展具有三产融合、主体多元、绿色发展、健康引领、装备智能、全球配置等特征，必然要求高等农林院校培养能够满足未来农业发展对知识、能力、素养和视野要求的人才。

目前农林院校在专业设置、课程建设、师资队伍和人才培养等方面与未来农业的发展要求还存在一定差距。具体问题有：其一，人才培养目标定位还不能适应未来农业对知识型、技能型、复合型人才的多元化需求。要根据未来农业对新农科人才培养的要求形成跨学科、跨专业、跨院系的专业新形态，这是亟待突破的关键问题。其二，传统农林专业前瞻性不够，口径偏窄，知识体系更新缓慢，与农业农村发展契合度不高，难以支撑未来农业发展对人才知识能力结构的要求。要打破固有学科边界，构建多学科交叉、产教融合的重构新农科人才培养知识体系，是需要解决的核心问题。其三，课程建设还不能适应创新型人才培养的要求，专业课程与科技发展和产业需求契合还不够紧密。打破学科界限，重组课程体系，构建适应未来农业多元知识结构的课程体系，是目前有待解决的重要问题。

对标未来农业发展对新农科人才专业素养要求的分析研判，通过建设新兴学科交叉专业、提升传统农科专业、淘汰部分过时专业、开设辅修专业等措施构建新农科专业形态内涵，重塑农林专业新形态；通过跨学科课程建设新机制的构建推进高阶跨学科课程、课程质量标准、新农科特质课程等适应未来农业的知识体系建设；通过构建跨院系基层教学组织、跨院系聘任教师、跨学科教学团队等机制的建设，创建新农科基层教学新组织；通过完善激励制度、成效评价制度、质量监控制度、质量监测标准和人才培养评价体系的构建，制定旨在推动多学科交叉融合新农科建设的评价方法和机制，为农林高校新农科建设和人才培养提供理论依据和模式支撑（图Ⅱ-2）。具体改革思路如下：

（一）多学科交叉，探索新农科专业建设新内涵

对标国家战略、经济社会发展新需求和乡村一二三产业融合发展新要求，开展面

向全产业链的专业结构调整，推进专业供给侧结构性改革。一是坚持增量创新，探索开设5～10个服务智慧农业、森林康养、生态修复、生物安全、乡村治理等新兴学科交叉专业；二是坚持存量提升，余量消减，打破学科固有边界，破除原有专业壁垒，推进农、工、经、管、文深度交叉融合创新发展，促进传统农科专业提档升级，淘汰一批不适应时代发展的专业；三是完善主辅修制度，开设10个以上跨学科新兴交叉辅修专业。通过专业总量平衡，结构优化，动态调整，形成优势明显、特色鲜明、新型专业与辅修专业协同并进的专业发展新形态。

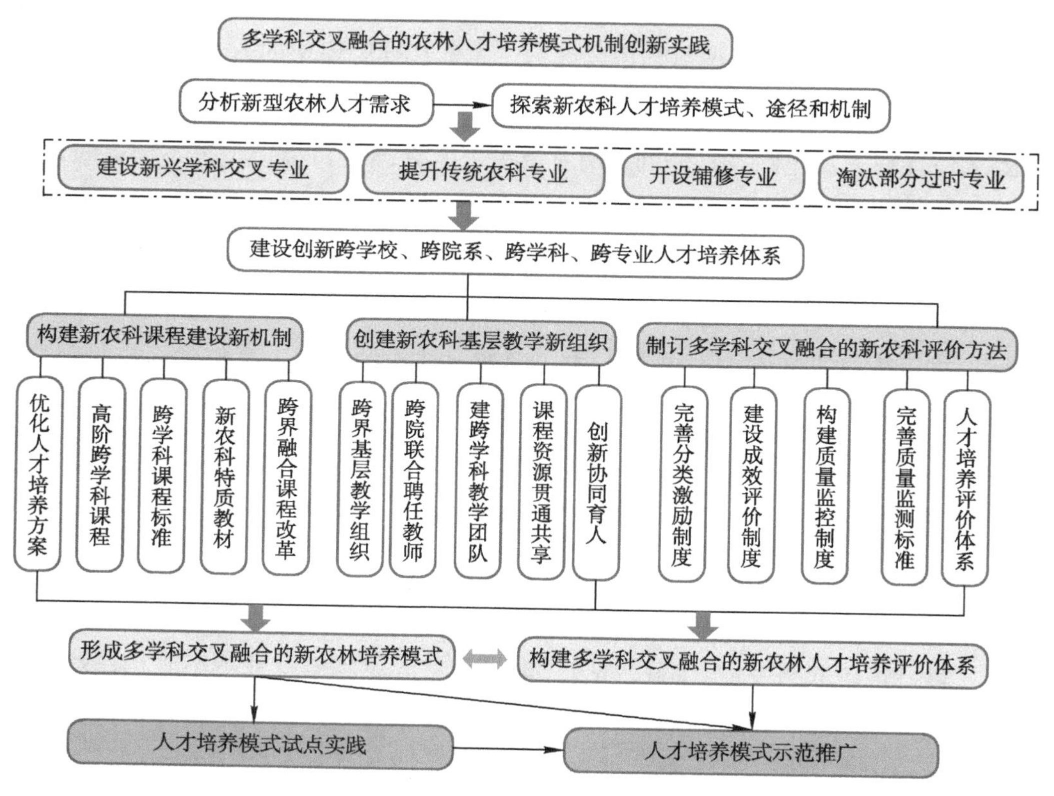

图Ⅱ-2 多学科交叉融合农林人才培养改革思路

（二）跨学科重塑，构建新农科课程建设新机制

首先，打破学科壁垒，建设体现新农科特质的课程（群）与教材，实现多学科、交叉学科课程资源共享；其次，开展跨界融合课程改革，集聚不同学科，系统化设计、开发一批高阶跨学科课程；最后，建立跨学科课程质量标准，逐年调整和优化人才培养方案，逐步形成贯通大二到大四、逐级递进的新农科课程与教材体系，培养学生跨界交叉融合与集成创新能力。

（三）跨院系协同，创建新农科基层教学新组织

首先，打破教师隶属单一院系的传统模式，探索多个院系联合聘任教师的新路径，完善师资聘任、考核与资源配置的新机制；其次，集聚不同院系、不同学科背景的教师组建跨学科教学团队和基层教学组织机构，开展跨界融合课程建设、教学设计、教学研究和教学实践；最后，聚合未来农业研究院、乡村振兴战略研究院、农民发展学院等机构力量，创新产教协同育人机制。实现人才培养链、农业产业链和科技推广链的精准对接，着力满足未来农业对新农科人才的需求，将强农兴农的人才培养落在“三农”的广阔天地。

（四）多维目标考核，制定多学科交叉融合的新农科评价方法

以学生成长为中心，按照国际通行的人才培养成效评价办法，以及农科类专业三级认证达成度评价指标和标准，构建完善的质量监控体系和监测标准，制定新农科人才培养达成效果的评价指标体系，将新农科人才培养目标、双师型队伍、新农科课程建设、实践教学、支撑能力和学生就业质量、毕业生社会认可度、毕业生的满意度等多维目标的新农科建设评价体系；同时完善教师投入教学和科研育人的分类激励制度，实现以学生成长、成才、就业为中心的教育目标。

西北农林科技大学农学院目前有农学、种子科学与工程、植物科学与技术 3 个专业，基本上形成了大农学专业为基础，种子科学与工程、植物科学与技术为特色的专业格局。在单一作物学知识架构体系下，培养的人才能力难以满足农业农村发展新需求；实践育人能力较弱，专业情怀教育素材不充分，学生知农爱农“下得去”问题突出；强农兴农思想教育贯彻覆盖不够，专业的社会认同度较低，毕业生在农业领域“留不住”的问题突出等。为此学院以学生为中心，针对现代农业农村发展的新形势对培养能够解决种植、养殖、营销、管理等多元化复杂化问题的人才的新需求，以传统作物学为骨架，跨生命科学、信息科学、管理学、人文科学构建知识体系、跨行业改进人才培养模式，按照“作物学 +”改革思路，改革作物学单一学科为主的知识构架，强化以现代生命科学、信息技术、管理科学和社会科学改造传统农学知识构架与能力结构，适应新农村对农业全产业链人才能力构架的需求。理顺校内外实践育人机制，补齐实践育人资源短板，构建多元贯通的实践教学体系，以优势学科反哺本科教学，集中优质的实践教学资源、先进的实践教学平台和良好的创新创业机遇，强化学生实际工作能力和独立研究问题能力；把政治思想教育和服务“三农”的情怀教育贯

穿全科农学人才培养的始终，构建思政铸魂育人体系，完善专业立德树人育人体系，强化学生学农、爱农、为农服务“三农”的理想信念。目前，已经完成3个专业的人才培养方案，进入实质运转过程。

五、湖南农业大学：传统植物生产类专业改造提升改革与实践

《安吉共识》指出，高等农林教育要面向新农业、面向新乡村、面向新农民、面向新生态，开改革发展新路，育卓越农林新才，树农林教育新标，服务中国农业农村现代化和中华民族伟大复兴事业，为世界提供中国方案。而传统的传统植物生产类专业存在传统教学内容与现代农业产业发展需求之间、传统教育同质化模式与学生个性化发展之间以及传统教学理念方法与新农科人才培养需求之间的多重矛盾，需要改造升级。

湖南农业大学围绕拟解决的问题和目标开展理论研究和改革实践探索，在培养方案改革、课程建设、教学方式方法、专业建设等方面采取了一系列改革，并取得显著成效。

（一）改革举措

1. 优化本科专业人才培养方案

2020年6月至8月，针对园艺、茶学、农学、种子科学与工程专业的本科培养方案，基于“四新”和“五化”的需求，对培养方案的课程体系进行了修改；调整和优化了部分专业基础课的授课内容、课时和授课学期，强化了专业基础理论，课程结构和多个课程的授课内容衔接更加合理，有效避免了同一内容的重复；增加了信息技术、生命科学、生态学等方面的专业选修课，优化知识结构；调整大学英语课程学分和课时，部分转为选修课程，采取灵活多样的考核方式，倡导日常学习与积累；新增大学生阅读综合教育通识课程，强化生命伦理、科技史、人文、礼仪、道德等文化修养课程，全面提高大学生的综合素质。

2. 调整专业课程教学内容和学时

立足“四新”和“五化”的需求，删减课程中过时、复述的内容，增加多学科渗透、专业知识与技术集成、过程动态与前沿展望等内容，着力打造专业教育“金课”，增加专业课程学习的难度和挑战性，提升专业课程学习的综合性，突出专业课程的前沿性，培养学生综合应用知识解决专业前沿复杂问题的能力。在教学基础组织系的基

础上，针对植物生产类主要专业课程，设置跨系专业课程教研室，组建教学团队；组织教学团队定期进行教学研讨，开展集体备课；课程教学团队共同开展课程教学改革探索，每学年针对教学中存在的问题进行总结和研讨，提高课程教学效果，提升学生掌握专业综合知识的能力。

3. 推进一流课程和培育课程建设

根据专业培养方案，重点建设专业核心课程和专业选修课程，将“作物栽培学”“园艺植物栽培学”等20余门专业核心课程列为一流培育课程，确定了各门课程建设的负责人，分两批启动完成课程教学视频拍摄工作。多次组织教师参加校级教育技术应用能力培训和一流课程申报工作培训讲座。

4. 优化与改革教学方式方法

根据专业核心课程的理论教学和实践教学特点，充分利用“互联网+”，更新教学方式方法，探索和实践“理论与实操”和“线上与线下”的融合。组织有经验的教师定期对专业课程进行听课、评课和指导学生实践课，通过“传、帮、带”的方式指导青年教师。推进青年骨干教师参与教学能力竞赛，加强青年教师教学技能培训。

5. 建立健全协同培养体制

构建与科研机构、现代农业企业的协同培养长效机制，激发科研机构、企业协同育人的积极性和主动性；建立学生参与科研院所和企业的实践活动与选修课学分互换制度，鼓励学生积极参加科研产业实践，实施校企、校所、创新创业教育与专业教育的融合。

（二）主要进展

1. 修订本科专业人才培养方案

通过明确园艺和茶学本科专业人才培养方案课程体系的教学内容，避免了不同课程间内容的重复讲授，明确了重点讲授的内容，适当增加了实践学时。增加了灵活多样的大学生阅读课程并制订了大学生体育锻炼计划，丰富了专业选修课程。修订的园艺和茶学本科专业人才培养方案已在2020级园艺和茶学本科新生中执行，目前反响良好。2020年11月18日，学校邀请了国内多所农业相关高校有关专家学者针对修订的培养方案进行了进一步的指导。

根据现代农业发展需求，构建应用型、学术型分类培养目标和培养模式，学术型采取“3+3”或“3+2+3”的本硕或本硕博联通培养机制，应用型采取“3+1”校企合作培养机制。根据现代农业发展对应用型、学术型、复合型农学专业人才的需求，进一步调整与优化理论课、实验课、实习课和素质教育的课程设置，减少部分同质化专业课程，增加智慧农业引论、世界农业与农业国际化、精准农业、农业生产机械化和农产品市场营销等通识课程，增加作物学文化节庆活动、作物学实验技能竞赛、作物学实践技能竞赛、作物学科研技能竞赛等素质教育活动。

2. 课程建设初见成效

通过采取重点培育、分批建设的方式，重点建设园艺、茶学、农学、种子科学与工程专业本科专业人才培养方案的专业核心课程和专业选修课程。“作物学综合实践”已被认定为首批国家级社会实践一流课程，“中华茶礼仪”已被评为首批国家级一流本科课程；“田间实验与统计分析”“杂交水稻种子生产综合实践”“互联网＋现代农业”“作物栽培学”“亚健康概论”被认定为省级一流课程；休闲农业与乡村旅游被认定为省级精品在线开放课程。

3. 协同育人机制不断完善

借助社会力量，通过协同培养，推进新农科人才培养。2020 年，学院在校企合作协同育人模式构建上迈出了坚实的步伐，与专注人工智能的高科技企业——深兰科技（上海）有限公司合作创办了深兰智慧农业实验班，为传统作物学专业的新农科改造提升提供模式和经验。2021 年，学院联合北京金色农华种业科技有限公司，成功申报了湖南省现代产业学院，以为新型农业的发展培养出大批高素质应用型、复合型、创新型人才。

国际动态

国外高等教育人才培养改革重要趋势

一、注重学生的全面发展，着力推进终身可持续学习与发展

随着社会发展日益趋向于交融，科技进步越来越趋向于交叉，人才培养势必更加注重学生全面发展，更加着眼于学生终身可持续性学习与发展。原有单一学科的教育模式培养的毕业生与未来人才能力需求间存在差距，不利于学生解决真实工作中的问题。在此背景下，强调基于问题导向跨学科研究性学习，以着重培养学生工作胜任力将进一步主流化。具有不同学科背景的学生共同解决复杂、真实情境下的问题，以提高学生的就业能力，加强对未来工作任务的理解。[1] 相关举措还包括创办跨学科（专业）教育项目、整合跨学科师资资源、多领域合作研究项目、灵活的学位体系等。

而着眼于学生的终身可持续学习与发展，学生的自主学习能力培养的重要性更加突出。在经济合作与发展组织（OECD）2019 年 5 月发布的《学习罗盘 2030》（OECD Learning Compass 2030）中，OECD 将“构建学生主体性，实现人生自我定航”定义为 2030 学习的核心。面对着充满变革且不稳定的新未来，新的教育目标不再采用以往的惯用方式去细化特定知识和技能，而是将学习框架比作“罗盘”，旨在强调：如何利用知识、技能、态度与价值观，帮助学生实现“在陌生环境中的自定航向（Navigating Oneself）”，找到应对不确定性的正确办法，最终实现自身、社会和全球的福祉。《学习罗盘 2030》强调每个个体都应该拥有自己的“学习罗盘”。[2] 学生先前的知识、学习经历、性情、家庭环境都不同，因此学生的学习路径和进程都将不同。

这一点在一流大学人才培养目标中已有体现，如康奈尔大学提出的学生能力目标

[1] 金慧，沈宁丽，王梦钰.《地平线报告》之关键趋势与重大挑战：演进与分析——基于 2015—2019 年高等教育版 [J]. 远程教育杂志，2019（4）：24-32.

[2] 张娜，唐科莉. 以“幸福”为核心：来自国际组织的教改风向标——基于《2030 学习罗盘》与“教育 4.0 全球框架”的分析 [J]. 中小学管理，2020（11）：3.

中就包括：独立学习、制定学习目标，选择、管理和反思学习，确定合适的资源；积极主动、自我评估并在需要时寻求额外信息的能力。即高等教育的目标在于为学生实现终身可持续性学习与发展奠定坚实基础。

二、广泛运用大数据和信息技术，高等教育全方位向数字化转型

2016年3月，德国联邦经济和能源部发布“数字化战略2025”，提出“在人生各个阶段实现数据化教育”。同年，美国连续发布《规划未来，迎接人工智能时代》《国家人工智能研究与发展战略计划》《人工智能、自动化与经济》3份报告，全面阐释了美国人工智能方面的发展计划，人工智能技术在教育中的应用是报告的重要内容之一。2017年7月28日，俄罗斯联邦政府正式批准《俄罗斯联邦数字经济规划》，给出了俄罗斯数字经济发展的路线图，其中“人才和教育”是该规划提出的5个基本发展方向之一。2018年，英国《产业战略：人工智能领域行动》提出为确保英国在人工智能行业的领先地位，培养相关专业人才，投资4.06亿英镑用于技能发展，重点是数学、数字化和技术教育。2018年9月，日本内阁发布日本《人工智能战略草案》，旨在全面推进日本的“人工智能战略”，将培养中学生的数字化素养和人工智能专业人才等纳入该战略草案。欧盟于2016年正式出台《欧洲工业数字化战略》，旨在整合欧盟成员国的工业数字化战略，加快欧洲工业数字化进程。该战略提出要研究制定“欧盟技能行动议程”，提升人们在数字时代工作所需的技能。OECD于2015年和2017年连续两次发布《数字经济展望》，全面呈现了数字经济的发展趋势、政策发展以及供给侧和需求侧数据，并阐述了数字化转型如何全方位影响包括教育在内的各大领域。[1]在此背景下，教育的全面数字化转型成为必然趋势，学生数字素养的培养成为人才培养的重要目标之一。

在线学习体系日益融入高等教育，在满足不同群体学生学习需求的同时，不但改变学生学习范式，而且对大学教与学均构成挑战。学习者通过自主选择在线课程，来拓展学习成功的可能性。MOOC学分认证，也正成为高等教育所提供的可行方法。[2]通过整合正规教育与模块化的在线课程，学习者有机会开展持续性学习，实现自我培

[1] 王素，姜晓燕，王晓宁．全球“数字化”教育在行动[N]. 中国教育报，2019-11-15（5）.

[2] 金慧，沈宁丽，王梦钰．《地平线报告》之关键趋势与重大挑战：演进与分析——基于2015—2019年高等教育版[J]. 远程教育杂志，2019（4）：24-32.

养和技能培训。而且，在线课程中获得的学分和证书，也可以作为求职简历的一部分，有可能逐渐颠覆传统教学获得学位证书的方式。同时，利用合理的评估框架，学生可以超越传统学位制度的限制，以更透明和全面的方式来展示自己的能力。[1] 在线学习深入发展带来的学生学习方式的变化，学位的模块化与分解，将更加凸显学习者的中心主体地位。

除此之外，在线学习体系的深度融入将进一步奠定大学作为终身学习提供者的作用，通过广泛的短期课程组合和持续的专业 / 个人发展课程，扩展大学在终身学习领域的影响力、品牌声誉将成为未来一段时间内大学的重要战略目标。

随着大数据分析技术的深入发展和应用，利用大数据等技术收集并分析学习者在线学习过程中的参与数据和学习成果，为科学决策、评估和设计提供依据，进而改进教学方案以提升学习体验将成为今后大学教学运行与管理的改革创新重点。具体包括将学习分析技术用于教学实践，利用数据挖掘对学校在线教育、移动学习、学习管理系统数据开展分析，通过对学习者整体性评估获取大学学习分析数据和可视化呈现。信息科学、机器学习与情感计算等技术的突破有可能推动学习参与测量在认知能力、情感发展和深层次学习等方面的突破。同时，随着大数据分析技术的使用，学生自主性学习处于更加核心的位置，大学教育教学的灵活化、个性化、交互式、协作性特征将更加突出，与之相伴的还有学习空间、学习流程的重构。

三、积极回应可持续发展目标，担当推进全球可持续发展的领跑者

在以经济增长为发展目的的视角下，关于教育的讨论大多围绕“知识经济”展开，与之相应，人才培养目标专注于培养学生具备促进经济增长、提高生产率和效率的知识与技能。然而今天，以经济增长为目的的视角已经远远无法匹配社会发展的步伐，亟需一个新视角，跳出单纯的经济增长，帮助重新建设能够为个人、社会和环境发展创造更好未来的国家或地区。这既意味着教育相关话语体系的转型，也意味着教育使命的变革。[2] 在此背景下，教育发展的目标发生转型。OECD 为全球设定了 2030 年教育的新愿景——迈向我们所追求的未来：个体和集体的福祉。OECD 的“福祉”

[1] 金慧，沈宁丽，王梦钰.《地平线报告》之关键趋势与重大挑战：演进与分析——基于 2015—2019 年高等教育版 [J]. 远程教育杂志，2019（4）：24–32.

[2] 唐科莉 . 指引学习迈向 2030　OECD 发布《学习罗盘 2030》[J]. 上海教育，2019（32）.

概念不仅仅与获得物质资源（如收入与财富，工作与工资和住房）的机会相关，还与生活的质量（包括健康、公民参与、社会联系、安全、生活满意度及环境等）密切相关。因此，OECD 从工作、收入、住房、公民参与、健康、环境、社区、工作与生活的平衡等 11 个维度对个人和社会的福祉进行了界定，并将它们与联合国 2030 年可持续发展目标建立联系，强调个人福祉有助于社会整体幸福指数的提高，反之社会幸福指数的提高也将回馈并增强个人幸福。以上 11 个维度的公平获得才能巩固包容性增长的基础。[1]

因此，未来教育将涵盖八大目标：教育要面向更广阔的幸福、教育要致力于实现共同利益、教育要发展个体的主体性、教育要塑造全人、教育要培育终身学习的热情、教育要解决真实世界的问题、教师角色从“讲台圣贤”到“俯身指导”的转变、重新思考“学生成功”的内涵。

这将带来高等教育功能的重要转变，大学社会使命的彰显以及大学围绕关系人类重大命运挑战等问题的科研集群的建立需要进一步传导至课程和学生学习的微观领域，以推动学生“有使命的学习”。《斯坦福 2025 计划》中提出，使命感是学生毕业后职业生涯中指引方向的航标。在校期间开始，学生就要基于一定的使命进行学习，学生不仅要了解自己的专业，更要牢记专业的使命。《斯坦福 2025 计划》推行“带着使命感去学习”，是为了帮助学生在校学习期间选择有意义的课程，并以此为基础，支撑起一段目标清晰的、纵贯毕业之后 10 ~ 15 年的职业生涯。如此，斯坦福大学的毕业生才有能力、有意识、有担当去领导有效的实践，以抵抗未来世界可能出现的一系列经济、政治、社会和技术以及目前未知领域的风险。使命感本身不是对职业的描绘，但它是驱动个人在职业生涯中追求卓越的“秘密武器”。[2]

如前所述，新发展视角下，教育目标对标社会可持续发展目标，大学将进一步充当可持续发展的领导者，将可持续发展理念紧密融入大学教学、科研、社会服务及大学的运行中，充当区域、国家乃至全球性可持续发展领导者，心怀天下，积极推进人类命运共同体建设。正如《中国教育现代化 2035》指出的：“应对人类共同面临的政治、经济、安全、气候等方面诸多挑战，推动实施联合国 2030 年可持续发展议程，

---

[1] OECD. The future of Education and Skills：Education 2030. [R/OL]. [2022-03-01]. www.oecd.org/education/school/Flyer-The-Future-of-Education-and-Skills-Education-2030.pdf.

[2] 王佳，翁默斯，吕旭峰 .《斯坦福大学 2025 计划》：创业教育新图景 [J]. 世界教育信息，2016，29（10）：23-26.

促进包容性发展，在国际合作中创造新机遇，必须办出更高水平、更为开放的教育，加强教育和人文交流，促进民心相通和文明交流互鉴，为创造人类美好未来做出更大贡献。”[1]

四、积极回应未来职场全新挑战，强调高校推动创新创业的责任

知识经济时代，大学成为区域、国家乃至全球创新重要驱动力量。工业 4.0 时代，大学将在社会发展中担当更为重要的社会角色。这一点在世界一流大学远景规划中已有清晰的体现。新加坡国立大学在 2019 年发布的最新愿景界定体现了该校通过教学、科研与创业推动社会变革，以创新与企业（创业）精神为信念，打造更加美好的世界的定位。从致力于促进国家建设，到通过创新与创业推动国家发展，到定位于亚洲特色国际化大学，到如今的“塑造未来的引领型全球性大学”愿景的提出，新加坡国立大学区域与全球使命得到彰显，成为一所立足亚洲的全球性大学的形象日益清晰。

这一使命需要通过重塑大学人才培养目标和过程进入微观层面。在 OECD 关键能力框架（OECD Key Competency）中，面向 2030 年的变革能力，即变革社会和塑造未来的各项能力，包括创造新价值、协调矛盾困境、承担责任，这 3 项能力成为当前核心素养的重中之重。这需要大学在未来重新定位并重构课程。课程是创新、颠覆和社会变革的催化剂，课程可以建构和解构社会秩序，应确保课程有助于构建以公平、包容、平等、公正、尊重人权、和平、负责任的公民等为标志的理想社会秩序；课程是社会公平、公正、凝聚力、稳定与和平的力量；课程是终身学习的推动者等。[2]

强调高校推动创新创业的责任，还需要进一步调整大学组织架构，增设创新创业类课程，鼓励冒险和容忍失败，推进创新文化，将失败教育纳入创新教育体系创建有助于创新课程评估体系、改善考核评价方式以便消除限制新想法拓展的各种障碍。[3]

---

[1] 顾明远，滕珺.《中国教育现代化 2035》与全球可持续发展教育目标实现 [J]. 比较教育研究，2019，41（5）：3–9.

[2] 曼塞萨·玛诺普，张梦琦，刘宝存. 21 世纪课程的重新概念化与定位：全球性的范式转变 [J]. 比较教育研究，2019，41（11）：3–12.

[3] 金慧，沈宁丽，王梦钰.《地平线报告》之关键趋势与重大挑战：演进与分析——基于 2015—2019 年高等教育版 [J]. 远程教育杂志，2019（4）：24–32.

学生主体性在此处同样需要被提及。大学通过创新创业教育彰显其社会使命，意味着大学教育应更着重于培养学生参与世界的责任感，并能通过参与世界积极影响人类、事件及环境。主体性既是教育的目的，也是教育的手段，为未来做好准备的学生需要在他们的教育历程以及整个人生中不断发挥自己的主体性。[1]

[1] 唐科莉 . 指引学习迈向 2030 OECD 发布《学习罗盘 2030》[J]. 上海教育，2019（32）.

国外一流涉农高校人才培养改革与规划分析

一、加利福尼亚大学戴维斯分校

自 1908 年建校以来，加利福尼亚大学戴维斯分校（University of California，Davis，UCD）一直以杰出的学术声誉、可持续发展的理念、领先的农业学科而闻名世界。2018 年 10 月，UCD 在吸引全球利益相关者广泛投入和讨论的基础上，形成了最新战略规划《勇往直前》（*To Boldly Go*），对其大学使命和愿景、目标以及实现举措进行了阐述。其中，本科人才培养目标及其实现举措在整个战略规划中具有举足轻重的位置，给我们建设一流本科、提高教育教学质量提供了借鉴。

（一）人才培养规划目标

UCD 的最新战略规划提出了未来 10 年大学的 5 个发展目标：一是提供一种为所有学生应对多样化和不断变化的世界需求和挑战做好准备的教育经历。二是促进和支持在知识前沿、跨学科和学科之间开展重要的研究，以支持一个健康的地球及其居民的身体和社会福利。三是拥抱多样性，实现包容性，争取平等。通过营造肯定所有学生、教师和教职工的贡献和愿望的文化，使 UCD 成为学习和工作的卓越场所；促进健康和可持续发展文化；培养思想的开放性交流。四是通过互利互惠的伙伴关系支持社区、地区、州、国家和世界，这不仅体现了 UCD 对自身使命的坚定承诺，而且能够提高大学的知名度和声誉。五是创建一个智力和物质环境，以支持创新和企业家文化的发展，从而将其研究活动的收益扩展到大学之外。

（二）人才培养规划策略

UCD 的最新战略规划提出，必须优化教学方法和基础设施，为所有学生提供尽可能好的学习环境，使用基于数据的方法，将教学方法与适当设计的教室空间和有效的、得到充分支持的学生成果评估结合起来。为了达到这个目标，UCD 将从以下几个方面着手：

1. 缩小弱势群体学生在学业成绩方面的差距

通过对学生群体的学业成绩进行多元分析发现，目前，学校各群体之间在学业成绩方面存在显著且持续性的差距。大学必须在学术支持和教学实践中发展和实施创新、有针对性的方法，以改善所有学生的成绩和缩小差距。UCD 学业保持率咨询委员会在 2017 年的报告中提出了许多提高本科生的学业保持率和毕业率的方法。随后，UCD 与许多其他先进的大学一起，参与了公立与赠地大学协会（APLU）公立大学转型中心的转型集群，以及美国人才计划，以寻求解决这一问题的可持续方案。另外，学校还成立了一个工作组，重点解决学生进入 UCD 之前的准备不足。下一步，学校将在全校范围执行一项全面的、综合的、以数据为基础的办法来实现这一目标。

2. 应用基于实证的方法改善学习成果

为提高全体学生学习成果，教师应当不断探索和采用创新的教学方法，包括促进积极学习的方法。分析工具的应用能够快速揭示新方法对学习效果的影响，不仅可以促进教学法的实验，而且有助于就教学实践做出循证决策。UCD 本科教育办公室的教学效果中心致力于支持高质量的教学和学习，推动 UCD 教学方法改革与创新。促进学生学习的教学创新既包括全新的教学法，还包括对传统教学模式的调整和适应，教师要学会使用适当的教学法，并能够意识到以前从未被质疑的要素，如提纲的构建方式或使用等级曲线等，都需要经过批判性思考，并应始终确保学生的学习和学习效果是教学设计的核心。

3. 优化大学教与学的空间

在充分考虑大学注册人数的增长对教学空间需求，以及创新的和实验性的教学方法对教学空间新的需求的基础上，UCD 计划建设新的大型学术会堂（加利福尼亚大楼）和新的教学楼（沃克大楼）。学校将进一步改造 Peter J. Shields 图书馆，增加新的多媒体和技术资源，为学生改造提供更多的沉浸式学习、学术共享空间。还将为学生提供更丰富的学术支持，如学术写作、学业辅导、本科生研究支持、学术信息技术服务和数据管理咨询等。此外，UCD 还将进一步扩展额外的实验室课程空间、教师答疑和其他教学支持功能的空间。

4. 提升学生课堂学术体验

UCD 提出了几个策略，以确保无论课堂形式是大课堂还是小课堂，学生都可以从有意义的课堂互动中受益。具体为：进一步降低生师比，使所有学生都能享受最佳的教学环境。鼓励专业学院的教师参与本科教育，鼓励他们带来令人兴奋的课程和额外的教学资源。目前已有一些案例，如全球疾病生物学、教育学和技术管理学的辅修课程。混合式课程和在线课程可以通过减少基于授课内容的授课时间，潜在地增加教师在课堂时间内与学生进行有价值的互动的时间。

5. 支持课程的灵活性和学生对未来职业生涯的准备

UCD 将通过更新现有专业和课程设置，创建新的专业等举措确保大学课程能够满足不断变化的需要。2012 年以来，UCD 入学学生人数不断增长，计算机科学专业 2012—2017 年招生人数增长了 160%、统计学专业招生人数增长了 317%，管理经济学专业招生人数增长了 91%。学生对数据科学和商业展现出浓厚的兴趣。近年来，学校为应对新的知识前沿以及职业机会增设了全球疾病生物学、认知科学、可持续农业和食品系统、海洋与沿海科学等专业。学校将充分利用现有学科优势和跨学科专业经验，确保在保持学术质量和严谨性的同时及时回应学生和市场的课程需求。

6. 加强学生体验式学习

为了使更多的学生能够从教育实践活动中受益，学校将加大投入，确保学生不论社会经济状况如何都能获得体验式学习及有意义的课外活动机会。同时，学校将为学生提供充足的咨询和指导，帮助学生有效平衡和整合他们的课内外学习经历。UCD 实习与就业中心的实习计划在整个加利福尼亚大学系统中都处于顶级水平。不仅能够为学生提供实习人际网络，而且可以帮助学生树立职业选择的信心，形成竞争优势。UCD 将进一步扩充实习计划覆盖范围，不断满足学生日益增长的需求；力争为所有学生提供与职业探索小组计划相同的课程体验；探索将实习学分纳入培养方案学分要求；实习与就业中心将与国际事务部合作开发更强大的项目，帮助学生寻找国际实习机会；提供更多基于课程的本科生研究经历项目；在不同学科领域建立更多的“创客空间”，使学生广泛参与创新创业实践项目。

7. 让所有本科生参与全球学习

UCD 为学生在这个高度互联共存的世界生活和工作做好准备。全球学习将帮助学生发展知识、技能、网络和价值观，从而帮助他们成为有爱心、好奇心和全球视野的领导者，了解世界各地的多元文化和历史，成为具备跨文化交流能力，胜任在不同的文化、政治和法律环境中发展的促成问题解决的领导者。学校“全员全球教育”（*Global Education for All*）倡议将整合大学内外合作者，积极促成这一育人目标的实现。

二、加利福尼亚大学伯克利分校

加利福尼亚大学伯克利分校（以下简称“伯克利”）是世界顶尖公立研究型大学之一。随着研究型大学本科生教育问题受到越来越多的社会关注，伯克利自20世纪八九十年代开始从学校层面推动了一系列本科生教育改革。

（一）20世纪90年代以来的教学改革

1. 1991年出台《马斯拉奇报告》

1991年，学校出台了《促进学生在伯克利获得成功：面向未来的指导方针——应对不断变化的学生群体委员会工作报告》（简称《马斯拉奇报告》）。报告提出伯克利将做好新生过渡期教育，以奠定本科教育成功的基础；关注学习过程，使学生成为积极的学习者；优化教育结构与资源，服务大学的核心使命；构建大学校园共同体，增强学生归属感。[1]其中还包括旗帜鲜明地奖励教师投入本科生教学、组建以跨学科专业为重点的教学单位、鼓励教授担任本科生导师、加强学生学习指导等具体举措。

2. 1999年发布《本科教育委员会最终报告》

20世纪90年代中期，在美国研究型大学本科教育委员会著名的《博耶报告》的影响下，伯克利本科教育委员会将本科人才培养改革的重点确定为：探索本科教育的最终目标、本科生咨询与指导、课程创新与卓越教学、通识教育改革、大一学生学习经历等学校亟待解决的关键问题。1999年，学校发布《本科教育委员会最终报告》，报告指出，大学必须做出实质性的改进，首先，将探究性学习整合到本科教育的各个阶段；其次，加强对本科生的咨询和指导；再次，规范校级层面的本科教育评估；最后，必须充分认识并努力发挥教师在本科教育中的地位和作用。伯克利的当务之急是在教授面临巨大科研压力的背景下，激励和吸引教师将主要精力投入本科教育改革实践之中。

在研究型大学开展本科教育的优势方面，报告提出，一所巨型的研究型大学，应

[1] Maslach C. Promoting student success at Berkeley：Guidelines for the future：Report of the commission on responses to a changing student body[R/OL]. [2022-03-01]. http://pdf.oac.cdlib.org/pdf/berkeley/uarc/mcu156_cuuarc.pdf.

该在本科教育中处于顶尖位置。研究型大学在让学生投身于以研究为基础的学习方面具有独特的优势。报告最终提出了本科教育的“三阶段模式”：

第一阶段（第1～2学年）：奠定“以发现为基础的学习”阶段的教育经历，使学生通过以发现为基础的学习奠定真正的基础、培育教育的潜力。同时，由学校提供通识教育和跨学科的背景，确保所有本科生到毕业时能够成为跨越学科广度的、有文化知识和科学素养的人。

第二阶段（第3学年）：进入专业学习，作为本科学习的核心培养学生批判性思考、提出研究问题、搜集证据及阐释问题的方法，还要让学生了解学科（或跨学科）框架，掌握该领域的核心内容。在此过程中，学校负责建立保障和促进学生学业发展的生师互动机制，创造激励和支持学生进行批判性反思，并在充满智力互联的语境中主动接触并思考问题。这一阶段的教学重点为探究性学习。

第三阶段（第4学年）：为学生提供“顶峰”项目学习经历。学生更加独立地实施研究或设计项目，或者参与将学术经历与社区经历融为一体的服务学习中。教师指导学生如何整合知识经验，而学校为每一名学生提供参与项目的机会，为学生提供养成跨学科背景的批判思维和综合思维的机会，为学生进入下一阶段的发展提供过渡。[1]

3. 2010年发起《重塑伯克利本科生教育愿景》倡议

2010年，美国州立学院与大学委员会（AASCU）发起一项名为“重塑本科教育愿景”（*Reimaging Undergraduate Education*）的倡议计划。伯克利从2010年开始，由文理学院执行院长马克·理查斯牵头组织文理学院各系优秀教师针对本科生教学开展了一项为期18个月的教学评估活动，以研究大学本科教育改革与创新思路，此后，调查小组发布《重塑伯克利本科教育愿景》报告，该报告在本科生教育的课程创新、追求教学卓越、本科生学术诚信和改善学生写作、定量分析、外语能力及文化适应性等基本技能标准方面提出15项改革建议，包括四大部分：

一是课程创新：降低对学生毕业要求的广度课程学分限制，以所谓的大创意“big ideas”课程替代现有学分要求，新的替代课程由不同系的教师以团队授课方式开展，以开拓本科生的视野。

二是卓越教学：为文理学院新教师提供“boot camp”（新手训练营），并为任课教师全程参与课程教学的合作教学方式提供额外资源和支持。

---

[1] 潘金林. 加州大学伯克利分校20世纪90年代以来的本科教育改革理念、举措及成效[J]. 复旦教育论坛，2014（2）：86-93.

三是提高学业标准：提高诸如定量分析、写作与沟通、跨文化及语言深度理解等能力的考核标准。

四是学术诚信：为应对信息时代日益严峻的抄袭与作弊问题，大学需要通过诚信文化建设让学生认识到诚实与正直的必要性。[1]

此外，学校还通过成立伯克利学院、重组教学与学习中心等推动本科生教育系列改革与创新。

4. 成立伯克利学院

2012年，在教务长伯格诺的主导下，学校成立伯克利学院，以促进伯克利本科生教学创新与卓越。伯克利学院由伯克利大学学术评议会中最杰出的教师代表（以文理学院为主）组成。2018年3月伯克利学院启动"缩小教学与科研鸿沟项目"，鼓励教师就融合研究与教学的改革实践活动申请立项资助，每年学校资助11项此类改革项目，资助上限为20 000～30 000美元，项目完成周期为1～2年，根据项目发布信息，该项目的申请支持率约为30%。此项改革的长期目标在于推动本科生教育理念的转型，让本科生亲身参与科研，这是伯克利本科生教育体验中最基本、最令人向往和必要的一个环节。

5. 组建教学与学习中心

2012年，伯克利在学校20世纪80年代初成立的教育发展办公室基础上组建教学与学习中心，以提升伯克利教学与学习有效性，中心由学校副教务长主管，所提供的服务涵盖教学学术能力提升、教学技能训练、教学咨询、课程改进、人才培养项目评估等。该中心的成立一方面是为了构建学校层面交流平台，推动各学院重视教学，并强化教学在教师心目中的重要性。而另一方面，则是学校层面重组教师专业发展机构、整合教学支持系统的重要决策。教学与学习中心的核心功能是促进相关部门的合作，共同推动教学发展。为此，中心在2012年12月启动学术伙伴混聚中心，涵盖了本科生教育研究办公室、研究生教学与资源中心、学生学习中心等18个相关部门，每个月围绕重要的教学与学习问题开展集中研讨，并共同商讨解决对策及改进建议。

教学与学习中心在整合学科资源，尤其是促进交叉学科的教学发展方面发挥重要作用。如建立科学、技术、工程和数学课程工作小组，共同改进相关专业本科生课程及教学质量。

---

[1] UC Berkeley. Berkeley faculty, deans 're-imagine' undergraduate education[N/OL].（2011-09-27）[2022-03-01]. https://news.berkeley.edu/2011/09/27/reimagining_ed/.

6. 伯克利“专业地图”项目

为帮助学生设计和规划本科生涯，伯克利启动“专业地图”项目，基于学生专业和兴趣领域为每个专业设置成长路径图，路径图既包括选修的课程，也包括校园和社区的机会。整个项目为超过 100 个本科专业绘制地图。该项目旨在提升伯克利本科生的学习体验，促进学生探索其专业、发现其热情并反思和规划自己的未来。已经有近 30 个专业发布了“专业地图”，以伯克利环境保护与资源这一跨学科专业为例，该专业设在环境科学、政策和管理系，主要研究与环境保护与自然资源有关的人口、能源、技术、社会机构及文化价值问题。同时，该专业也作为环境经济与政策、林学与自然资源的辅修专业。

“专业地图”将大学学习生活定义为“探索”“联系”“发现”“参与”四个主题，每个主题在不同年级有不同的内涵，帮助学生掌握大学成长路径，以顺利规划完成学业。

（二）人才培养规划

本科生及研究生培养质量问题，一直是伯克利历次大学发展规划中的重点，最新的人才培养规划愿景为：扩展知识的边界、挑战传统、扩大机会和培养未来领导者。

1. 规划的编制过程

伯克利于 2017 年秋季学期启动新的大学发展规划编制工作。2017 年 11 月，校长卡罗尔・克里斯特召集校内规划会议，建议由四个小型工作组分别负责执行四个议题的规划。其中，学生体验工作组负责提出规划方案，回应伯克利未来人才培养中面临的主要问题：对教学和课外项目进行何种投资和改革，将对学生体验产生最大影响。会议认为学校未来几年的首要任务是改善本科生和研究生体验的课程和课外项目，因此需要把握当前影响学生体验的具体问题，研究如何营造支持性和包容性的校园氛围，以及技术在提升学生成就和教学质量中的作用。

2017 年 12 月，伯克利教务长任命负责研究生教育的副校长兼研究生院院长菲欧娜・多伊尔负责学生体验工作组。工作组成员包括来自各学院的教授、院长或副院长，一名本科生和一名研究生，以及来自学生事务、平等与包容和咨询中心的工作人员。工作组审阅了大量校内研究报告并组织了一系列与学生事务相关的会议。如审阅关于伯克利学生住宿和心理健康等相关领域的报告和研究，本科生体验调查的数据和各种研究生调查的报告。工作组成员参加了两个跨校区的会议、学术评议会议、学术规划与资源分配委员会会议、学生咨询委员会会议、各种行政小组会议，还有系主任论坛、伯克利基金会执行委员会会议等。

在此基础上，学生体验工作组将调查结果和建议聚焦在四个关键领域，即学业与课程、学生学业咨询、学生基本需求、多样化以及校园环境，并提出了七点规划原则以及若干规划。

2. 规划的核心理念

基于大量前期调研，工作组提出七项原则指导规划，以确保未来伯克利的学生可以获得卓越的学生体验：一是每名学生都应有机会充分利用在世界一流研究型大学学习的独特资源和机会；二是所有学生，无论他们修读学位的培养目标是什么，大学的学习历程应该为他们在21世纪获得终身成功做好充分准备；三是所有学生都应该有机会通过良好的指导在规定的修读年限内探索并追求他们的学术热情；四是伯克利应该培养每个学生人际的、社会的和公民技能，这不仅仅是为了成功，而且是为了让他们在日益全球化的世界中发挥领导者的作用；五是所有学生都应得到获得学业成功所需的个人支持和服务；六是伯克利应拥有能够充分反映美国国家和民族多样性的教师、教职工和学生群体，使每名学生都感到受欢迎、受尊重和安全；七是每名学生都应有机会使用现代化学术和课外设施，以践行伯克利的包容和创新原则。

3. 主要举措

（1）推动弹性、灵活学位项目改革

创建新的更灵活的课程，以快速回应不断变化的学生兴趣、劳动力市场以及终身学习的需求。应鼓励各专业结合师生需求与利益考虑推动弹性、灵活学位项目改革。

复合或“半专业”：学校应扩大本科生从事更多跨学科学习或在一个以上专业领域学习的可能性，学生不一定需要完成两个学位的学习。在伯克利，越来越多的本科生选择攻读辅修专业、双专业或多专业。在过去的15年中，攻读双学位的学生比例翻了一番，从2000年初期的约3%增长至6%～7%。目前，伯克利计算机科学学院正在尝试“半专业”改革，学生可以将两个专业的课程进行组合，但不需要修读双专业所要求的全部课程，通过给学生更大的自主权定制适合自己兴趣的课程。处于专业交叉点的系也可以通过设置联合课程为学生修读“半专业”提供便利。

文理学院与专业学院联合开设专业或辅修专业：相当多的伯克利的学生希望将来能够从事专业工作，因此会选择先在文理学院修读与专业对口的本科专业。如文理学院的法学专业、新近设立的公共健康与社会福利专业以及一些专业学院提供的辅修专业。为了进一步满足本科生的需求，发挥专业学校教育优势，学校应鼓励对开发此类专业感兴趣的专业学院与文理学院开展深度合作。

“3+2”“4+1”（或“2+1”）项目：伯克利应增设“3+2”和“4+1”项目，并为转校生引入“2+1”学位项目，进一步融合本科生与研究生教育，为学生提供更多的五年内攻读本硕学位的机会。

扩张跨学科研究生教育：当前，交叉学科训练和跨学科研究越来越重要，伯克利应进一步探索改革现有博士学位和专业学位，使其更具弹性、更加灵活。可能的举措包括：在研究生或博士生指导委员会成员要求方面更具弹性，对教授为其他专业学生提供学业支持的工作量做出认可等。

（2）加强学生学业咨询及就业指导

伯克利要确保所有的学生都能获得所有学习资源。为此，需要完善新生信息系统，加强本科生咨询和本科生导师项目。

扩展伯克利联谊项目和类似项目：伯克利联谊项目招募博士生或博士后作为导师，为新生或转校生提供指导，帮助他们适应大学教育。这对于新生、国际学生、高中阶段未接受大学文化教育的学生以及转校生来说非常重要。本科生从中获得了在课外结识研究生的机会，同时，研究生也从中学会了重要的沟通和指导技能，并经常参加论文写作小组。这对他们的专业发展非常有帮助。

更好地整合就业和学业咨询：学校应将就业咨询与学业指导更好地结合起来。通常情况下，伯克利的本科生在入学前两年很少进行就业咨询。但是，如果学生能早些开始考虑自己的职业兴趣并将这种思考纳入学业决策则会受益良多。学校和学院的学业咨询师可以与就业中心合作，提供培训和资源。这种合作将有助于在大学一年级就将职业规划纳入本科生的学习生活中。

（3）培养未来领导者

伯克利应该培养每名学生人际的、社会的和公民技能，这不仅是为了成功，而且是为了让他们在日益全球化的世界中发挥领导者的作用。这一目标应融入伯克利人才培养的课程设计和课堂日常教学实践中。学校应该为学生提供更多展示的机会，为学生提供项目制学习的挑战，并在课程学习中融入更多实习和实践学习机会。具体举措包括增加本科生实习机会、为低收入学生实习提供资助等。

三、马里兰大学帕克分校

（一）近年来的人才培养改革

2008年，马里兰大学帕克分校（University of Maryland，College Park，UMD/UMCP）

学术评议会推出一项全面而大胆的十年战略规划——《改造马里兰：更高的期待》（*Transforming Maryland：Higher Expectations*）。2016年，在此规划基础上，马里兰发布新规划——《达到最佳：战略规划更新（2016）》（*Equal to the Best：2016 Strategic Plan Update*）。两个战略规划前后承接，秉持一贯的行动原则：建立一个包容性的社区；发挥技术的力量；以创业精神行事；与本地和全球其他国家合作；促进转型性变革；加强对社会的贡献；提升UMD在世界一流大学中的排名；吸引最优秀的教职工和学生；成为国际卓越中心等。

（二）通识教育培养目标

改革通识教育是UMD 2008年战略规划中的重要内容，也是其在人才培养改革领域的标志性成果之一。2010年，UMD召集并研制通识课程的具体学习成果。其后，2013—2014年、2015—2016年对本学习成果的部分内容进行了修订。

1. 基础课

（1）学术写作课程

完成学术写作课程后，学生必须获得以下6项能力：理解写作是一系列任务，写作是涉及撰写、编辑和修改的过程；获得批判性的阅读和分析技能，包括理解论点的主要主张和假设，以及评价其论据；掌握说服的基本原理，并且能够灵活运用；掌握研究技能，将自己与其他人的想法相结合，能正确应用归因和引文的规则；使用标准书面语言，编辑和修改自己的写作；理解写作和思考之间的联系，并在学术环境中使用写作和阅读来探究、学习、思考和交流。

（2）专业写作课程

完成专业写作课程后，学生必须获得以下7项能力：分析各种专业修辞情况，并撰写文本；通过计划、起草、修订和编辑，掌握高质量专业写作所需的步骤；根据写作内容选择并使用适当的研究方法；掌握引文使用规范；建立读者意识，根据受众对写作主题的熟悉程度设计和调整写作方法；具备标准书面英语写作能力；写作有争议的议题时，应评估论据的可信程度，并考虑到相反论点。

（3）口语交流课程

口语交流课程完成后，学生必须获得以下9项能力中的6项：展示规划、准备和有效开展口头交流的能力；使用有效的演示技术，包括演示图表；展示对口头交流在学术、社会和专业领域中作用的理解；展示在特定的沟通目标或沟通环境下有效使用口头和非口头语言有效沟通的能力；表现出认真倾听的能力；对自身沟通风格和沟通方式更加了解；在谈话、访谈和小组讨论中表现出与他人进行人际和跨文化沟通的能力；提问和回应问题的能力；了解全球社会沟通礼仪。

（4）数学课程

完成数学课程后，学生必须获得以下5项能力中的至少3项：解释公式、图形、表格或原理图给出的数学模型，并从中得出推论；口头解释数学概念，并象征性地借助视觉素材和数字进行展示；使用算术、代数、几何或统计等方法解决问题；运用数学推理与适当的技术解决问题，检验假设并判断论证的合理性，并表达推理和结果；识别数学学科内部以及数学与其他学科之间的联系。

（5）分析推理课程

完成分析推理课程后，学生必须获得以下5项学习成果中的至少4项：熟练掌握数学基础研究所需的技能，包括使用数学工具进行沟通的能力、区分前提和结论或从数据中区分数据和推论；了解得出结论的恰当和不恰当的方法之间的差异；应用恰当的方法评估、推论和推理有关复杂信息；系统地评估论证的准确性、局限性和相关性，并确定对论证的替代解释；使用分析或计算技术来解决实际问题。

2. 系列课程

完成系列课程后，学生必须获得以下6项能力中的至少4项：确定系列课程主题中的主要疑问和问题；能够描述相关专家用于探讨这些疑问和问题的来源；理解研究相关问题时使用的基本术语、概念和方法；在政治、社会、经济和道德层面理解课程；通过书面、口头陈述有效传达课程提出的主要理念和问题；阐明该课程如何激发学生以新的方式思考自身的生活、自己所在大学和社区中的地位。

3. 分布课程

（1）历史和社会科学类课程

这方面的课程向学生介绍历史和社会科学学科，包括经济学、历史学、心理学、社会学和其他社会科学课程。学习历史和社会科学课程后，必须获得以下7项能力中的至少4项：在历史或社会科学的特定主题领域展示基本概念和思想的能力；展示对在历史或社会科学特定领域知识产生方法的理解；在评估历史或社会科学中的因果论以及分析主要论点、背景假设和解释性论据时展现出批判性思维；能够解释文化、社会结构、多样性或其它历史背景的关键要素如何影响个人感知、行动和价值观；阐明历史变化如何塑造思想、社会和政治结构；解释如何利用历史或社会科学来分析当代问题和制定社会变革政策；利用信息技术进行科学研究，并有效地交流社会科学和历史。

（2）人文科学类课程

人文科学类课程包括任何语言、艺术、艺术史、经典、音乐和音乐史的文学课程，以及语言学和哲学基础学科课程。学习人文科学类课程后，必须获得以下6项能力中的至少4项：掌握人文学科的特定主题领域中的基本术语和概念；展示对人文学科特定领域研究方法的理解；在评价人文学科学术著作时表现出批判性思维；描述语言使用与思维方式、文化遗产和文化价值观之间的关联；使用各种素材和技术对人文学科中的一个主题进行研究；展示在人文学科中提出与特定主题相关的论断的能力，以及用证据和论证来支持该论点的能力。

（3）自然科学类课程

自然科学类课程向学生介绍研究自然世界的学科的概念和方法，包括传统物理学、生命科学、环境科学、动物科学以及植物科学等课程。它还包括丰富、严谨的实验室课程。学习自然科学类课程后，必须获得以下6项能力中的至少4项：展示对科学原理和特定学科研究方法的广泛理解；应用定量、数学分析等解决复杂的科学问题；依据复杂问题找出科学基础，了解科学如何影响以及受到政治、社会、经济或伦理层面的影响；批判性地评价科学论点，了解科学知识的局限性，有效地传递科学思想。

此外，在完成具有实验室环节的自然科学类课程后，学生将能够：学会观察，了解试验设计的基本要素，使用适当的定量工具生成和分析数据，使用抽象推理来解释数据和相关公式，以及用科学严谨的方法验证假设。

（4）学术实践类课程

在完成学术实践类课程后，学生将能够：选择并批判性地评估与学科相关的学术实践领域；将相关方法和框架应用于科研项目或以学科常用的研究方式参与科研项目的规划、建模或准备工作，并对科研项目或学科科研实践进行批判、修改和完善；有效地进行学术交流；学会协作。

4. 关于多样性

（1）理解多元社会课程

完成理解多元社会课程后，学生将能够：展示对人类多样性基础和社会，包括对生物、文化、历史、社会、经济或意识形态差异结构的理解；展示对产生多元社会和分类系统知识的基本概念和方法的理解；理解政策、社会结构、意识形态或体制结构差异；质疑、批判传统的等级制社会形态；分析与文化、历史、政治和社会背景相关的思想或表达形式，如舞蹈、美食、文学、音乐、哲学或宗教传统；使用比较、交叉或关系框架来审视单个历史范围内或跨历史时期社会群体的经历、文化与历史。

（2）文化竞争力课程

完成文化竞争力课程后，学生将能够：理解和阐明文化概念的多种含义；解释文化信仰如何影响个人、组织或社会层面的行为；深入反思自己与他人所处文化或亚文化之间的一致性、差异和交叉点；比较和对比两种或两种以上文化之间的一致性、差异和交叉点；有效运用技能处理课堂内外互动中的跨文化情况或冲突。

（三）2016 年版人才培养规划

在 UMD 2016 年版发展规划中，本科生培养的理念是，除了教育学生掌握特定学科的知识外，还要让学生参与社会、道德和文化方面的学习，激发他们的学术好奇心，使他们承担公民责任，培养其创造性和批判性分析能力。UMD 致力于将知识付诸行动，以创造社会和经济效益，同时培养具备就业能力的毕业生。UMD 将继续通过新的教学方法、课程设计、学习环境和职业准备，以及为学生创造新的学业体验机会来改变学生的就读经历。

1. 推进教学改革

大学教学需要超越简单的课程内容传达，并充分运用前沿教学方式。课程构架应让学生更直接地进入学习过程，从而提升学业产出，并缩小学生间的学业差距。基于项目的教学和“翻转课堂”缩短了课堂讲授时间，增加了学生进行合作学习和发现的机会，推动深层次学习。这些方法还整合了跨领域的学习，并发展学生的分析和创造技能。以上都是 UMD 教学改革需要继续推进的重要方向。

2. 改善学习与教学空间

UMD 将继续投资更新现有教学场所，以不断适应各种新的教学方法，包括基于项目和混合式学习的教学。学校新建爱德华 · 圣约翰学习与教学中心，该中心可容纳容量 80 ~ 320 个座位不等的学习与教学空间，以支持各种教学和学习风格，可满足新的通识教育课程、STEM 课程和教学改革中心的需求。

3. 推出“职业准备计划”

UMD 将制定“职业准备计划”，新生有机会与专业发展咨询师一同探索他们的技能、兴趣和目标，以帮助引导他们更早地进入与技能和兴趣相匹配的专业，缩短毕业的时间。UMD 将进一步扩大创新性、探究性项目。例如：创新和创业学院倡议；新生创新与研究体验；吸引学生参与教师奖学金和研究；利用 UMD 的地理位置优势，将学术学习与职业发展相结合等。

4. 加强同辈咨询项目

学校将进一步扩展同辈咨询项目，主要由经过培训的高年级本科生向低年级本科生提供咨询和指导。同辈咨询的开展既有助于提高学生学业成果，同时担任咨询师本身为高年级学生提供了有价值的领导力和团队建设能力培养机会。

5. 增设本科专业

UMD 将增设新的主修和辅修专业，以满足最新的市场需求。

四、瓦赫宁根大学

瓦赫宁根大学是全球农业与生命科学领域顶尖的研究型大学之一，以“探索自然潜力、改善生活质量”为使命。瓦赫宁根大学的教育以“多学科”和“以学生为中心”为主要特色。因学生规模相对较小，学生与教师之间有较多的接触与互动，这一点成为其核心优势。同时，学校注重把科研训练作为学生培养环节的重要组成部分，使其保持了较高的教育质量。

（一）教育使命

瓦赫宁根大学的使命是教育学生成为专业人士，他们可以为全球“健康食品和生活环境”领域中现在与未来的复杂问题提供可持续的解决方案，并认真对待其社会责任、个人责任和道德责任。

在人才培养上，学校认为需要让毕业生获得高水平的学术知识和 21 世纪的新技能，如批判性和创造性思维、政治和市场敏感性、灵活性、分析能力、反思能力、读写能力、跨文化合作能力、辩论和论证能力等。在学术领域，注重培养学生的工程和设计能力，帮助他们将知识和实践结合起来，成为解决现实生活中问题的专家，或者成为具有创新精神的创业家。而可持续性能力的培养，使学生能够分析和平衡这些解决方案对人类、地球和经济繁荣的影响。学校认为，在交叉学科或跨学科环境以及国际和多元文化环境中应用知识和技能时，需要具备个人和社会责任素养。鼓励学生发展个人领导能力，鼓励毕业生成为终身学习者，在专业和个人抱负方面追求卓越。

（二）教育理念与具体做法

1. 高质量的学习内容

学校通过将科研和教育教学紧密融合，为学生提供最前沿的高质量知识。通过课程让学生获得至少一个学科的前沿知识和其他若干学科的基本知识。由优秀的研究人员为学生提供学术培训，通过让学生参与高质量的科研工作来提高学生的研究能力。提倡教育教学和研究必须紧密结合，才能让学生更好地理解、应用知识，进行批判性和分析性评价，并贡献新的科学知识。并不是所有的学生都会成为研究人员，但为研究做准备和开展研究有助于培养学术相关的态度、技能和方法。具体做法包括：

（1）将研究过程的各阶段（研究设计、数据收集、分析、讨论、反馈、假设检验、推广等）融入课程中。

（2）通过制度设计推动教师在研究与教育之间建立平衡。

（3）要求教师不断更新课程内容，吸收专业领域的最新发展和研究成果。让专业和课程始终保持高质量。

（4）对课程定期进行同行审查，促进课程融入最新的知识，确保专业设置和课程符合专业领域、科学和社会的要求。

（5）专注于擅长的领域的研究，并与世界各地优秀的合作伙伴协作。

2. 多元化的学习环境

瓦赫宁根大学希望学生通过学习，成为学术专业人士和负责任的公民，积极且批判性地参与社会建设；期望学生拥有自主学习的态度和能力，拥有批判和负责任的态度、多学科合作以及应对各个利益相关方解决复杂问题的能力；能够应对全球挑战，在国际环境中富有竞争力，在多元文化环境中发挥作用。为此，学校努力为学生提供一个多元化的学习环境，具体做法包括：

（1）让学生成为积极的学习者，主导自己的教育，充分发挥潜力，并能在社会上产生影响。培养学生在学习过程中积极学习的态度，训练学生反思自己的学习路径、目标和能力，建立自己的档案，确定自己知道什么、可以做什么、仍需要在哪些方面努力等。同时，激励学生追求卓越。学生通过自学独立进行准备，提高教师和学生接触时间的效用，使学生在课堂或在与教师的接触中能够得到更复杂的知识、更好的互动、更多的进行批判性问题的讨论和灵感的启发。

（2）让学生在真实情景中学习，培养学生的社会责任感，提高解决现实复杂问题的能力。所有的学生都能够通过参与现实问题相关的研究和评估来学习。为学生提供真实的案例和形成由教师、学生和专业人员的学习共同体，在这些共同体中，所有人员共享知识并共同努力为实际问题制定可持续的解决方案。

（3）建立更加个性化、更有效的反馈。通过在线或课堂直接反馈、定期评估和学习者学习行为统计等方式，为学生在整个学习过程中提供更详细的学业信息，并提供总结性和形成性反馈。同时，开展朋辈互评，让学生从评价中了解彼此的成就和如何以尊重的方式给予反馈，以及如何付诸行动。

（4）注重跨文化技能的培养，鼓励所有学生通过辅修、实习或在国外从事论文工作等获得国际经验，并促进与国外知名院校的交流与合作。

3. 灵活的、个性化的学习路径

学校注重从内容到形式的灵活方式，适应学生个体的潜力、兴趣、能力和个人志向的发展。学生在学习道路上的选择越多，通过专业学习能够取得的进步越大。学生可以在老师的指导下，根据自己的定位来选择主修、辅修和其他课程。目标是增加灵活性，以适应学生流动性的增加、学生群体的异质性、目标群体的多样性以及国内外联合办学的不同需要。具体做法包括：

（1）提供在线学习资源。鼓励学生使用学校提供和其他来源的在线学习资源。对在线资源进行多重使用，既可以供学生自学，也可以成为课程的一部分。

（2）积极回应学生在基础、志向和学习进度上的差异。制定更灵活的专业培养模式，针对不同需求的学习者，提供不同的课程组合，设计更好的评估体系，激励所有学生发展自己的才能和兴趣。根据学生的不同才能和学习目标，建议其选择合适的学习路径和相关课程，主导自己的学习。

（3）建立先进而灵活的管理系统，通过提供最新的日程安排、课程信息、学习进度、结果等信息来充分支持不同需求的学生的学习过程。

学校认为，在学生获取知识和培养优秀学术能力的过程中，教师需要发挥更大的支持和指导作用，更有创造性地安排知识的传递。为了使学生获得最先进的科学知识、研究和工程技能，必须确保研究和教育之间的强有力的相互作用。基本原则是几乎所有工作人员都从事研究和教育。在终身教职制度中要求教授提供高质量的教学、研究和持续发展。学校为教师提供持续的培训机会，同时，开展教师间的轮岗、内部合作和同行评议。

（三）人才培养战略规划

瓦赫宁根大学每四年制定一次战略规划，2019—2022 年战略规划[1]中，人才培养

[1] Wageningen University & Research. Wagenigen Strategic plan19–22[EB/OL]. [2022–05–12]. https://www.wur.nl/en/About-WUR/Strategic-Plan.htm.

相关内容包括以下几个方面：[1]

（1）在学生人数增加的同时保持高质量。采用新的教育形式和教学方法提高教育质量：招募更多员工，保持较好的师生比，通过巩固师生联系来维持高质量的教育；增加对设施的额外投资；限制选课学生的数量以提高教育质量。

（2）将创业教育强有力地嵌入各个专业现有的学习中；针对发达国家和发展中国家不同目标群体开设定制服务，以满足国际专业领域的需求。

（3）加强学生信息素养培养；坚持“跨界”教育理念，培养学生与不同文化、知识水平、学科和背景的其他学生和社会利益相关者合作。

（4）学习路径变得更加个性化和灵活，以服务于不同层次、不同水平和不同兴趣的学生和专业人士；在线教育和开放式教育资源是重要的实现方式。

（5）鼓励提升教育质量的创新举措，并将其纳入标准实践。为教师、教辅人员提供更好的支持，激励和促进创新实践，包括加强教育教学研究，以支持基于证据的实践创新；更新教学用建筑、教室和设施；不断加强国际化合作，创造更具包容性的学生社区。

（四）教育质量保障机制

学校基于2017年的教育愿景与2019—2022年战略规划，发布了《教育质量协议（2019—2024）》[2]，进一步确定了学校保障和提升教育质量的五大举措：

1. 实施小规模加强型教育

小规模加强型教学是瓦赫宁根大学最突出的特色。每个专业甚至每个课程都量身定制了小规模教学的具体方式。瓦赫宁根大学认为小规模加强型教育是实现对学生更多更好的指导、教育的差异化和教师职业化的先决条件。所以，学校把如何保障小规模加强型教育作为保持和进一步提升教育质量的重中之重。小规模教育并不是教育的唯一形式。一个大规模群体的学习效果提升必须通过大规模和小规模教学相结合的方式来实现。当面对大规模的群体时，小规模教育可以通过小班教学与提供其他的交互式教学方法的改革来实现，确保学生积极参与其中。小规模教学并不是由人数定义，而是取决于团队成员之间的交流与合作情况，这些组成了学生的学习过程。当学生人

[1] 盛怡瑾 . 瓦赫宁根大学战略规划解读与启示 [J]. 高校与学科发展，2019（3）：1-11.

[2] Wageningen University & Research. WUR_Quality Agreements_2019-2024[EB/OL]. [2022-05-12]. https://www.wur.nl/en/About-WUR/Strategic-Plan.htm.

数增加时，保持团队成员之间的对话与合作需要采取新的教学和组织模式。

学校将采取以下措施：（1）在学生人数快速增长的情况下，分析资源瓶颈，增加教师聘任，以维持和进一步发展小规模教学；（2）增加设计和创新课程及课程流程的专业人员；（3）启动对学生论文指导的额外补贴。

2. 为学生提供更多、更优质的辅导和训练

学校根据学生需求的变化提供多种多样的辅导和训练。这些辅导既包括了学业和专业技能的培训，也包括自我管理能力、抗压能力等方面。

学校将采取以下措施：（1）聘任更多的学习顾问，为学生提供学业辅导；（2）招募更多的心理辅导师，为学生提供更多精神支持；（3）创建基金以资助学生的活动，支持学生的发展；（4）启动并运行虚拟培训中心，为学生提供各类辅导和帮助；（5）培训教职工如何识别和妥善处理学生问题；（6）继续推进压力预防项目。

3. 重视学生差异化发展需要

大学要关注学生的不同背景、志向以及劳动力市场的需求，并通过提供不同级别的教育计划来做到这一点。不同的学生有不同的背景、潜力、兴趣、能力和志向。学生的成长与发展从发现自身的潜力和内在的动力开始。瓦赫宁根大学开设了“个人动机评估”课程，并且普及每个学生。此外，课外活动对学生的个人发展和职业能力发挥着间接作用。

学校将采取以下措施：（1）增加课外活动，包括个人发展和职业准备方面获得更多指导的机会；（2）加强课内与课外活动的协同；（3）继续推进学生挑战和技能发展项目。

4. 推动教师专业化

优秀且积极投身教育的教师是高质量教育的关键。应大力提升教师的专业素养，同时对教师工作从各个层面予以肯定。教师应该了解教育的最新进展，应为教师提供更多的专业发展的机会。

学校将采取以下措施：（1）通过补偿课程和培训的时间和成本，为教师提供更多的专业化时间；（2）通过聘任更多的教辅人员，减轻教师负担；（3）继续开展博士技能培训。

五、雷丁大学

为应对未来世界将发生的新变化与新挑战，雷丁大学（University of Reading）提出

《2020—2026年战略规划》。[1] 这一战略规划回归了雷丁大学的基本原则和核心价值观，即对知识的真正热爱、创造新的知识、拥抱和赞美人与思想的多样性、关心我们的环境。规划确立了以下四项基本原则：

第一，营造共同体的原则，学校是一个由学生、教职工和校友组成的多元、包容和支持的共同体。明确学校应为学生和教职工提供良好的工作和学习环境，以支持其发展。学校的目标在于使用知识与技能解决问题并创造机会，造福人类和地球，并促进自身的发展。

第二，确立卓越的原则，通过教育与学术卓越和创新来改变生活。创造使学生和教职工实现学术卓越和个人发展的环境。与政府、企业、慈善机构和其他组织合作，以增强学生的学习和职业发展并扩大研究的影响力。为此，学校需优先发展以下事项：（1）建立更强大的学术社区，并促进专业知识、经验的共享，以提高教学和研究质量；（2）通过组织变革提供有效的教学，包括提高反馈的及时性和质量、改进时间表、评估设计和实践以及整个计划的一致性；（3）专注于研究人员和科研带头人的发展；（4）增进对数据和指标的理解和使用，以改善教学和研究计划；（5）增加研究影响力和收入，包括建立战略研究伙伴关系；（6）确保通过有效激励来实现卓越的目标。

第三，可持续发展原则。首先，共同努力，充分利用资源，以确保大学的可持续性。其次，大学需要通过计划和管理评估工作内容、工作方式来应对不断变化的情况。最后，学校致力于在气候变化及其对环境和社会影响方面的世界级研究方面获得认可，并成为全球环境可持续发展的领导者。为此，学校需优先发展以下事项：（1）将环境影响作为科研管理中的重要组成部分；（2）制定具有明确目标、时间表和措施的环境战略，并调整政策以推动环境可持续行动；（3）通过有效的回收和再利用来减少电子废物；（4）将环境可持续发展纳入课程和教师培训计划中；（5）通过对航空旅行进行内部征税，开发可隔离碳的林地或其他景观；（6）将可持续发展和生物多样性作为共同体的核心，包括校园和其他土地的管理。

第四，学校与合作伙伴以协调的方式合作，在本地社区的社会、文化、环境和经济生活中发挥积极作用，并增强学校在全球的影响力。促进师生积极投身公众参与、咨询和研究。为此，学校确立如下优先事项：（1）加强与本地合作伙伴关系的工作，

[1] University of Reading. 2020—2026 STRATEGIC PLAN[EB/OL]. [2022-05-12]. https://www.reading.ac.uk/about/strategy.aspx.

帮助其获得大学的知识和服务；（2）基于对当地需求的清晰了解，创建终身学习计划；（3）提升学校作为全球教育提供者和研究型大学的地位；（4）将学校在环境和可持续性方面的专业知识与本地合作伙伴和利益相关者联系起来。

在上述原则指导下，雷丁大学于2018年发布新的课程设计框架[1]，该课程框架的主要目标是：阐明毕业生知识、能力和技能培养目标；建立一套课程所依据的学术原则；定义一套支撑课程的教学原则；与专业设计、审批审核流程保持一致。学校对课程内容开展评估，确保各专业人才培养符合大学核心学术与教学准则，培养学生面向21世纪生活的关键技能，包括：（1）支持学生成为独立的学习者，从而提高学生学术性教育实践参与度；（2）不断改革教学方法，特别是推动数字化学习方法的广泛使用；（3）制定健全的评估方法并提供有效的反馈，使学生能够不断地提高学习水平。

（一）人才培养目标

1. 学科知识

一个或多个学科知识的广度和深度，以及知识在现实环境中的应用。包括：特定学科的知识与技能；理解学科认识论和方法论；了解学科研究现状；有能力在学科范围内进行研究和调查；学科内的自主学习能力。

2. 研究和调查能力

该能力包括通过研究和调查来学习的能力；在所在学科进行研究设计、执行和展示的能力；批判性理解、评价研究成果的能力。

3. 个人效能和自我意识

在日益数字化的世界中，通过选择恰当的媒体面向不同受众进行有效沟通的能力；能够清楚地说明学习成果及学习方式，意识到自己的优势和需要发展的领域，并进行学习和反思；具有自我提高的动机。展现个人的自我意识和反思、自我效能、求知欲、适应性、韧性和终身学习的意愿和能力。

4. 全球参与和多元文化理解

该能力包括跨文化能力和全球视野；社会和公民责任；能够有效地合作，适应不同工作或学习环境；欣赏多元视角和重视多样性。

[1] University of Reading. TEACHING AND LEARNING STRATEGY 2018-2021[EB/OL]. [2022-05-12] http://www.reading.ac.uk/about/teaching-and-learning/t-and-l-strategy.aspx.

（二）课程设置遵循的学术原则

1. 以学科为基础

课程是以学科为基础的。它使学生能够获得一个或多个学科的深入知识，每个学科都清楚地表达了学生将获得的知识和技能。

2. 以研究为基础

学生和教师在研究团队中共同工作。课程能够使学生在整个学习过程中进行研究和探索。学生了解学科的研究现状，参与研究讨论，具备逐步发展研究和调查技巧的能力，开展自己的研究和调查，并有机会推广自己的研究和调查。

3. 多元化和包容性

课程旨在满足人类的需求，并认可不同性别、文化、种族和不同群体的观点所作出的贡献。它代表了该学科的主题，以及不同群体对该主题的贡献和观点。

4. 全球性

课程不受某一文化或国家的学术观点的限制，而是给学生机会考虑他们的学科及其应用的全球视角，并发展跨文化能力。

5. 实践导向

概念、理论和观点与当前的环境相关，应使学生了解它们的适用性和用途，了解如何将知识、技能应用于现实问题，并通过借鉴理论和更广泛的研究，对当前的思维和实践形成批判性的观点。

（三）教学原则

（1）精心设计课程，以确保教学、评估与课程和相关模块的学习结果相一致。课程设计也会考虑利用科技拓宽课程设计的范围、增加课程种类及提供支持。

（2）学生和其他利益相关者合作参与课程的设计，并考虑到为学生大学毕业后的工作生活做准备的需要。专业的负责人领导其团队在参考各方意见的基础上提出课程设置方案。

（3）课程设计基于学生先前学习基础，具有适当的挑战性且挑战性不断提升，让学生的潜能和成就最大化。通过课程逐步建立学生的信心，并进一步过渡到学生自主学习。

（4）创新并有效地结合不断发展的数字化学习方法，以确保学生获得最佳的学习环境。

（5）学生是学习团队的一部分，课程为他们提供了合作学习和自主学习的机会。所有的课程都是循序渐进的，使学生能够进行大量的独立研究。

（6）课程设置多样且具有包容性。前瞻性地考虑不同的学生群体，预见不同学生的挑战和障碍，并在核心课程中解决这些问题。

（7）课程包括体验式学习和实际参与式学习。学生不仅可以理解实践相关的概念、观点和理论，还可以了解其适用性和用途，所有的课程都通过基于工作的学习活动为学生提供实习的机会。

（8）课程评价是经过精心规划的，有助于学习和技能的发展，它是真实的、多样的，既包括形成性评价也包括总结性评价，形成性评价为对学生进行总结性评价奠定了基础。在可能的情况下，学生可以自主选择评价方法。学习评价的反馈是动态的、有规律的、可获得的和及时的。

（四）保障措施

（1）聘任专业和学术人员，推动专业和学术人员发展，完善认可及激励机制。

（2）建立有效机制，支持在学生学习经历的各个方面建立有益的师生合作关系。

（3）创造更好的学习环境，不断采用新的系统和技术，以满足学生和教职工的需要。

（4）提供高质量的专业支持和服务，以满足学生和教职工的需要。

（5）支持所有学生认识到基于实践的学习、职业发展、学生流动和全球参与机会的价值并积极参与其中。

六、得克萨斯农工大学

得克萨斯农工大学（Texas A&M University，TAMU）建立于1876年，学校的《为未来150年奠定基础》对其使命、愿景及具体举措进行了总结和概括。

（一）使命与愿景

《为未来150年奠定基础》中TAMU的使命为：致力于在广泛的学术和专业领域中发现、开发、交流和应用知识；提供高质量的本科和研究生课程；为学生承担责任和服务社会做好准备；保持探究自由和培养人文精神的知识环境；满足日益多样化的人口和全球经济的需求。在21世纪，TAMU的愿景为：学生、教师和工作人员团结在一起，将 TAMU 的核心价值观——尊重、卓越、领导力、忠诚、正直和无私服务贯彻到每一件事上。TAMU 将致力于转变教育模式，开展原创性的研究，建立一个不受学科界限束缚、专注于社会重大挑战的大学社区。

《为未来 150 年奠定基础》中提到，TAMU 未来 150 年的基础由以下 4 个战略支柱支撑：

1. 大学作为社区

TAMU 植根得克萨斯州当地社区，面向全球，致力于为所有学生、教职工提供丰富的学习和工作环境。作为一个社区，TAMU 将营造一个安全和支持性的环境，使每个人都可以从事世界一流的教育并进行世界变化的研究。

2. 转型教育

为使每名学生做好在社会中承担责任的准备，TAMU 的首要任务是向学生提供课堂内外的一流课程和变革性体验。TAMU 将技术进步与恰当的教学方法相融合，改变大学与学生互动的方式，同时致力于贯彻无障碍教育的原则。为了应对现实世界的挑战和提高生活质量，TAMU 将重新界定高等教育的界限，并为每个层次的学生重新定义成为毕业生的价值，并对他们的一生产生持续的影响。

3. 发现和创新

TAMU 对创新人才和尖端工具的投资将继续加速，以支持他们的研究和学术。学科领域的发展产生了解决各种规模的最困难的跨学科挑战的知识。鼓励基于教师间协作的研究环境，将推动发现和创新的文化，超越领域的划分，并在大学内创建创意的孵化器和学者的社区，使他们从彼此的成功受益并做出贡献。与教师一起工作，TAMU 的学生在以最高的道德标准和职业操守为基础要求自己的同时，将有机会体验发现和创造的乐趣。

TAMU 的共同使命是提供一流的教育，同时提高创造力和发现力，为教师、学生和工作人员的贡献带来价值，而这些贡献反过来又将在吸引、发展和留住下一代人才方面发挥关键作用。因此，TAMU 将继续增加其竞争优势，在具有战略性、独特性和影响力的研究领域，整合跨学科专业知识。

4. 对国家、民族和世界的影响

通过目标导向的研究和突破性的发现，TAMU 将展示在学校进行的研究对得克萨斯州和全球社区的影响，这两者之间存在着强大的联系。

为践行使命，TAMU 创新解决方案，服务于公共利益，解决不平等现象，保障获得健康的机会，拥抱多样性，并确保社区充满活力和可持续发展。利用校友网络，与教师和学生一起，TAMU 将在开发解决方案的过程中发挥思想领导力，并在整个公共领域产生影响。

（二）战略规划

TAMU 教务长办公室发布《战略规划（2020—2025）》，确定学校未来 5 年发展规划优先事项：加强转型教育和学生成功；提升研究生教育和专业教育；加强和发展 TAMU 的研究事业；培养和支持 TAMU 世界级的教师队伍；打造生活、工作和学习的最佳场所；与得克萨斯州及其他地区合作，增强 TAMU 的影响力。在加强转型教育和学生成功方面，TAMU 将继续发扬传统，尊重核心价值观，通过本科课程和联合课程培养卓越学生。TAMU 必须孜孜不倦地确保所有本科生都能在课堂内外获得改变人生的变革性教育体验，缩小成绩差距，促进社会流动性。

1. 为成功录取开辟道路

TAMU 将继续接纳来自全州各个地方的学生。TAMU 需要确保提供足够的财政支持来兑现承诺，为所有人提供可获得的 TAMU 教育。而且，TAMU 必须确保未来的学生以及其家人、高中老师和辅导员清楚地了解 TAMU 强烈的学术期望。为此，TAMU 将加强对家庭、高中和社区大学的宣传和支持，扩大与两年制大学的衔接协议，特别是在州内学生人数不足的地区；通过捐赠提高经济支持和奖学金机会；与高中和两年制大学的辅导员和教师并肩工作，以提供专业发展机会。

2. 提升一年级保留率

每名 TAMU 的新生都将面临一段时间的过渡，支持新生度过关键的几个月可以为成功和毕业打下牢固的学习基础。为了达到这个目标，TAMU 将整合大学一年级体验项目，提高所有新生的归属感，并将他们与学术和学生支持服务、同伴导师以及鼓励学生蓬勃发展的课外机会联系起来；实施课程政策、选专业和其他项目的改革，以帮助学生尽快确定自己最适合的专业；支持学生参与高影响教育实践活动，以提高一年级的保留率，特别是对代表性不足的群体；加强教职工的专业发展，为他们提供支持所有学生所需的知识、技能和工具，包括灵活的时间表，使他们更易于参与这些活动。

TAMU 的核心价值观提供了一个强大的平台，让 TAMU 的一年级学生更好地参与进来，并增强其归属感。这些以核心价值观为基础的策略将提升所有学生的第一年保留率，并缩小不同学生的保留率差距。

3. 提高毕业率

TAMU 提供丰富的课程、课外支持与拓展项目，以继续提高所有学生群体的毕业率。虽然新技术将提供用户界面来监控学术进步和健康，但不能忽视亲自参与学生校园体验的价值。建立这些关系有助于教师和工作人员在学生需要帮助时迅速介入，帮助其顺利完成学业。为了提高毕业率，TAMU 将加强与学生的互动，提供有关学术和学生支持服务的及时信息，并跟踪学生的进度；利用正在进行的学术和参与计划，并开发其他支持结构等；促进高学习率课程的重新设计，以推动学生的成功；消除学生在一年级保留率和毕业率方面的差异。此外，在现有项目成功的基础上，TAMU 将更有效地吸引学生并扩大学术支持。

4. 促进学生终身成功

为了创造终身成功的机会，TAMU 将支持学生参与转型学习体验，包括多学科课程、实习、研究体验、荣誉项目、国际经验、学生领导力发展、学生就业等；更好地整合学术和协同课程的学习经验，让学生有更多的机会在其学术领域应用领导力和个人发展；提升职业中心规划和学术伙伴关系，广泛发布成功的职业结果和向上流动指标。TAMU 提供的教育使毕业生能够获得事业上的成就和终生的成功，因为学生在离开学校时就已经为竞争和职业发展做好准备了。

七、阿尔伯塔大学

阿尔伯塔大学（University of Alberta，UA）从成立之初就以服务阿尔伯塔省为宗旨，作为一所世界级的公立大学，阿尔伯塔大学一直致力于发挥这一作用。2016 年 6 月 17 日，学校理事会一致批准将“为了公众利益”（*For the Public Good*）作为阿尔伯塔大学的新战略规划。

（一）战略规划

阿尔伯塔大学的使命是通过在创意社区中学习和发现公民身份方面的杰出成就来激发人类精神，为公共利益建设一所伟大的大学。阿尔伯塔大学的目标是在充满活力和支持性的学习环境中，通过教学、研究和创造性活动、社区参与和合作伙伴关系，发现、传播和应用新知识以造福社会。

阿尔伯塔大学的战略目标是建立一个由来自加拿大阿尔伯塔省和世界各地的优秀学生、教职工组成的多元化、包容性社区；体验多样化和有益的学习机会，以激励、培养才能并扩展知识和技能，使我们取得成功；在教学、学习、研究和服务方面促进和支持卓越和独特的表现；与社区互动，以创造互惠互利的学习体验、研究项目、伙伴关系和合作等。

（二）人才培养改革

1. 吸引优秀人才

阿尔伯塔大学的优势在于其高质量和多样化的人才、专业课程、研究和资源。为了保持世界一流的教育教学和科学研究，阿尔伯塔大学一直致力于选拔和培养高素质的人才。学校致力于吸引来自阿尔伯塔省、加拿大和其他国家的优秀本科生、研究生和博士后研究人员、教授。学校是一个多样性、包容性的社区，重视多种群体的人们，共同创造了教学、学习、研究和创造的校园环境。学校旨在提供丰富和个性的学习体验，以增强学生面对日益全球化、技术驱动和瞬息万变的未来的能力。

2. 重视教育质量

阿尔伯塔大学位居加拿大前五名大学之列，以其世界一流的教学和研究能力而享誉国际。高质量的教学和研究计划是阿尔伯塔大学的标志。在教学活动中，教育质量至关重要。教学与学习中心通过指导、数字支持、实践指导、创新赠款等为教师提供支持，从而为学生发展提供有意义的学习。学校探索教学评估的新方法，包括通过与圣约瑟夫学院合作来指导新方法。学校致力于实施严格的质量保证机制，以维持和进一步促进学校的学术项目、有关单位和机构的优势。阿尔伯塔省校园质量委员会定期进行审核，以确保建立适当的质量保障机制。

3. 重视体验式学习

体验式学习对于确保学生进入劳动力市场以及在各行业中从事有挑战性的职业而言至关重要。学校提供 7 种广泛的体验式学习：合作课程、实习、服务学习、出国学习机会、强制性的专业实践以及短期和长期的现场经验。学校将继续开发新的创新体验机会，帮助学生发展其创造力和企业家技能。在跨学科团队中，学生有 3 周的时间来设计和创建产品，最终在行业领导者面前进行比赛。在组织上，学校建立了体验学习委员会，在全校范围内分享最佳实践，并建立了一个网站，以便学生了解现有的实习机会。

4. 重视跨学科研究与创新

2017 年，学校建立了一个识别和支持研究和教学标志性领域的流程，识别出阿尔伯塔大学在一些领域中处于全球领先地位，具有独立性与独特性，并为开展跨学科创新和教学提供机会。2018—2019 年，学校推出了 3 个标志性领域：能源系统、精确健康和性别交叉。它们旨在成为创新、跨学科合作和全球卓越研究的驱动力，这些研究将直接造福于学生。

5. 提供个性化学习体验

阿尔伯塔大学的课程会随着学生需求、劳动力需要和资源可用性发生变化。阿尔伯塔大学非常重视与其他大学、机构的联系，并继续开展富有成效的合作，以支持学生转学和流动。这样做不仅可以对需求的变化做出动态响应，从而支持新兴研究领域的增长和可持续性，而且还可以使学生在改变自己的兴趣和教育目标时有更大的灵活性。基于此，学校根据全校教职工人数和课程来预测入学人数，以保证学生能够根据自己的兴趣和教育目标来灵活地更改同一系内的课程。学校还允许教职工管理其课程的发展，启动新课程并逐步淘汰旧课程。

英美农科专业目录调整情况

一、美国 CIP 及涉农专业调整

美国学科专业目录（Classification of Instructional Programs，CIP）最初是由美国教育部的国家教育统计中心（NCES）在 1980 年开发的，1985 年、1990 年和 2000 年进行了修订。2010 年版 CIP（CIP-2010）是 CIP 的第四次修订，提供了学科专业分类和描述的更新分类以及增强的 CIP 用户网站。与以前以印刷版发行的 CIP 不同，2010 年 CIP 只以电子形式发行。美国学科专业目录 CIP 是一种分类编码方案，目的在于促进研究和项目完成领域的组织、收集和报告。

CIP 是公认的美国联邦政府教育项目分类统计标准，用于各种教育信息调查和数据库。自 1980 年首次公开以来，CIP 已被 NCES 在综合高等教育数据系统（IPEDS）和它的前身高等教育综合信息调查（HEGIS）中用于编码，也被其他教育部门办公室使用，如公民权利办公室、职业与成人教育办公室、特殊教育办公室等，并成为其他联邦机构教学项目的标准，包括美国国家科学基金会（NSF）、商务部（人口统计局）、美国劳工部统计局（Bureau of Labor Statistics）等。CIP 被国家机构、国家协会、学术机构和就业咨询服务机构用于收集、报告和分析教学计划相关数据。

CIP 分类法分为 3 个层次：（1）两位数系列，如 01，代表相关专业的集群，通常被称为学科群，目前 CIP 共有 47 个两位数系列；（2）四位数字系列，如 01.01，代表具有可比较内容和目标的专业类；（3）六位数系列，如 01.0101，代表特定的专业。在完成 IPEDS 调查时，高等教育机构使用六位数的 CIP 代码。在美国 CIP-1985 和 CIP-1990 中，农业学科有 2 个学科群，分别为农业经济与农业生产、农业科学。从 CIP-2000 起，这 2 个学科群合并为农学、农业经营与相关科学，分为 14 个专业类和 60 种专业。CIP-2010 中农业学科一共有 14 个专业类和 62 种专业，与 CIP-2000 相比较，增加了 2 个新的专业。具体情况参见表Ⅲ-1。

表Ⅲ-1 美国 CIP 目录涉农专业调整情况

CIP 版本	学科群名称	专业类数量 / 个	专业数量 / 种
CIP-1985	农业经济与农业生产	8	39
	农业科学	6	18
CIP-1990	农业经济与生产	8	27
	农业科学	6	22
CIP-2000	农学、农业经营与相关科学	14	60
CIP-2010	农学、农业经营与相关科学	14	62

与 CIP-2000 相比，CIP-2010 新增的农学专业如下：

01.0308 农业生态与可持续农业：一个注重农业原则和实践的专业，从长远来看，提高环境质量，有效利用不可再生资源，整合自然生物周期和控制，在经济上可行同时也是社会责任的体现。包括农业生态学、作物和土壤科学、昆虫学、园艺、动物科学、杂草科学和管理、土壤肥力和营养循环、应用生态学、农业经济学、牧场生态学和流域管理等原理的指导。

01.0309 葡萄栽培和葡萄酒酿造学：专注于将科学和农业原理应用于葡萄生产、酿酒和葡萄酒业务的计划。包括对世界葡萄和葡萄酒的介绍；葡萄生产；酿酒技术；植物生物学；化学；食品科学、安全、包装；土壤科学；害虫管理；市场营销和商业管理。

CIP-2000 中共有 362 个专业类和 1 264 种专业。在此基础上，CIP-2010 删除了 33 个专业类，新增了 44 个专业类；删除了 47 种专业，新增了 354 种专业，共有 373 个专业类，1 571 种专业。从 CIP-1985 到 CIP-2010，美国农业学科专业类、专业数量的比例显示出一定的变化，具体情况如表Ⅲ-2 所示。

表Ⅲ-2 美国 CIP 农业学科专业类、专业数量比例变化情况

年份 / 年	专业类数量 / 个	专业数量 / 类	专业类数量占比 /%	专业数量占比 /%
1985	360	1 002	3.9	5.7
1990	324	908	4.3	5.4
2000	362	1 264	3.9	4.7
2010	373	1 571	3.8	3.9

二、英国学科专业目录及涉农专业调整

1962 年，英国首个全国性的高等教育专业分类体系出台，并将其专业划分为 7 个大的学科群，农学和林学作为一个独立学科群正式被提出。1999 年，英国高等教育统计局（HESA）与英国大学招生服务中心（UCAS）共同提出 JACS（the Joint Academic Coding System）这一学科专业分类体系，该体系正式于 2002 年开始运行，在此之后的十几年中 JACS 几经修订，由最初的 JACS 1.7 逐渐升级到 JACS 2.0 和 JACS 3.0。这是英国历史上第一个具有普适性的专业分类体系。2013 年以来，英国启动 HEDIIP（higher education data & information improvement programme）新的学科分类体系研制，新体系 HECoS（higher education classification of subject）发布并于 2019 年正式实施。此次分类采用全新的编码系统，对现有学科进行了进一步整合。

JACS 是一个等级性学科专业分类体系，包含科目群（subject groups）、主干科目（principal subjects）和科目（subjects）3 个等级。其编码由 1 个字母和 3 个数字的形式来代表，其中字母和第一个数字分别表示学科所属学科群和该学科群的一级学科，第二、三位数字对应所属二级学科。JACS 与学历层次无关，因此被广泛用于本科、研究生、继续教育领域以及科研领域。最初的 JACS 共由 20 个学科群组成，下设 159 个一级学科和 654 个二级学科。其中，农学类学科群包括 2 个。为了确保学科目录设置适应学科发展需要，每隔几年 JACS 都要进行一次修订。2002 年至今，JACS 历经 3 次大的修订，并于 2012/2013 年推出最新的 JACS 3.0。

农学类一级学科在 JACS 学科专业分类体系中的设置及演进情况，以及以“农业与景观设计”学科目录调整为案例呈现的 JACS 的调整如表Ⅲ-3 所示。

由表Ⅲ-3 可以看出，在一级学科设置方面，JACS 在农学相关学科设置变化并不大，其 2002 年正式推出的 JACS 1.7 在其原有版本基础上变化较大，将 D1 兽医科学进一步划分为 D1 临床前兽医和 D2 临床前兽药和牙科，扩充 D4 食品科学为 D6 食品和饮品研究，将 D9 其他农业科学进一步明确为“其他兽医科学、农业及相关学科并专门增加 D3 动物科学这一一级学科，但是同时也取消了 DZ 综合类一级学科。而在此后的 2 个版本中，从一级学科层面来看 JACS 的调整并不大。

以农科领域“农业与景观设计”学科编码修订为例，在 JACS 2.0 修订之初，花园设计和园艺分别设置在 D400 农业和 K300 景观设计中，并存在一定交叉，比如 D416、D417、D418 的专业编码都是采用指向某种园艺实践的具体描述方式，编码修订专家

表Ⅲ-3　JACS 学科分类体系中农科专业设置情况

JACS		JACS 1.7（2002/2003）	JACS 2.0（2007/2008）	JACS 3.0（2011/2012）
一级学科设置情况	D1 兽医科学	D1 临床前兽医	D1 临床前兽医	D1 临床前兽医
		D2 临床兽药和牙科	D2 临床兽药和牙科	D2 临床兽药和牙科
	D2 农业科学	D0 农业及相关学科	D0 农业及相关学科	D0 农业及相关学科
	D3 林学	D5 林学	D5 林学及树木栽培	D5 林学及树木栽培
	D4 食品科学	D6 食品和饮品研究	D6 食品和饮品研究	D6 食品和饮品研究
	D8 农学	D4 农学	D4 农学	D4 农学
	D9 其他农业学科	D6 其他兽医科学、农业及相关学科	D9 其他兽医科学、农业及相关学科	D9 其他兽医科学、农业及相关学科
	DZ 综合类			
		D3 动物科学	D3 动物科学	D3 动物科学
				D7 农业科学

资料来源：The Higher Education Statistics Agency. JACS [EB/OL]. [2021-05-15]. https://www.hesa.ac.uk/support/documentation/jacs.

注：本表格根据 JACS 各版本设置情况综合而成 .

希望在农科相关目录中增加园艺学的相关编码，并且进一步扩展其与 K300 园林设计的联系。另外，K300 景观设计在 JACS 2.0 中是一个非常小的专业领域，随着花园设计课程在高等教育机构中的增加，就需要考虑园艺相关的专业是应该放在 D400 农业还是 K300 景观设计，虽然不需要增加新的编码，但是专业的描述以及编码位置需要重新进行考虑。

由于上述考虑和修订需要的存在，修订小组咨询了来自 20 多家高校、机构和社会团体的专家，其中以设置相关专业的高等院校的招生人员、专家、数据管理部门人员为主。具体参见表Ⅲ-4。

表Ⅲ-4　JACS 2.0 修订咨询机构、专家列表（农业与景观设计修订）

高等院校		专业学会	学术刊物	其他社会组织
学校	机构			
雷丁大学	农业经济系、农业政策与发展学院	英国皇家园艺学会	NFU 园艺杂志	国家信托：园林与公园顾问（东北区）
格林威治大学	课程与专业主管	威尔士园艺网		英国皇家植物园技能培训协调人

续表

高等院校		专业学会	学术刊物	其他社会组织
学校	机构			
东英吉利亚大学	招生办公室	英国土壤学会		LANTRA
伍斯特大学	数据管理中心	英国园艺行业协会		Country Scape
里特尔大学学院	质量数据系统主管	英国景观学会		
格罗斯泰特主教大学	遗产管理方面专家（设计委员会协调员，博物馆、展览馆遗产管理第三方顾问）			
威尔特郡学院	—			
公爵（Duchy）学院	—			
苏格兰农学院	信息主管			
哈珀·亚当斯大学学院	—			

经过对上述各类组织机构的咨询，JACS 3.0 就“农业与景观设计”学科编码做出如下修订：

D400 农业：增加 D448 可持续农业和景观改良，以适应日益突出的在农业领域对可持续发展的关注。而 3 个与园艺相关的学科 D415、D416、D417 经过专家认真讨论会只进行小修。D445 关于遗产管理的编码描述进行修订，因为遗产既可以被置于艺术领域专业也可以是科学领域，这取决于其课程内容，而农业更多的是被涵盖在科学领域的学科之一。因此相关的描述修订更加强调专业的科学属性，而在其他学科领域增加强调遗产学艺术属性的编码。

在 JACS 沿用十几年后，英国自 2013 年，由英国高等教育基金委员会（HEFCE）、威尔士高等教育基金委员会（HEFCW）、苏格兰基金委员会（SFC）以及北爱尔兰就业与学习部（DEL）共同资助设立 HEDIIP 研制项目，尝试研制一套新的学科分类框架以替代原有的 JACS 分类体系，其初衷在于降低高等教育数据提供者的数据压力，同时进一步改进现有数据和信息的质量、时间表以及数据的获取方式。项目由 HESA 主持。2015 年 12 月，HEDIIP 推出最新 JACS 替代性学科分类体系 HECoS，该体系正式于 2019 年替代 JACS 使用。

总体上看，HECoS 将 JACS 的二级学科归类为 62 个，归纳、整合了大部分的二级学科，使得 HECoS 的每一个二级学科包含更多的可能性。例如 HECoS 中编号为

100526 的食品和饮料生产（JACS 编号为 D630），集合了 JACS 中的食品和饮料制造、加工、技术、包装及输送于一门学科名称下，包含了食品和饮料生产的全部过程，丰富了学科内容的完整度。

在一级学科的设置上，HECoS 也有意突出一级学科的综合性。例如 HECoS 中编号为 100520 的林业（JACS 编号为 D500），包含了林业相关的病虫害、生理学、营养学、树木保护、树木生产、国际林业、有机林业、林业灌溉排水等许多林业生产相关的学科分类，在丰富了一级学科内涵的同时，也极大地方便了数据统计者和使用者。

此外，HECoS 更加关注交叉学科。例如将 JACS 中编号为 D328 的动物福利学分别放入 HECoS 中编号为 100522 的动物行为学、100936 的动物健康和 100518 的动物管理学中。新的归类方式减少了学科数目、增强了学科综合性，提高了行业的一致性，更有利于完整的学科体系的构建。

英美涉农高校农科专业调整及跨学科专业设置

新兴农科专业的发展和对部分传统农科专业进行优化整合是国外涉农高校专业设置调整的重要趋势。对于英美涉农高校来说，其农科专业调整背后有着深刻而复杂的社会经济背景。第一，现代农业和牧场经营与管理日益复杂化，所需要的技术也日益复杂，农业生产日益精准化，生命科学化。这为高等农业教育人才培养提出了新的需求，农学院的人才培养需要设置更多的科学类课程。除此之外，科学界对于农科教育将过多的关注点放在针对服务区域农业问题的应用性研究，而忽略了基础生命科学研究的批判也推动了农科研究与教育的转变。

第二，消费者对于食品安全的关注以及消费者对于食品特性、营养成分及其与健康之间关系的认知需求。因此高等农业教育必须要回应社会对食品及营养科学的关注。

第三，国家旨在提升农业产业国际竞争力的策略，这一点在美国更加突出。农业企业不断增加的国际竞争压力对提高农产品附加值提出更高要求，也促使美国农业企业进行转型，这既包含技术层面的要素，也包含社会、文化、政治层面的要素，相应地，也对农业教育产生影响。一个重要特征就是要求毕业生具有全球视野，掌握国际市场和国际文化。许多大学农学院增加了国际农业市场和贸易的课程内容，并为学生提供国际实践的机会。有些大学增加了国际相关问题研究的内容，同时也提高了对学生外语的要求。

第四，食品和农业体系的工业化趋势。这决定了不论是作为管理者还是作为技术人员的从业者都需要掌握产业链中与特定的生产、加工、市场阶段相匹配的高度专业化的技术。农科教育需要密切关注产业趋势，以确保大学开设的相关课程能够为高度专门化的技术和职务提供恰当的知识基础。

随着社会对于自然资源、环境、食品等问题的关注，越来越多非传统涉农院校在自身学科基础上设置了相关专业。与传统涉农大学专业发展的路径不同，非涉农大学一般在其现有学科优势基础上设立或者通过跨学科方式设立涉农专业，这对传统涉农大学农科专业及其人才培养内容构成挑战。

在上述因素影响下，英美国家自20世纪80年代以来对涉农专业进行了调整，包括增设新专业，对传统专业进行合并、更名，并取消了部分专业，跨学科专业成为新增农科专业的主体。

一、英美高校涉农专业调整

（一）加利福尼亚大学戴维斯分校涉农专业调整情况

加利福尼亚大学戴维斯分校在发展的过程中，对部分涉农专业进行了调整，主要涉及合并、改名和关闭三种情况。其中，7个划分较细的专业合并为新的专业，如“作物栽培”“园艺”“蔬菜作物”3个本科专业合并为“园艺与作物栽培”专业；“植物学”专业与“植物生理学”专业合并为“植物生物学”专业。11个涉农专业进行了更名，且大多数专业的更名体现了扩展专业内涵的思路，另一个特点就是与生物学的结合更紧密。比如“农业化学”更名为“农业与环境化学”，“农业经济学”更名为“农业与资源经济学”，“动物科学”更名为“动物生物学”，“农业工程”更名为“生物与农业工程”，后进一步更名为“生物系统工程”等。另有“农业教育”“农业科学与管理”等5个专业被关闭。

（二）威斯康星大学麦迪逊分校涉农专业调整情况

从威斯康星大学麦迪逊分校2002—2017年分段（三年一段）招生数据来看，2000年以来涉农学科新设本科专业“生命科学传播”（2011年设立）成为所有涉农专业中招生规模最大的专业。其他农科专业中，“农业与应用经济学”“农业企业管理”“动物科学”“食品科学”等与第三产业结合较为紧密的农科专业招生规模呈较为稳定的增长阶段，而“家禽科学”“土壤科学”“农学”“园艺学”等传统农科专业则呈现萎缩的态势。

（三）得克萨斯农工大学涉农专业调整情况

在得克萨斯农工大学2020年撤销的专业中，农业科学类有6个，农业相关类有4个，分别是“野生动植物及渔业科学－野生动植物生态与保护”“动物科学－科学”“食品科学与技术－产业”“动物科学－产业”“家禽学－产业”“牧场生态与管

理 – 牧场管理”“食品科学与技术 – 食品科学”。近 20 年来，新增的农业科学类学位项目有 3 个，农业相关类 5 个，5 个专业隶属于交叉学科学院。

（四）雷丁大学涉农专业调整情况

雷丁大学近 20 年来对涉农专业做出了较大的调整，取消“农业企业经济学”（2003 年）、“农村环境科学”（2007 年）、“农村资源管理”（2009 年）、“植物学”（2009 年）、“植物学与动物学”（2007 年）、“园艺学”（2008 年）、“园林管理”（2006 年）、“土壤科学”（2005 年）等专业，新增“营养与食品科学”（2005 年）、“营养与食品消费学”（2010 年）、“农学”（2007 年）、“食品营销与商业经济学”（2006 年）、“环境与乡村治理”（2008 年）、“国际发展”（2014 年）、“园艺与环境管理”（2007 年）、“应用生态与保护学”（2006 年）、“生态与野生动物保护”（2013 年）、“动物学”（2017 年），除此之外，“食品工艺”更名为“生物加工食品技术”（2010 年）。其中“环境与乡村治理”专业在 2016 年进一步更名为“环境治理”；“园艺与环境管理”专业后在 2010 年取消；“应用生态与保护学”专业后在 2013 年再次被撤销。

总体来看，4 所涉农高校在专业布局调整中体现出以下特征：

第一，重视传统农科专业优化整合。4 所高校均对部分口径较窄的传统农科专业进行了合并或者更名，以赋予传统专业新的更丰富的内涵，如加州大学戴维斯分校将部分划分较细的传统专业合并为新专业。例如，将“作物栽培”“园艺”“蔬菜作物”3 个本科专业合并为“园艺与作物栽培”专业；将“植物学”专业与“植物生理学”专业合并为“植物生物学”专业等。

第二，专业布局契合市场需求。一方面是撤销市场需求不足的专业。例如加州大学戴维斯分校停招了“农业教育”专业；威斯康星大学麦迪逊分校减少了“家禽科学”“土壤科学”“农学”“园艺学”等传统农科专业的招生规模。另一方面，增加专业设置的灵活性，以快速回应不断变化的学生兴趣、劳动力市场以及终身学习的需求。

第三，重视传统农科专业优化整合，强调跨学科专业的交叉融合。积极回应现代农业复杂化、精准化、生命科学化趋势，农科专业与生物学的联系更为紧密。例如加州大学戴维斯分校，把“动物科学”更名为“动物生物学”、“农业工程”更名为“生物系统工程”等。雷丁大学的“食品科学”等专业综合了生物学、化学、营养学及社会科学等多学科知识。

二、英美高校涉农跨学科专业设置

突破传统农科限制，农科专业更多与理、工、医甚至人文、社会科学交叉融合是国外大学涉农跨学科设置的普遍趋势。对国外10所主要涉农高校（如康奈尔大学、加州大学戴维斯分校、得克萨斯农工大学、雷丁大学等）跨学科专业设置情况进行汇总发现，10所高校共设置51个涉农跨学科专业（如表Ⅲ-5所示）。以食品科学领域和农业环境与生态领域为例：

（一）食品科学领域

为积极回应全社会对于食品选择及其对气候变化、环境可持续、动物权利与福利等问题的关注，美国2000年以来创办的食品相关专业日益突破传统的学科范围，与相关自然科学、人文、社会科学融合。2015年调查显示，美国63所大学设有83个食品与营养科学跨学科专业。[1] 其中，“可持续农业”“营养与食品加工”“食品体系”等专业数量最多。比如英国雷丁大学食品与营养科学系设有“食品科学”“食品生物加工技术”“营养与食品科学”“营养与食品消费科学”“食品科学与商业”5个本科生专业，综合了生物学、化学、营养学及社会科学等多学科知识，涵盖人类营养、饮食、健康、食品加工、消费者及其消费行为、食品营销、经营与管理等全产业链内容。

（二）农业环境与生态领域

为应对日益增长的粮食需求与环境可持续发展这一人类面临的重大挑战，农业环境、生态领域跨学科专业设置日益普遍。加州大学伯克利分校自然资源学院（前身是成立于1868年的农学院）环境科学、政策与管理系由多个涉农专业合并而成，该系设有5个本科主修专业和4个辅修专业，主修专业分别是“环境保护与资源研究”“环境科学”“林学与自然资源”“分子环境生物学”“社会与环境”，均为交叉学科本科专业。

2018年，马里兰大学帕克分校农业与自然资源学院农业与资源经济学系在原有

[1] Janifer C. Hartle，Schyler Cole，Paula Trepman, et al. Interdisciplinary food-related academic programs：A 2015 snapshot of the United States landscape[J]. Journal of Agriculture，Food Systems，and Community Development，2017，7（4）：35-50.

表Ⅲ-5　英美10所高校涉农跨学科专业设置

学校	专业名称	交叉领域	专业描述
康奈尔大学	生物与社会学专业	生命科学、社会学	解决人类面临的粮食问题、人口问题；基因工程和新医疗技术的影响；测试药物；艾滋病和基因；遗传与环境对人类行为和环境质量的影响；现代医学实践的伦理、法律等问题，既是社会问题，本质上也是生命科学问题，涉及生物和社会文化力量之间的复杂关系
	农业科学专业	生命科学、社会科学、农业科学	解决粮食和农业在国内和全球面临的复杂、多学科的挑战
	全球和公共健康专业	生物医学、社会学、行为学、政治学、环境科学	由农业与生命科学学院、人类生态学院联合设立，面向掌握生物医学基础知识、解决公共卫生问题的人才培养
	发展社会学专业	地理学、经济学、人类学、社会学	了解社会如何运作以更好地解决贫困并改善人们的健康、收入、教育和福祉
加州大学戴维斯分校	全球疾病生物学	生命科学、医学、社会学	应对全球疾病和健康挑战
	动物科学与管理	农学、自然资源与环境、生命科学	为学生在农业企业和相关行业的管理生涯做准备
	可持续农业与食品系统	农学、管理学、食品、营养与消费、社会学	帮助学生关注农业的社会、经济和环境方面，并对从农场到餐桌以及其他方面的食物循环有一个全面的理解
	国际农业发展	农学、自然资源与环境、食品、社会学	帮助学生致力于解决不平等问题。学生将学习直接与技术落后的国家合作，以改善其粮食生产、分配和营养计划
	环境政策分析与规划	农学、自然资源与环境、建筑与环境设计规划、社会学	为学生提供了很强的跨学科政策分析背景，包括政策替代方案的评估以及影响政策制定和实施的因素研究
	环境科学与管理	农学、自然资源与环境、生命科学	为解决环境问题和理解人类环境维度提供了当代视角
瓦赫宁根大学	环境科学专业	自然资源与环境、管理学	为地球人口提供健康的生活环境
	国际土地和水管理专业	土壤学、土地资源、水资源、管理学	为更可持续地使用和管理土地和水提出解决方案

续表

学校	专业名称	交叉领域	专业描述
加利福尼亚大学伯克利分校	环境经济与政策学	环境资源管理、经济学、管理学	提供机会探讨影响自然资源和环境发展与管理的经济和政治制度的各个方面。重点包括粮食、森林和水等可再生资源，以及土地和矿产等固定供应资源
	保护与资源研究学专业	社会科学、生物科学、物理科学和人文科学	研究环境问题和自然资源、人口、能源、技术、社会机构和文化价值观之间的相互作用等领域
	社会与环境学专业	环境资源管理、社会学	介绍环境社会科学的主要方法和理论，包括社会科学工具如何应用于环境问题，以及社会科学理论如何有助于理解环境问题
	环境科学专业	生物学、化学、数学、物理学和社会科学	旨在研究人类活动对自然系统的影响
	营养科学与毒理学专业	医学、环境毒理学和生化营养学	研究膳食营养、植物化学物和毒物的分子机制，培养未来的营养和健康专业人员
威斯康星大学麦迪逊分校	环境研究专业	生物科学、物理科学和社会科学，以及人文、历史、健康和现代文化	为本科生提供了通过修读与环境相关的跨学科课程来扩展研究的独特机会
	农业与应用经济学专业	农学、经济学（应用经济学、发展经济学、环境经济学、管理经济学）	培养学生对当今世界经济的分析能力，让学生了解当今世界所面临的紧迫问题背后的经济学，包括食物体系、国际贸易、气候变化、环境保护、贫困等
	生命科学传播专业	生物学、新闻传播学	培养学生从事涉及科学、农业、自然资源、商业、健康或其他专业领域报道、写作和传播工作
得克萨斯农工大学	生物和农业工程专业	生物学、物理科学、数学和工程原理	培养能够从事环境和自然资源工程、食品和生物加工工程、可再生能源工程及机器系统工程相关专业领域的人才
	生物环境科学专业	生物学、环境科学	使学生能够在开发环境问题的解决方案中发挥直接作用

续表

学校	专业名称	交叉领域	专业描述
	环境研究专业	生物科学、自然资源和环境评估、人文社会科学	学生学习生物科学、自然资源和环境评估
	农业传播与新闻学专业	农业科学、新闻传播学	培养学生成为从事农业、自然资源相关专业领域报道、写作和传播工作的人才
	农业领导力与发展专业	农学、国际发展、管理学	以人为本，提供农业行业领导力和人文教育
阿尔伯塔大学	农业 / 食品经营与管理	生命科学、管理学、食品科学	通过了解和学习商业理论和农业科学，为农业管理相关职业做好准备
	粮食与社会专业	农业、食品科学、社会学	教授学生在科学、文化、经济、道德、政治和社会方面的环境问题
	农业与资源经济学专业		培养学生成为农业和资源经济学行业领导者所需的技能
	可持续农业系统专业	农业、环境、人文社会科学	研究领域为农学，使学生在可持续农业系统获得必要的技能，发挥领导作用
	环境经济学与政策专业	环境科学、社会科学	教授学生在科学、文化、经济、道德、政治和社会方面的环境问题
	政治、社会与全球环境专业	环境科学、政治学、社会学	了解与从全球角度理解环境问题相关的政治和社会方法，教授学生在科学、文化、经济、道德、政治和社会方面的环境问题
马里兰大学	环境与资源经济学专业	环境与自然资源、经济学	着力于将经济学知识和概念应用于自然资源领域相关问题
	环境科学与政策专业	环境科学、政策科学、生物学、化学、地球科学、地理、经济学	通过跨学科培养使学生掌握多种环境系统和解决人类环境问题的方法
	环境科学与技术专业	自然资源管理、生态学、生物学、化学、土壤学	运用跨学科的方法应对当今世界面临的重大挑战，通过改善自然资源的保护和管理，评估人才对生态系统的影响，阐明环境条件对人才健康的影响

续表

学校	专业名称	交叉领域	专业描述
雷丁大学	营养与食品科学专业	生物学、化学、营养学、管理学	旨在探索食品的化学性质及其对健康的影响，并获得营养与食品科学专业理学学士的注册营养师资格
	营养与食品消费科学专业	生物学、化学、营养学、管理学、消费科学	为有兴趣成为公司、卫生专业人员、政策制定者和消费者之间的连接点的学生准备的
	食品科学与商业	生物学、化学、营养学、管理学	提升学生的科学专业知识与商业技能，并学习如何从社会和经济的角度分析与食品相关的问题
	食品营销与商业经济专业	生物学、化学、营养学、管理学、经济学	解决食品行业的主要挑战
	环境管理专业	环境科学、管理学、经济学	探索完善的环境管理背后的科学和社会经济问题
伊利诺伊大学香槟分校	环境经济学与政策专业	环境科学、经济学、政策科学	专注于地方、州、国家和国际各级的环境和资源管理问题，学习如何评估资源和环境问题的经济问题
	政策、国际贸易和发展专业	政策科学、国际贸易、经济学	政策、国际贸易和农业发展，集中精力为管理、政府、政策分析、社会过程和国际经济学提供全球和社会视角
	计算机科学 + 作物学专业	计算机科学、作物学	培养学生与研究人员进行合作、管理、解释和分析数据，以推进农业和技术实践
	城市食品与环境体系专业	食品科学、环境科学、政策科学	通过跨学科的方法理解和实施城市食品和环境领域解决方案，确保城市营养食品获得的可持续性

本科专业“农业经济学”“农业与资源经济学”基础上新设本科专业“环境与资源经济学”专业，着力将经济学知识和概念应用于自然资源领域相关问题，如水质变化、全球变暖和世界经济发展，既体现了专业宽度的扩展，也体现了学科交叉的进一步深化。

专 家 观 点

新农科：历史演进、内涵与建设路径

刘竹青

（中国农业大学）

【摘要】农业生产历经从农业1.0至农业3.0共3个阶段，每一次农业生产变革，都伴随着农业与新技术的结合，科技与教育发挥着关键作用。当前，农业4.0已崭露头角。乡村振兴战略、“四化同步”对推进我国农业农村现代化建设，对农业高等教育提出了新的要求。文章旨在通过对农业1.0到4.0的演变过程、我国农业农村现代化新的需求、农业产业模式新的转变进行简要梳理，对我国农科发展所取得的成绩与存在的问题进行简要分析，探讨适应新形势的新农科学科建设与人才培养新模式，并就新农科建设提出相关建议。

【关键词】农业代际演进；农业农村现代化；新农科

党的十九大提出，农业农村农民问题是关系国计民生的根本性问题，必须始终把解决好“三农”问题作为全党工作重中之重。要坚持农业农村优先发展，按照产业兴旺、生态宜居、乡风文明、治理有效、生活富裕的总要求，建立健全城乡融合发展体制机制和政策体系，加快推进农业农村现代化。要构建现代农业产业体系、生产体系、经营体系，完善农业支持保护制度，发展多种形式适度规模经营，培育新型农业经营主体，健全农业社会化服务体系，实现小农户和现代农业发展有机衔接。促进农村一二三产业融合发展，支持和鼓励农民就业创业，拓宽增收渠道。加强农村基层基础工作，健全自治、法治、德治相结合的乡村治理体系。培养造就一支懂农业、爱农村、爱农民的“三农”工作队伍。可以说，十九大报告既十分精辟地指出了未来“三农”工作的方向，同时也是新时代“三农”工作的重要行动指南。2013年11月28日，习近平总书记在山东考察时指出：“农业出路在现代化，农业现代化关键在科技进步。我们必须比以往任何时候都更加重视和依靠农业科技进步，走内涵式发展道路。”伴随着人类文明发展演进，农业的生产方式、组织模式也经历了多次革命。本文旨在通过对农业从1.0到4.0的演变进行简单梳理，对我国农学领域学科建设和人才培养现状进行分析，对农业农村现代化背景下新农科的构建进行初步的探索。

一、农业技术的演进过程

（一）从农业1.0到农业3.0

纵观农业发展历程，农业生产历经农业1.0至3.0共3个阶段。每一次农业生产的变革，都伴随着农业与新技术的结合，科技与教育发挥着关键的作用，如表Ⅳ-1所示。

表Ⅳ-1 农业1.0到3.0的演进过程

发展阶段	基本特征	标志性成果	产业模式
农业1.0	依靠个人体力劳动及畜力劳动的农业经营模式，人们主要依靠经验来判断农时，利用简单的工具和畜力来耕种，主要以小规模的一家一户为单元从事生产，生产规模较小，经营管理和生产技术较为落后，抗御自然灾害能力差，农业生态系统功效低，商品经济较薄弱	畜力和畜力机具的使用；灌溉水渠系统的出现；人畜粪便作为肥料的使用	农业一产化
农业2.0	机械化农业，是以机械化生产为主的生产经营模式，运用先进适用的农业机械代替人力、畜力生产工具，改善了“面朝黄土背朝天”的农业生产条件，将落后低效的传统生产方式转变为先进高效的大规模生产方式，大幅度提高劳动生产率和农业生产力水平	嫁接、杂交育种普遍使用，改善作物品质和增加产量；合成化肥和农药的出现和推广；中小型农机和灌溉机械的使用	农业二产化
农业3.0	信息化（自动化）农业，是以现代信息技术的应用和局部生产作业自动化、智能化为主要特征的农业。通过加强农村广播电视网、电信网和计算机网等信息基础设施建设，充分开发和利用信息资源，构建信息服务体系促进信息交流和知识共享，使现代信息技术和智能农业装备在农业生产、经营、管理、服务等各个方面实现普及应用	大型农业机械的使用；无土栽培、喷灌、滴灌设施农业；缓释化肥、测土配方施肥技术、除草剂使用；基因诱导和转基因作物的出现；农畜业联合循环资源利用技术	农业三产化

资料来源：①秦志伟．农业4.0已露尖尖角[J].农业·农村·农民：B版，2015（9）：4–5.

②金涌，罗志波，胡山鹰，等．“第六产业”发展及其化工技术支撑[J].化工进展，2017（4）：1 155–1 164.

（二）农业 4.0

目前，对于农业 4.0 究竟是什么，并没有一个统一的概念。从事信息、环境生态、农业经济与农村社会学等不同领域的学者对于农业 4.0 做出了各自的表述：

信息产业部原副部长杨学山对农业 4.0 的定义为："农业生产过程，从播种到最后收获，整个过程有一流的、科学的、精准的信息指导。我们要用这样的方式使得当前的农业生产与今天互联网提供的这种优势结合起来，加快农业现代化的过程。这就是农业 4.0 的基本含义。"[1]

长期从事农业信息化研究的中国农业大学信息与电气工程学院教授李道亮则认为"农业 4.0 是以物联网、大数据、移动互联、云计算技术为支撑和手段的一种现代农业形态，是智能农业，是继传统农业、机械化农业、信息化（自动化）农业之后进步到更高阶段的产物。"[2]

清华大学化学工程系金涌院士则更强调农业 4.0 中生态的重要性，他认为展望生态农业 4.0 的主要特征表现为："农业 – 工业 – 服务业的高度融合；以 GPS 定位大田耕耘、信息收集、管理、收获的自动化系统为代表的精准农业；全生命周期管理的智能水肥药一体化管理；可降解地膜广泛使用；分子生物学育种；以合成生物学开展抗逆研究，提高作物胁迫抗性。"[3]

而中国人民大学农业与农村发展学院温铁军教授则从产业组织形态的角度加以阐述，"在中国应对全球化挑战之中率先提出生态文明的国家战略的指导下，我们应该提出农业现代化的 4.0 版——社会化生态农业"。"这是在农业 3.0 版的基础上，全面推行农业的社会化和生态化。促进农村经济回嵌乡土社会、农业经济回嵌资源环境，最终达至'人类回嵌自然'的生态文明新时代。"[4]

尽管学者们对农业 4.0 的表述各有侧重，但其共同之处在于，农业 4.0 是基于"互联网 +"背景下，一个高度社会化、精准化，高度重视资源节约和环境生态的多系统共同推进的大的系统。

---

[1] 杨学山 . 杨学山：抓住"互联网 +"机遇，走向农业 4.0——在 2015 农业信息化高峰论坛上的发言 [J]. 农业自动化，2015（24）：7–9.

[2] 同上 .

[3] 金涌，罗志波，胡山鹰，等 ."第六产业"发展及其化工技术支撑 [J]. 化工进展，2017（4）：1 155–1 164.

[4] 温铁军，张俊娜，邱建生，等 . 农业 1.0 到农业 4.0 的演进过程 [J]. 当代农村财经，2016（2）：2–6.

二、我国农业所面临的形势与高等农业教育所面对的任务

近年来我国高等农业教育取得了飞速发展，国际地位显著提升，但仍存在总体水平有待进一步提高，与农业产业发展结合不够紧密，对农业发展的贡献率不足，与农业产业发展结合不够紧密；学科结构相对单一，交叉融合不足；人才培养结构不尽合理等诸多问题。尚不能满足国家农业农村现代化对农业科技教育的需求。

（一）我国高等农业教育取得的进步

1. 我国已成为世界农科人才培养第一大国

新千年以来，我国高等教育迈入由精英化向普及化转变的进程，已成为高等教育大国。农科高等教育规模也得到了飞速的发展，已成为世界高等农业教育第一大国。农学门类在校本科生规模由 2000 年的 126 949 人增加到 2015 年的 275 293 人，增加了 1.2 倍。在校研究生规模由 2005 年的 36 061 人增加到 2015 年的 68 212 人，其中博士在校生规模由 7 386 人增加到 13 536 人。

2015 年，中国农科各级普通高等教育在校生规模达到 137 523 人，达到美国的 2.6 倍，其中博士毕业生规模为美国的 1.6 倍，毕业研究生规模达到美国的 2.5 倍，如表Ⅳ-2、图Ⅳ-1、图Ⅳ-2 所示。

2. 我国已成为世界农科论文第一大国

随着我国综合国力不断增强，高等农业教育也取得了飞速的进步。按基本科学指标（Essential Science Indicator，ESI）数据库农业科学学科领域口径发表论文数统计，2007 年，中国发文数仅相当于美国的 20.6%；2017 年，我国在 ESI 数据库农业科学学科领域口径发表论文数达 9 597 篇，超过美国 2 161 篇（图Ⅳ-3）；总被引次数达 4 266 次，超过美国 631 次，已成为农业科学领域论文与引文第一大国。在 2017 年中国科学院科技战略咨询研究院和科睿唯安公司联合推出的《2017 研究前沿热度指数》中，我国农业、植物学和动物学领域前沿热度指数得分仅次于美国，居全球第二位，

表Ⅳ-2 2015 年中美两国农科毕业生人数对比

国别	博士 / 人	硕士 / 人	学士 / 人	专科 / 人	合计 / 人
中国	2 549	17 739	60 908	56 327	137 523
美国	1 561	6 426	36 277	7 693	51 957

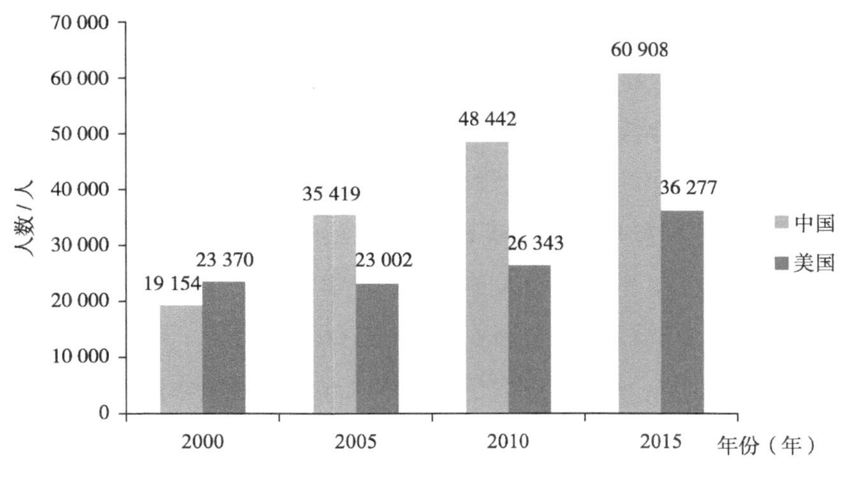

图Ⅳ-1　2000—2015 年中美农科本科毕业生人数对比

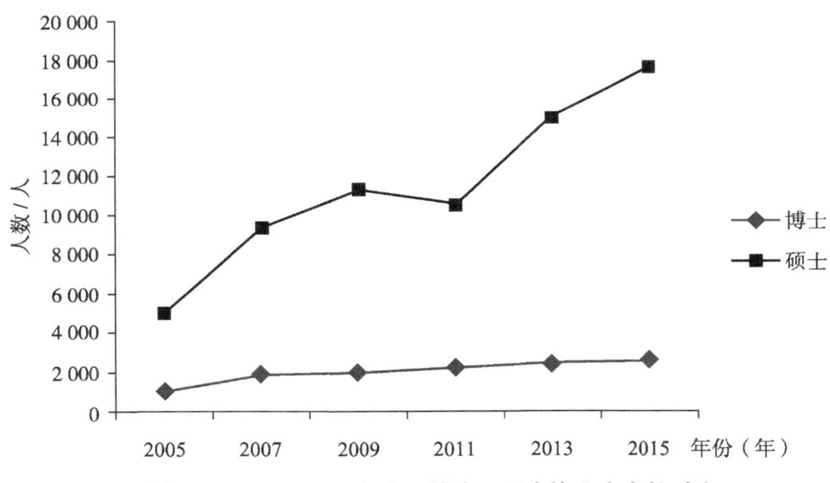

图Ⅳ-2　2005—2015 年中国博士、硕士毕业生人数对比

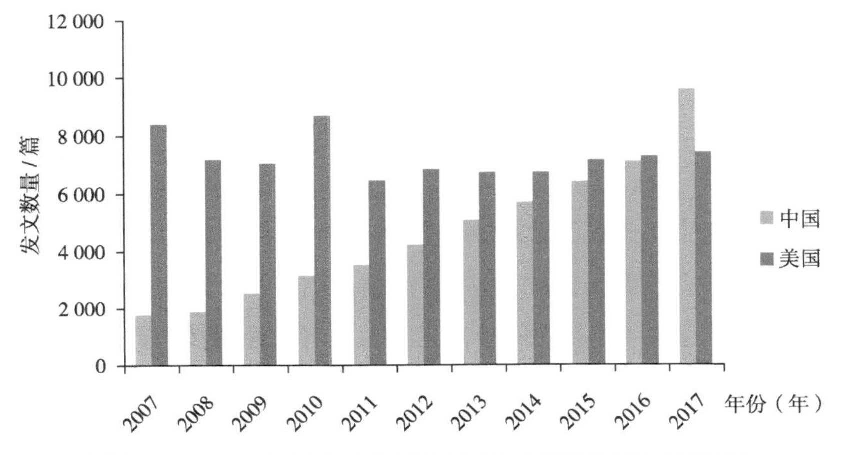

图Ⅳ-3　2007—2017 年中美两国 ESI 农业科学领域发文数对比

在我国全部10个领域中，仅次于化学与材料科学和数学、计算机科学与工程学2个领域，与生态与环境科学并列第三位。

3. 部分高校在部分学科领域已处于世界一流行列

经过长期建设，我国高校学科建设已取得了长足的进步。2018年3月公布数据显示，已有48所高校进入农业科学领域ESI世界前1%，占农业科学学科领域上榜大学和科研机构总数的6.1%。中国农业大学、浙江大学、南京农业大学、江南大学、中国科学院大学以及西北农林科技大学等6所高校进入了前1%，其中中国农业大学进入世界前10名，浙江大学、南京农业大学、江南大学、中国科学院大学进入前50名。

与此同时，部分高校学科呈多元化趋势，中国农业大学、南京农业大学、华中农业大学、西北农林科技大学和北京林业大学等高校进入ESI世界前1%的学科领域已超过5个（表Ⅳ-3）。

表Ⅳ-3　部分高校2018年3月进入ESI世界前1%和1‰学科情况

学校	ESI前1%学科	ESI前1‰学科
中国农业大学	11个：农业科学、植物学与动物学、环境科学/生态学、生物学与生物化学、微生物学、化学、工程学、分子生物学与遗传学、社会科学总论、药理学与毒理学、临床医学	农业科学、植物学与动物学
南京农业大学	7个：植物学与动物学、农业科学、生物学与生物化学、分子生物学与遗传学、环境科学/生态学、微生物学、工程学	植物学与动物学、农业科学
华中农业大学	7个：植物学与动物学、农业科学、生物学与生物化学、分子生物学与遗传学、环境科学/生态学、微生物学、化学	植物学与动物学
西北农林科技大学	6个：植物学与动物学、农业科学、生物学与生物化学、环境科学/生态学、化学、工程学	农业科学
北京林业大学	5个：植物学与动物学、农业科学、环境科学/生态学、化学、工程学	

（二）我国高等农业教育所面对的使命

1949年以来，特别是改革开放以来，中国对现代化农业发展之路进行了长期的探索，利用不到世界9%的耕地、5%的淡水资源，创造出产出世界25%的粮食，养活了世界人口20%的奇迹。[1]奇迹的创造，无不包含着农业科技与高等教育的卓越贡献。

[1]　韩长赋．毫不动摇地加快转变农业发展方式[J]. 求是，2010（10）：29-32.

但与此同时，中国农业也面临着严峻的挑战，主要表现在农村劳动力老龄化、农产品国际竞争力下降、农业生产成本上升、生态环境不堪重负、农业生产组织化与市场化程度低等方面。[1] 截至 2018 年，我国农业尚处于农业 2.0 到 3.0 阶段，据有关学者统计，我国农业 1.0 到 4.0 所占比例分别为 20%、66%、13% 和 1%。总体上中国农业 1.0 仍将会长期存在，农业 2.0 正在快速普及推广，农业 3.0 逐步成熟提升，农业 4.0 在部分科技园、大学和科研单位实验基地开始示范应用的状态。[2] 农业发展方式面临着重大的改变，主要体现在农产品供给从注重数量向总量平衡、结构优化和质量安全并重转变，农业发展由主要依靠资源消耗向资源节约型、环境友好型转变，农业生产条件由主要“靠天吃饭”向提高物质技术装备水平转变，农业劳动者由传统农民向新型农民转变；农业经营方式由一家一户分散经营向提高组织化程度转变[3]，构建现代农业的产业体系、生产体系和经营体系。推进中国特色的农业农村现代化发展，就要求我国农业科技与高等教育把握农业农村现代化发展脉络，形成农业原创性理论创新和颠覆性技术创新，培养具有 T 形知识结构的农业高层次人才。要完成这一任务，单纯靠现有学科在传统体系下孤立发展是远远不够的，必须构建一个多学科复合系统，协同推进人才培养与科技创新。

（三）我国农林高校学科建设存在的问题

在为我国高等农业教育所取得的成绩欢欣鼓舞的同时，也应看到农林高校在学科建设与人才培养方面存在着诸多问题，尚不能完全适应我国农业农村现代化的需求。

1. 优势学科结构相对单一

我国农业高校在农业领域的优势学科，主要集中在传统的种植与食品加工领域，优势学科相对单一，与农业产业链和价值链结合不足。尚未实现传统农科与人类营养健康、资源集约利用、生态文明建设等领域的有效衔接。

2. 现代科学技术与农业结合不够

在传统种植、养殖领域与现代科学技术结合方面存在很大差距，农艺与现代农业智能装备、设施农业等存在彼此孤立发展的问题，智慧农业研究水平仍较低。

---

[1] 陈锡文 . 中国农业发展形势及面临的挑战 [J]. 农村经济，2015（1）：3–7.

[2] 李道亮 . 农业 4.0——即将到来的智能农业时代 [J]. 农学学报，2018（1）：207–214.

[3] 韩长赋 . 毫不动摇地加快转变农业发展方式 [J]. 求是，2010（10）：29–32.

3. 农业科学与社会科学间彼此割裂现象仍较突出

我国有14亿人口，据有关推算，当我国城镇化达到80%时，从事农业生产的人口仍将有6 000万人左右，按我国18亿亩耕地计算，户均农地经营规模仍只有60亩左右。[1]因此，我国不可能走欧美大农场式的农业现代化道路，只能走中国特色的农业农村现代化道路。这就要求农业生产与农业服务业加快融合，构建现代农业的产业体系、生产体系和经营体系，这也迫切地要求农科与社会科学的融合。但从实际状况看，目前我国的农科学科与社会科学学科间彼此割裂的现象仍较为严重。

4. 农业科学人才的知识结构存在欠缺

我国高等农业教育仍存在人才培养结构与市场脱节，课程体系陈旧，重专业教育轻通识教育，农科大学生基础学科知识不厚，运用现代科学技术的能力不足，人文素养欠缺等问题，与适应农业3.0到4.0背景下的农业农村现代化人才需求尚存在差距，迫切需要推进农业人才培养供给侧结构性改革。

三、构建新农科，推进高等农业教育改革

2017年2月18日，在复旦大学召开的高等工程教育发展战略研讨会上形成了新工科建设“复旦共识”。事实上，农科也面临着同样的问题，甚至更加迫切。因此，落实中共十八届五中全会所提出的“创新、协调、绿色、开放、共享”五大发展理念，面向“产出高效、产品安全、资源节约、环境友好”的农业农村现代化新需求，构建创新型、综合化的新农科学科建设、人才培养与科技创新新模式，拓展传统农科学科内涵，是高等农业教育所需要面对的新问题。

（一）何谓新农科

我们初步把新农科描述为：以中国特色农业农村现代化建设面临的新机遇与新挑战，以及创新驱动发展战略和高等教育强国战略的新需求为背景，推进农业学科与生命科学、信息科学、工程技术、新能源、新材料及社会科学的深度交叉和融合，拓展传统农业学科的内涵，构建高等农业教育的新理念、新模式，培养科学基础厚、视野开阔、知识结构宽、创新能力强、综合素质高的现代农业领军人才，提升与拓宽涉农学科的科学研究、社会服务、文化传承及国际合作与交流的能力，增强我国高等农业

---

[1]　林万龙．经营主体、经营方式与我国现代农业发展[J]. 农业经济与管理，2016（1）：36–44.

教育的国际竞争力，推进产出高效、产品安全、资源节约、环境友好的中国特色的农业农村现代化建设与绿色发展，把我国建成高等农业教育的强国，为实现中华民族伟大复兴的中国梦提供重要支撑。当然，有关新农科的概念，还需要进一步探索研究。

（二）推进新农科建设的必要性

1. 新农科建设是全面落实十九大精神，实施乡村振兴战略的需要

农业关乎国家食物安全、资源安全和生态安全，是国家基础性、战略性产业；农业、农村、农民问题是关系国计民生的根本性问题，解决好“三农”问题一直是全党工作重中之重。党的十九大报告中提出实施乡村振兴战略，要坚持农业农村优先发展，按照产业兴旺、生态宜居、乡风文明、治理有效、生活富裕的总要求，建立健全城乡融合发展体制机制和政策体系，加快推进农业农村现代化。这就要求我国高等农业院校把握时代脉搏，贯彻习近平新时代中国特色社会主义思想，充分发挥高等农业教育的人才培养、科技创新与社会服务职能。构建适应新时代发展需要的现代高等农业教育体系与社会服务机制，完善人才培养知识与能力结构，培养“懂农业、爱农村、爱农民”的现代农业人才；脚踏实地，投身于乡村振兴战略实践之中，构建新农科育人与社会服务体系，为乡村振兴战略提供人才与科技保障。

2. 新农科建设是适应与引领现代农业产业新业态的需要

随着我国农村一二三产业不断融合，以技术、资本为代表的现代生产要素、新的商业模式和业态将全方位、大规模向农村渗透，势必带来农业生产方式和组织方式的深刻变革。同时，城市人口增加和消费结构升级，为扩大农产品消费需求、拓展农业功能提供了更为广阔的空间，也为农业实现规模化生产、集约化经营创造了条件。农业已由传统的“第一产业”向一二三产业融合的“第六产业”转变。同时，以大数据、云计算、物联网等为代表的信息科技正在深刻地影响和改变人们生产生活的所有方面，正推动农业传统生产经营方式向智慧化生产经营方式转变。未来我国农业将向着生产与经营适度规模化、农业经营主体多元化、生产手段机械化和经营方式智能化与信息化转型，人民群众对农业的需求也在发生翻天覆地的转变。高等农业院校必须把握新时代、新业态、新需求，与产业链、价值链对接，调整学科、专业结构，实施农业科学研究与人才培养供给侧改革，积极争取社会参与，构建新农科创新体系，成为农业科技创新和产业创新中的主体力量。

3. 新农科建设，是我国由高等农业教育大国向高等农业教育强国转变的需要

一系列成就的取得，都为我国发展新农科奠定了良好的基础。全球科技与产业发展的历史经验证明，主动调整高等教育结构、发展新兴前沿学科专业，是推动国家和区域人力资本结构转变、实现从传统经济向新经济转变的核心要素。我国高等农业院校必须抓住国内外新形势下的历史机遇，前瞻谋划、“弯道超车”，布局新兴交叉学科专业，构建新农科学科专业体系，在国际竞争中立于不败之地，乃至成为世界高等农业教育变革的引领者。

4. 新农科建设，是加快我国高等农业院校“双一流”建设的需要

国家推动创新驱动战略和“双一流”建设，为高等教育带来了前所未有的历史机遇。其他学科领域已有了积极的行动，例如，2017年2月18日，在复旦大学召开了高等工程教育发展战略研讨会，形成了新工科建设“复旦共识”，后续又陆续出台了新工科“天大行动”、新工科“北京指南”等一系列行动方案；2017年7月10日，召开了全国医学教育改革发展工作会议，会后形成了《关于深化医教协同进一步推进医学教育改革与发展的意见》，提出了“中国特色的标准化、规范化医学人才培养体系”。在其他学科领域都已有行动的情况下，高等农业教育也需要行动起来，形成合力，深化高等农业教育改革，与其他学科领域齐头并进，并以此为契机加快推进高等农业院校“双一流”建设。

（三）推进新农科建设的建议

1. 加强新农科内涵研究，组建新农科发展联盟

加强新农科内涵、发展路径研究，力争达成新农科共识，在此基础上建设新农科发展联盟，通过专题研究、协同攻关等方式，推进新农科建设。

2. 加强协同研究，构建新农科理论体系

针对高等农业教育新理念、涉农学科专业的新结构、农林人才培养的新模式、农科教育教学的新评价机制和综合性院校、以农业为特色的“双一流”建设高校和地方院校分类发展的新体系，构建新农科理论与实践体系。

（原文刊载于《中国农业教育》）

新农科教育的内在机理及融合性发展路径

王从严

（华中农业大学）

【摘要】新农科教育是高等教育变革的内在需要、农业农村发展的客观需求、高等教育强国建设的任务要求。与传统农科教育相比，新农科教育具有知识体系的系统性、组织结构的脱耦性、办学层次的异质性、利益主体的嵌入性和发展方向的引领性五大基本特征。发展新农科教育需要从理念、知识、模式和组织等维度进行创新，推动通专人才培养相契合、知识体系交叉相融合、办学分层分类相交合和虚实组织纵横相结合。

【关键词】新农科；需求；特征；路径

党的十八大以来，以习近平同志为核心的党中央始终坚持把“三农”问题作为全党工作的重中之重，提出了一系列方针政策激发农业农村发展新动能；党的十九大报告进一步提出实施乡村振兴计划战略，强调坚持农业农村优先发展，历史性地将农业农村工作摆在党和国家工作全局优先位置。2019 年 9 月 5 日，习近平总书记给全国涉农高校书记校长和专家代表回信，要求涉农高校要以立德树人为根本，以强农兴农为己任，为新时代高等农林教育高质量内涵发展指明了方向，明确了任务。

国家战略发展调整势必引发高等农业教育体系的回应性变革，高等农业教育领域围绕如何发挥教育在乡村全面振兴中的重要支撑作用，如何抓住“三农”优先发展的重大契机谋求高等学校引领性发展等问题展开讨论，在激烈的讨论中逐步形成了发展新农科教育图景。新农科是适应全球新技术革命与产业变革需要，以服务乡村振兴、美丽中国、健康中国等国家战略需要为己任，变革和发展传统农科的知识体系、学科专业体系、人才培养体系和科技创新体系，构建能够支撑农业农村现代化的高等农业教育新体系。为加快推进新农科建设，有必要对“新农科”教育发展的必然要求、基本特征及发展路径做深入理论分析。

一、发展新农科教育的使命与要求

纵观世界高等农业教育发展史，任何教育形态的变革都是教育组织适应社会需求的产物，伴随世界新科技革命和产业革命的浪潮，高等农业教育在现代农村社会发展中的功能日益凸显，国家对农业教育的需求也发生了结构性变化。因此，高等农业教育要重塑一种新的发展范式应对教育变革和农村社会转型引发的挑战，发展新农科教育成为农业院校应对农业农村创新驱动发展做出的理性选择。

（一）高等教育变革的内在要求

当前，我国高等教育发展的外部环境面临四大转型：由计划经济向市场经济的体制更新、由工业社会向信息化社会的转换、由资源节约型向技术集约型转换、把人口负担转换为现实生产力。[1] 高等教育要适应国家经济社会结构的战略性调整，重塑人才培养结构与模式，促进高等教育体系结构与国家现代化发展需求相适应。改革重点表现为以下 3 个方面。一是以市场为导向转换资源配置方式。计划经济体制下形成的资源配置方式持续性存在，高等院校的层次、科类、布局、知识和能力结构无法反映市场选择和市场导向，造成供需双方结构性矛盾。高等教育一定要引入竞争机制，以学生、劳动力市场、政府及其他利益相关者需求为出发点，优化资源配置方式。二是以产业为导向调整学科结构。目前多数高校的学科架构建立在传统农业社会和工业社会的基础上，信息社会所需的新兴学科点供给不足。高等教育应提升与国家和区域经济产业融合度，培育新兴学科，促进多学科交叉融合，提升学科在产业转型升级中的贡献率。三是以需求为导向创新人才培养模式。目前多数高校人才培养模式侧重现有知识结构再生产，研究和创造知识的课程设置与培养理念严重欠缺，人才在创新驱动发展中的支撑作用弱化。作为高等教育的重要组成部分，高等农业院校要顺应高等教育变革的浪潮，适应农村社会转型需求，大力改造升级传统农科体系，优化学科专业结构，积极发展新农科教育，促进学科和人才优势转化为创新发展与产业竞争优势。

---

[1] 王保华 . 变革中的高等教育 [M]. 济南：山东大学出版社，2016.

（二）农业农村发展的客观需求

我国目前正处于由传统农业向现代农业转换阶段，现代农业的基本问题是现代要素替代传统要素，运用现代农业科技推动农业循环发展与持续增长。[1] 2018 年中央一号文件《关于实施乡村振兴战略的意见》提出，统筹推进农村经济、政治、文化、社会、生态文明和党的建设，加快推进农业农村现代化，走中国特色社会主义乡村振兴之路。从理念导向来看，突出质量为先的内涵式发展，强调人与自然和谐共生，物质文明与精神文明协调统一；就发展目标而言，十九大提出了“产业兴旺、生态宜居、乡风文明、治理有效、生活富裕”乡村振兴总要求，凸显产业、生态、文化、政治与生活五位一体；从功能取向分析，由经济功能为主转化为政治、经济、文化、生态多功能协调统一发展，如休闲旅游农业、智慧生态农业的发展及乡村治理结构优化进一步强化了农业的多种价值和功能；从经营方式分析，从农民单一化生产模式向整合生产、加工和销售环节一体化的经营方式转变，形成较为完整的价值链与产业链，公司 + 农户、合作社 + 农户、专业批发商 + 农户、农超对接等产业组织形式在全国各地蓬勃发展。[2]

2019 年，中央财政拿出 50 亿奖补资金支持国家级现代农业产业园创建，目前已批准创建国家级产业园 62 个，创建了 1 000 多个省级产业园和一大批市县级产业园[3]；从要素投入分析，农业农村发展依赖的人口红利、低成本优势逐渐消失，物联网、人工智能、绿色能源等现代技术在农村经济发展中贡献率不断提升。2019 年，全国 175 个县开展了果菜茶有机肥替代化肥行动，300 个县实施化肥减量增效计划，150 个县推进病虫全程绿色防控行动，250 个县推广旱作节水高效技术，325 个重点县开展整建制推进绿色高质高效行动。面对农业发展新趋向，高等农业教育要重构一个多学科交叉融合系统，颠覆原有体制下固化的单一性知识生产模式，促进新产业、新业态和新模式下农业知识理论创新和技术创新，大力发展新农科教育，实施人才培养、科技创新与社会服务的供给侧结构性改革，协同推进人才、技术供给与农村一二三产业融合趋势相适应。

[1] 林卿，张俊彪 . 生态文明视域中的农业绿色发展 [M]. 北京：中国财政经济出版社，2012.

[2] 傅晨 . 中国农业改革与发展前沿研究 [M]. 北京：中国农业出版社，2013.

[3] 央视网 . 农业农村部：我国已创建 62 个国家级现代农业产业园 [EB/OL].（2019-04-20）[2022-03-01]. http://news.cctv.com/2019/04/20/ARTIyaorsMcsS9KOzpsilF5t190420.shtml.

（三）高等教育强国建设的使命要求

习近平总书记在2018年全国教育大会上提出，加快推进教育现代化、建设教育强国、办好人民满意的教育。改革开放以来，我国高等教育取得了举世瞩目的成就，形成了世界上规模最大的高等教育体系，“高等教育整体上达到世界中上水平，正在从高等教育大国向高等教育强国迈进”[1]，高等农科教育规模也取得飞速发展，一跃成为世界高等农业教育的第一大国。但是，教育发展中存在的问题依然严重，主要表现为以下几个方面。首先，规模与结构不平衡。2015年，我国农科各级普通高等教育在校生规模达到137 523人，为美国的2.6倍，其中博士毕业生规模是美国的1.6倍，毕业研究生规模是美国的2.5倍。[2]规模扩张在促进教育大众化的同时也造成了教育结构同质化，表现为办学层次、培养目标、发展定位、课程体系等日益趋同，专业设置与人才培养“千人一面”。其次，学科与农村发展不契合。我国高等农业院校学科布局建立在农、林、牧、副、渔狭义的农业划分基础上，传统农科占据主导地位，新兴学科发展滞后，不同农业学科之间、传统学科与新兴学科之间、农业学科与人文学科之间交叉融合不足，学科水平与结构无法支撑现代农业农村发展需求。最后，人才供给与农村社会需求不相适。高等农业教育的人才培养建立在传统农科教育模式和学科分类基础上，学生人文素养普遍弱化、学科视野比较局限、基础功底虚化、个性化发展严重压制，制约了现代新兴农业发展需要的跨领域、跨行业和跨学科的复合型人才供给。实现高等农业教育强国梦要冲破三大藩篱，以农业农村创新驱动发展为契机，构建教育新理念与新模式，培养特色型、创新型和复合型新时代新农人促进教育与社会发展的互惠共赢。

二、新农科教育的内涵特征

新农科教育是高等农业教育融入产业技术革命、服务国家战略需求、谋划农业农村现代化发展的必然选择，通过培育新兴专业增长点，促进传统农业学科与新兴学科交叉融合，培养德智体美劳全面发展，在兼具人文精神与以信息技术、人类健康、可持续发展为主要知识范畴的科学素养基础上拥有思考力、行动力、创新力以及全球胜

[1] 张炜．高等教育现代化的高质量特征与要求[J]. 中国高教研究，2018（11）：5–9.

[2] 刘竹青．“新农科”：历史演进、内涵与建设路径[J]. 中国农业教育，2018（1）：15–21.

任力的担当民族复兴重任的拔尖创新型、复合应用型和实用技能型卓越农林人才。

(一) 知识体系具有系统性

按照系统论观点，任何事物都是一个由具有内在关联多项子系统相互作用构成的整体，决定整体功能的不仅在于构成的要素，而且取决于各子要素之间的相互作用与相互关系，系统内部层次结构的优化有利于整体功能的发挥。新农科教育的知识体系强调从系统论视角研究农科知识各要素相互联系的机制与规律，注重发挥知识之间的合力，获得最佳系统功能，回应与解决农业创新性和融合性发展。一是传统学科与新兴学科知识交叉。新农科教育势必引发知识生产模式的变革，通过打破原有学科化、等级制的知识生产方式的束缚，形成跨学科、异质性的知识生产模式。[1] 这种生产模式强调利用新型生物、信息、制造、材料、能源、社会科学知识改造提升传统农科知识体系，促进学科知识的交叉融合，建立交叉学科群。二是通识教育与专业教育知识的贯通。梅贻琦教授提出的“通识为本，专识为末”的教育理念在新农科教育中具有适用性，“社会所需要者，通才为大，而专家次之，以无通才为基础之专家临民，其如果不为新民，而为扰民”[2]，新农科知识构成应当以通识为本，在通识基础上发展专识，积极探索“通专融合”发展策略，全面提升学生综合素养和创新精神。三是科学主义与人文主义知识的交互。科学是立事之基，人文是立人之本，新农科教育提倡科学技术与人文精神并重，培养的人才不仅应具有扎实的自然科学知识，同时应具备良好人文社会科学素养。新农科教育的目标是培养生态文明建设、可持续发展的倡议者，营养健康与环境保护者，更加强调人的主体性精神和人生价值。[3] 四是基础知识与前沿知识的融合。新农科教育注重基础知识与前沿知识相贯通，质量标准与产业需求相结合，“确保教师站在学科发展前沿教学，教学目标由再生产已有知识转换为研究和创造知识”[4]，促进知识创新与农业产业更新升级相衔接。由此可见，新农科知识的系统性要求高等院校打破原有知识之间的藩篱，逐步建立起跨学科专业课程知识模块，推动学科交叉融合促进机制和整体效应的发挥。

---

[1] 胡娟．高等教育现代化要破解三大难题 [N]. 光明日报，2019-04-23（13）.

[2] 梅贻琦．大学一解 [J]. 清华学报，1941（3）.

[3] 应义斌，梅亚明．中国高等农业教育新农科建设的若干思考 [J]. 浙江农林大学学报，2019（1）：1-5.

[4] 泰希勒．迈向教育高度发达的社会：国际比较视野下的高等教育体系 [M]. 肖念，王绽蕊，主译．北京：科学出版社，2014.

（二）组织结构具有脱耦性

脱耦是指抽象与现实之间的关联关系由强关联变成弱关联，强相关的关联双方关系相对固化，弱关联中的关系呈现动态的调节与变化趋势。传统高校内部院系（部）专业设置建立在学科划分基础上，学科与院系设置呈现强关联的耦合关系，这种固化单一的传统专业设置模式将学科资源固化在彼此分割的行政院系，难以支撑跨学科研究项目，阻碍了跨学科专业人才培养，教育组织体系要由封闭向开放兼容合作方向转变，逐步走向学科专业建设与组织建制脱耦的方向。一方面，新农科教育促进不同学科互动关系的强度和密度日益提升，进而引发传统院系组织结构持续创新，专业团队与跨学科机构相配合，以信息技术为依托的虚拟跨学科专业组织模式应运而生。“作为知识共享、集成的创新平台模式，虚拟组织有利于突破创新资源要素的边界约束重构核心竞争力。”[1] 如华中农业大学生物医学中心是由生物学科、农业学科、动物学科等相关院系和关联学科组成的虚实结合的典型代表，该中心设有专职行政岗位与编制，专业团队成员的人事关系则保留在原学院，成员依托该组织实现不同学科知识体系的交互、整合与共享。另一方面，从新农科发展战略目标出发，结合“大类”招生背景，遵循“大学科”发展理念，推进跨校、跨院、跨专业的实体组织的交叉重组与动态调节，构建新型战略合作伙伴关系，聚焦各方资源加大彼此合作的深度与广度，形成知识的融合和整合效应。如在世界高等农业教育重构过程中，瓦赫宁根大学组建了农业技术与食品科学、植物科学、动物科学、环境科学、社会科学五个学部群，鼓励学科之间的交叉合作。[2] 总之，高等农业教育组织结构变革是发展新农科教育的先决条件，不同组织层级要在脱耦过程中找准定位，明确发展目标、价值追求与关键活动，致力于“建立跨学科性科学问题发现机制，推动相关学科之间形成更具竞争力的知识整合关系”。[3]

（三）办学类型具有异质性

异质性概念源于自然科学，原意是一个细胞或个体含有不同遗传背景细胞质的现

---

[1] 张保仓，任浩．虚拟组织持续创新能力提升机理的实证研究 [J]. 经济管理，2018（10）：122–137.

[2] 董维春，梁琛琛，刘晓光．从传统到现代的高等农业教育——兼论中国“新农科”教育 [J]. 中国农史，2018（6）：33–45.

[3] 黄超，杨英杰．大学跨学科建设的主要风险与治理对策——基于界面波动的视角 [J]. 中国高教研究，2017（5）：55–61.

象，后被引入社会科学研究中，主要是指一个群体里面个体特征差异的程度，异质化程度越高，群体的多样化和个性化发展越丰富。新农科教育要避免陷入同质化陷阱，探索办学定位的多层化、学校建设的特色化、人才培养的多样化以及评价标准的分类化，激发高等农业教育整体创新能力。坚持办学定位的多层化要求学术型大学、应用本科型高校和职业技术高校百花齐放[1]，办学模式、办学风格、专业设置、学科架构、质量要求等百家争鸣，实现不同办学层次高校的错位发展与优势互补；坚持因校制宜的特色化办学之路，集中力量发展自身特色学科，积淀差异化的办学理念和风格，在不同层次和不同学科领域争创一流，形成自己独特的竞争优势；高等农业教育人才培养要以“人无我有，人有我优”的战略取胜，适应农业创新驱动发展新要求，培养引领农村发展的高层次高水平的拔尖创新型农科人才，适应农村一二三产业融合发展要求，培养多学科交叉融合的复合应用型农科人才，适应乡村振兴和现代农业建设要求，培养懂农业、爱农村、爱农民的具备实用职业技能的农业建设人才；构建分类化的高等农业教育评价体系，要打破单一的学术偏好的评判标准，革新程序化的评价方式，建立分类分层评价体系，推行非标准化的评价方式，“突出‘学生中心’理念，坚持成效导向，提升学生在质量评价中参与的广度和深度”。[2] 综上而言，新农科教育应该在中国现实土壤中开创一个“万马奔腾、齐头并进”的多元局面，坚持差别化与可持续发展相结合原则，促进各类型、各层次高校千帆竞发，百舸争流。

（四）利益相关者具有嵌入性

波兰尼用“嵌入性”概念阐释经济制度与非经济领域相互依存的逻辑关系，他认为包括经济行为在内的一切人类行为都是社会性地形塑和定义的，嵌入性关系程度越深，彼此之间越易达成互利性合作关系，该理论强调运用社会现象之间相互依附性分析复杂的社会问题。[3] 新农科教育是嵌入在由社会、制度、产业、文化、政治、历史等多重因素所构成的场域之中，这些因素的共同作用构成了教育的利益相关者，它们之间的关系性嵌入和结构性嵌入决定了教育发展的趋向与效用。一方面，关系性嵌入塑造了教育利益相关者的行动动机与预期，并致力于培育互利共赢的合作关系。新农

[1] 潘懋元，董立平. 关于高等学校分类、定位、特色发展的探讨 [J]. 教育研究，2009（2）：33–38.

[2] 别敦荣，易梦春，李志义，等. 国际高等教育质量保障与评估发展趋势及其启示——基于 11 个国家（地区）高等教育质量保障体系的考察 [J]. 中国高教研究，2018（11）：35–43.

[3] 符平. “嵌入性”：两种取向及其分歧 [J]. 社会学研究，2009（5）：141–161.

科教育更加注重利益相关者的需求，促使利益相关者之间原本松散型的弱连接关系转变为紧密型的强连接关系。发展新农科教育要改变传统“以大学为中心”的观念，同时考虑国家、社会、学生个体、教师学术团体、捐赠者以及教育行政管理部门等相关利益者的价值诉求，耕犁出服务产业经济、迎合国家需求与满足学生专业知识和价值实现、教育机构自身变革相契合的建设之路。另一方面，高等农业教育嵌入在国家发展战略、社会治理方式、政策取向特征等要素构成的宏观制度环境中，高等教育发展被烙上了国家意志的印记。中国高等教育发展背后体现的是国家意志和力量的直接推动，教育发展具有明显的“自上而下”的色彩。[1] 在全面建成小康社会的时代背景下，我国创新能力和技术水平明显提升，社会发展的要素驱动、投资驱动转变为创新驱动为主，并提出了“创新、协调、绿色、开放、共享”五大发展理念，同步推进新型工业化、城镇化、信息化与农业现代化，这些宏观制度环境的变化对农业农村现代化提出了新的要求，进而引发高等农业教育体系的内生性变革。高等农业教育要主动进行供给侧结构性改革，对新农科的概念特征、培养理念和培养模式进行专题研究，探索实施新农科教育。[2]

（五）发展方向具有引领性

联合国教科文组织于 1995 年提出建立“前瞻性大学”理念，继而国际 21 世纪教育委员会提出了“教育：必要的乌托邦”这一重大哲学命题，要求高等教育组织应超越人才培养、科学研究与社会服务的传统职能，而应当成为地区、国家乃至全球问题的自觉参与者和积极组织者。[3] 发展新农科教育要具有一种着眼于未来的精神，应当领先于社会变革，主动出击，在乡村振兴计划中发挥引领性作用。首先，与传统农科教育服务于农村社会的发展理念不同，新农科教育发展既要服务于农村社会发展又引领农村社会前进。高等农业教育机构应走出象牙塔，在服务社会发展的同时既要保持基本的理性和学术价值，又要善于将国际高等农业教育发展先进经验与我国农业教育的优良传统相结合，更加自信地以其新思想、新知识和新文化为社会发展提供正确的

---

[1] 姚俊 . 中国高等教育政策工具选择的嵌入性研究—— 一个解释性分析框架 [J]. 江苏高教，2017（3）：15–19.

[2] 董维春，梁琛琛，刘晓光 . 从传统到现代的高等农业教育——兼论中国“新农科”教育 [J]. 中国农史，2018（6）：33–45.

[3] 王冀生 . 大学之道 [M]. 北京：高等教育出版社，2005.

"政治引领、产业引领、文化引领和教育引领"。[1]其次，新农科教育应以内涵式发展为基本要义，坚持把高质量与特色化作为发展主线，以质量提升传统农科发展为价值追求，探索形成中国特色的高等农业教育质量文化、质量标准和质量保障体系，着力建设"一流本科、一流专业、一流人才"示范引领基地。最后，瞄准世界农业科技前沿和本领域国际主流发展方向，从人类命运共同体的视角构筑高等农业教育对外交流合作的新格局，坚持"走出去"和"引进来"相结合，探索人才、科研、办学等要素的深度合作机制，借乘新农科发展之东风，助力我国高等农业教育站在世界教育舞台中央，引领全球高等农业教育发展。

三、发展新农科教育的融合性发展路径

新农科教育要紧紧围绕农业农村发展的核心任务，以科技创新为基础，以服务产业需求为导向，以培养新时代新农人为目标，因势而谋，顺势而动，从培养理念、知识体系、办学模式和组织构架等维度，构建面向新时代的农科高等教育体系。

（一）更新理念，实现通专人才培养契合

创新人才培养理念，在新农科教育发展中探索科学主义与人文主义、传统农科与新兴农科、通识教育与专业教育相互融合的机理，致力于实现全人培养和跨学科人才培养目标。首先，注重将学生认知发展与人格发展相结合，新农科人才培养要满足"人的全面发展"的需要，也要充分满足我国农业农村现代化发展对人才专业知识能力的需求，塑造担负乡村振兴重任且具有扎实学识的"新农人"；其次，基于信息、生物、新能源、新材料、营养健康、生态文明和传统农业等知识领域进行跨学科设计课程教学目标和授课内容，旨在培养农业高等学校学生形成跨学科知识结构、思维能力和综合素养，使其具备多学科交叉知识，能够综合运用多学科方面的知识分析和解决复杂性农业农村发展问题。最后，课程讲授更为凸显文化传承功能，注重对农科课程门类发展历史的探讨，在专业知识讲授内容中贯通学科发展历程、世界趋向及其与人类、自然和社会环境和谐发展的逻辑关系等人文素养方面的知识点，培养农科院校学生的历史性思维、辩证性思维和全球化视野。

---

[1] 陈宝生.写好高等教育"奋进之笔"——在教育部直属高校工作咨询委员会第二十七次全体会议上的讲话[J].中国高等教育，2018（Z1）：14–22.

（二）创新知识，推进知识体系交叉融合

世界新一轮科技革命和产业革命与我国农业农村社会转变经济发展方式形成历史性交汇，科技创新能力成为农业现代化发展的重大引擎，科技创新的关键在于知识体系的创新。第一，以农业生产的自然生态系统和人类社会生态系统的最优化和良性运行为目标进行传统农科知识的改造重组，注重学科知识体系的整体性、综合性和实践性，打破因学科划分造成的孤立化、碎片化的知识界限，按照农科知识内在逻辑强化农业相关子学科之间的内在联系，着力于构建新农科知识生产机制，并通过持续创新的知识生产实现传统农科知识的转型升级；第二，将农业学科知识置于世界农业科技与经济发展的总体进程中，通过强势农业学科带动发展新兴交叉学科，培育新的学科增长点，大力发展遥感农业、精准农业、大数据农业、智慧农业等，确定新农科知识创新重点领域：人类营养健康与食品科学、新兴能源与环境可持续发展、农业生物技术与循环农业、乡村绿色发展与现代化管理、农业信息技术与智能装备以及农业全球化等，推动农业学科专业的综合化、现代化和国际化，华中农业大学等高校结合自身学科特色和优势积极发展生物医学与健康、信息科技与智慧农业、生态环境与绿色发展等新兴交叉学科；第三，以融合多维度多层次农科知识为突破口，整合不同学科的研究方法与研究范式，形成跨学科思维和研究范式、概念工具与创新思路，探索超越单一学科方法论的复杂性问题的综合性解决方案，为全面认识农业系统以及人与自然、人与社会、人与人的关系提供新的视角与分析框架；第四，围绕农业产业链部署高校知识创新链，把农业科技创新真正落到农村产业发展上，提升农科知识研究成果的转化率，寻求学术逻辑和市场轨道的平衡点，强化农科知识生产能力与产业发展动力的相互促进，以高科技推动农业全产业链的升级改造。华中农业大学经过多年的探索，提出探索出“围绕一个领军人物，培植一个创新团队，支撑一个优势学科，促进一个富民产业”的特色发展模式，连接领军人才、团队、学科和产业。

（三）变革模式，促进办学分层分类交合

高等教育分类发展是高等教育机构依据社会经济发展需要和教育发展规律，实行自我优化、自我发展的模式。[1] 新农科教育要注重发挥不同层次和类型高校差异化的功能，农科优势部属高校、综合性涉农高校、地方涉农高校在农业人才培养、农村科

[1] 王保华 . 变革中的高等教育 [M]. 济南：山东大学出版社，2016.

技创新和农业新业态、新模式转型发展中分别发挥主导关键作用、引领示范作用及推广支撑作用，力图通过差异化功能促使高等农业教育错位发展、优势互补；探索构建与国家主体功能区规划相适应的高等农业教育区域发展模式，推动高等农业教育发展与国家战略布局有效对接，与产业链布局紧密结合，坚持产学研相结合，在服务区域农村经济发展中凝练学校的优势和特色，不断明确自身发展定位和方向；从法律规范层面赋予高等农业院校办学自主权，确保高校办学的独立主体地位和自我治理权限，充分发挥市场竞争要素在农业高等教育领域的杠杆作用，构建农科院校规模、结构、布局与社会经济发展相适应的动态调整机制，实现新农科教育体系分类分层发展。

（四）重组结构，打造虚实组织纵横结合

发展新农科教育要对传统学科组织结构进行改造，探索适应跨学科知识研究的组织形式。从构建方式上，现阶段应以学校层面自上而下决策模式进行跨学科组织整合，由学校统筹聚合传统学科、跨学科和新兴学科之间关系，“通过建立良性培育、评估和可持续发展机制来统一协调和有效配置学科资源，实现跨学科组织的优胜劣汰，从而打造卓越的跨学科研究”[1]；从组织形态上，采取虚拟跨学科组织和实体跨学科机构两种模式，虚拟跨学科组织依托信息技术平台，一般采用“核心固定成员＋外围流动成员”模式，可以吸合校内外异质资源达成知识联盟，外围资源包括农业科研院所、大型农业高新企业、国外农业研究机构等，其研究成员在信息平台进行跨学科研究交流。实体跨学科机构一般分为依托院系和相对独立两种形式，两者的主要区别在于设施设备、实验室设备、科研人员等资源是否具有相对独立性，可依据研究领域和学科学校实际发展状况选择发展模式；从制度保障上，在职称晋升、薪酬奖励、成果评价、项目评审、人事聘用及资源配置等方面突破原有学科界限，依据不同的跨学科组织模式进行制度创新，利用政策激励机制赋予跨学科组织弹性发展空间；从组织功能上，跨学科组织应发挥教育与科研双重功能，通过提供结构化的跨学科课程、以项目制形式吸纳大学生参与跨学科研究、制订跨学科农业人才培养方案、赋予部分机构硕士和博士招生权等，促使其在生产跨学科知识的同时担负起培养跨学科高等农业人才的教育功能。

（原文刊载于《国家教育行政学院学报》）

[1] 茹宁，李薪茹 . 突破院系单位制：大学“外延型”跨学科组织发展策略探究 [J]. 中国高教研究，2018（11）：71–76.

新时代推进新农科建设的挑战、路径与思考

青　平　吕叙杰

（华中农业大学）

【摘要】新时代新农科建设承担着落实习近平总书记重要回信精神、实现乡村振兴战略、实现高等农林教育内涵式发展和高等农业教育综合改革的使命。但21世纪以来，涉农高校办学传统和办学优势有弱化趋势，高等农林教育面临着地位下降、吸引力不足、布局不新、模式不优等问题。高等农林教育要将知农爱农情怀培养作为核心时代要务，强化耕读教育，着力在专业改革、课程建设、人才培养模式改革、定向招生就业和对外开放办学等方面开展探索实践，培养知农爱农新型人才。

【关键词】新时代；新农科建设；挑战；使命；路径

现代农业是建立在现代工业和现代科学技术基础上，充分融入了现代市场理念、经营管理知识的农业形态。建设服务现代农业的新时代卓越农林人才培养体系成为高等农林教育必须面对的课题。2013年，教育部、农业部、国家林业局发布《关于实施卓越农林人才教育培养计划的意见》等系列改革文件，其核心是重新审视农林高等教育在人才培养工作中的重要地位，着力创新人才培养模式，积极开展开放合作的协同育人机制，推动科教融合、产教融合，培养具有较强创新意识、创新思维和创新能力的科技创新人才和技术开发人才。2019年，教育部提出新农科建设规划，其核心思想是运用现代科学技术改革现有的涉农专业，围绕乡村振兴和生态文明建设等国家战略，推进专业课程体系建设、实践教学体系优化、协同育人教育等方面的改革创新，为乡村振兴发展提供更强有力的人才支撑。2021年2月，中共中央办公厅、国务院办公厅印发的《关于加快推进乡村人才振兴的意见》指出要完善高等农林教育人才培养体系，培养造就一支懂农业、爱农村、爱农民的“三农”工作队伍，为全面推进乡村振兴、加快农业农村现代化提供有力人才支撑。本文旨在通过对新农科建设使命和挑战的分析，从实践改革的视角提出新农科建设的改革路径和思考。

一、新时代农科教育肩负的使命

（一）新农科建设是落实习近平总书记重要回信精神、践行立德树人的需要

“培养什么人、怎样培养人”是事关党和国家前途命运的重大问题。2019 年，习近平总书记给全国涉农高校的书记校长和专家代表的回信中指出，涉农高校要培养更多知农爱农新型人才。农业关乎国家食物安全、资源安全和生态安全，是国家基础性、战略性产业；农业、农村、农民问题是关系国计民生的根本性问题。[1] 新农科建设，首先要将立德树人作为教育工作的主线，立足时代发展需求，充分发挥高等农林教育在人才培养上的重要职能定位，构建适应时代发展的“五育并举”体系，培养知农爱农、强农兴农新型人才。

（二）新农科建设是实现乡村振兴等国家战略的需要

党的十九大提出了乡村振兴总要求，从功能取向分析，进一步强化农业的多种价值和功能；从经营方式分析，形成较为完整的价值链与产业链，各种产业组织形式在全国各地呈现。随着乡村振兴战略、生态文明战略的实施，农业现代化进一步发展，一二三产业不断融合，迫切需要具有多学科知识和技术、懂管理、会经营的复合型人才。农林教育应以市场需求为导向，农林院校肩负着服务乡村振兴战略、确保国家粮食安全和生态文明建设等重大历史使命。[2]

（三）新农村建设是高等农林教育实现内涵式发展的需要

高等教育要适应国家经济社会结构的战略性调整，实现内涵式发展，需做到 3 个方面：一是以市场为导向转换资源配置方式；二是以产业为导向调整学科结构；三是以需求为导向创新人才培养模式。2019 年，教育部唱响“安吉共识”“北大仓行动”“北京指南”新农科建设三部曲，全面推动高等农林院校教育教学改革创新。农林院校围绕“新”字，创新改革发展路径，走融合、多元、协同发展之路；聚焦创新、发展和融合等关键词，对接乡村一二三产业融合发展需求，按照培养现代职

[1] 刘竹青 .“新农科”：历史演进、内涵与建设路径 [J]. 中国农业教育，2018（1）：15–21，92.

[2] 安吉共识——中国新农科建设宣言 [J]. 中国农业教育，2019，20（3）：105–106.

业农民的新形势新要求；着力打造卓越农林人才培养新模式，更新教育教学观念，改革学科专业和课程体系建设，实施卓越农林人才教育培养计划升级版，构建高等农林教育新标准，建设一批“金专、金课、高地”。[1] 实现高等农林教育内涵式发展，需要构建适应新时代发展需要的现代高等农林教育体系与社会服务机制，完善人才培养知识与能力结构，围绕专业、模式、课程、师资、制度等开展综合改革。

（四）新农科建设是后疫情时代推进高等农林教育综合改革的需要

新冠肺炎疫情期间，高等教育全面改至线上进行，催生了长达一个学期的全面在线教育教学，从理念、方法、模式等方面对高等教育产生了较为深远的影响。推进后疫情时代农林教育教学改革，成为农林教育共同关注的话题。农林教育不同于其他学科，有着很强的综合性、季节性和实践性，疫情期间开展的在线教育教学，更加凸显了高等农林教育、卓越农林人才培养在行业产业布局、构建社会体系和服务民生稳定等方面的重要性，也更确立了充分利用现代信息技术手段来推进农林人才培养的理念。疫情期间，全民网课凸显了在线教学方法单一、实践教学无法有效开展、产学研融合不足等问题。后疫情时代倒逼高校进一步研究农林高等教育的发展目标，更新教育教学理念，加强师资队伍建设，进一步推动产学研相结合，加强专业与行业之间的协同，借助虚拟仿真技术，重构实践教学体系。

二、新时代新农科建设面临的挑战

（一）高等农林教育在高等教育体系中的地位有待提升

高等教育已步入普及化阶段，高等农林教育在农业农村现代化建设中发挥了巨大作用。但由于农林行业大多地处农村或城市周边欠发达地域，工作环境较差，农业附加值不高，从业人员薪资水平也相对不高，加之农业在整个国民经济结构中的占比下降，竞争力不强，在经济社会发展中处于相对弱势位置。可以说，农林行业等第一产业的弱势地位间接决定了农林教育在整个高等教育的地位，其社会认同度较低，导致涉农高校在人才培养过程中存在着“招不来”“留不住”“下不去”“待不久”等一系列问题。

---

[1]　安吉共识——中国新农科建设宣言 [J]. 中国农业教育，2019，20（3）：105–106.

（二）高等农林教育的吸引力与综合办学实力不符

人们普遍认为农、林、牧、渔等行业属于艰苦行业，农林基层岗位的收入、工作环境等普遍差于其他行业。半数以上农科专业学生未将农科专业列为首选志愿专业，半数以上学生非志愿学农。软科中国大学综合排名和生源位次排名显示：涉农高校生源质量普遍较低，与学校综合实力严重不符（见表Ⅳ-4）。以 2020 年为例，5 所农林高校综合实力排名平均值为 52.2，而生源位次平均值为 84.2。

表Ⅳ-4　5 所涉农高校综合排名与生源质量排名情况（2017—2020 年）

涉农高校	2017		2018		2019		2020	
	综合排名	生源位次	综合排名	生源位次	综合排名	生源位次	综合排名	生源位次
中国农业大学	39	61	40	57	42	59	30	54
西北农林科技大学	92	119	86	111	81	103	68	116
北京林业大学	89	74	89	75	91	77	77	72
南京农业大学	71	118	71	103	69	104	47	92
华中农业大学	66	110	63	96	67	100	39	87

（三）高等农林教育人才培养难以适应现代农业发展需要

农业 4.0 背景下，现代农业是以现代信息技术应用和智能装备为主要特征，农业产业布局主要集中在自动化、智能化等方面，贯穿生产、经营、服务等一二三产业。农业领域的优势学科主要集中在农业种植与食品加工，结构相对单一，且与农业产业链结合不足，尚未实现与新时代健康、绿色、生态、节约等新兴领域的有效衔接；同时与 5G、信息技术、人工智能等现代科技结合不足，与现代农业装备、休闲农业、设施农业等发展方向契合度不高，智慧农业专业的开设高校数目前还是个位数，其现实研究和实践水平仍较低。

（四）推进乡村人才振兴给人才培养模式提出新的要求

《关于加快推进乡村人才振兴的意见》指出，要完善高等农林教育人才培养体系。涉农高校办学理念有待进一步更新，农林特色的人才培养模式尚未大规模形成。从协同育人看，高校与行业黏度不高。高校实践条件受限或教师技能素养缺乏，实践教学依然是人才培养的薄弱环节，农科学生解决“三农”实践问题的能力有待提升，创新创业能力仍是能力素质短板。从学农积极性看，农科类学生专业思想不稳定，转专业比例居高（见表Ⅳ-5）。农林院校普遍存在着人才培养结构相对单一、课程体系陈旧、内容更新相对滞后、数理基础知识不厚、人文素养欠缺等问题。农业4.0背景给现代农业人才培养提出了很高的要求，开展人才培养模式改革，已成为农林院校的当务之急。

表Ⅳ-5 农业大学农科类专业转专业比例（2015—2019年）

专业（类）	2015年	2017年	2019年
植物生产类	10%	11%	11%
动物科学	14%	15%	20%
林学	17%	19%	19%
茶学	16%	32%	13%
设施农业科学与工程	2%	11%	16%
水产类	6%	12%	16%
环境科学与工程类	1%	0.9%	3%

（五）新高考背景下传统农科招生培养面临严峻考验

考生报考涉农高校的积极性不高，农科专业第一志愿填报率处于较低水平（见表Ⅳ-6）。据统计，涉农高校本科录取分数线与同一层次的综合性大学相差20～50分。未来，新高考改革背景下，志愿填报方式变为“专业（组/类）+学校”，吸引优质生源从靠学校综合实力转变为靠专业品牌及学校综合实力，涉农高校生源质量将会进一

表Ⅳ-6 农业大学农科专业第一志愿录取率情况（2015—2019年）

专业（类）	2015年	2017年	2019年
植物生产类	38.44%	38.58%	29.24%
动物科学	32.50%	32.70%	33.85%
林学	26.56%	31.25%	20.63%
茶学	31.25%	19.35%	25.00%
设施农业科学与工程	32.31%	32.81%	17.46%
水产类	19.52%	16.00%	12.89%
环境科学与工程类	50.15%	49.38%	41.41%

步下滑。就业环节存在“下不去、留不住”的问题。基层体制性障碍没有消除，农林类专业有着“艰苦性”“偏远性”“基层性”的属性，造成涉农高校毕业生涉农就业的难度高于一般专业，通往农林业基层就业的渠道不够畅通。相比于其他综合性高校，高等农林教育国际化水平较低，国际化意识不强，各专业人才培养方案对国际化的描述较少，师资国际化程度不高。

三、新时代推进新农科建设的改革路径

（一）强化耕读教育，培育新时代农科建设新思想

新农科的“新”在于高等农林教育教学理念之新。思想是行动的先导，面对新时代，应对新挑战，全面建设新农科，给深化高等农林教育改革提出了全局性、系统性要求，教育主管部门、地方政府、高校要以教育思想讨论为抓手，主动更新教育理念，从被动建设到理性自觉，这是一切改革建设的基础。《关于加快推进乡村人才振兴的意见》指出，要全面加强涉农高校耕读教育，将耕读教育相关课程作为涉农专业学生必修课。高等农林教育要强化耕读教育，着力解决“爱农”教育与专业教育相互割裂的问题，遵循身心成长规律，鼓励研读涉农经典，强化劳动教育与实践体验，鼓励农科专业学生结合专业参加适度的体力劳动，在专业学习中厚植家国情怀与强农兴农使命。既可以鼓励师生深入“三农”领域开展社会调研、劳动实践、生产教学和科学研究，强化知农爱农的情怀，锤炼强农兴农的本领，也可以号召师生利用寒暑假就地服务农业生产，践行新时代青年的使命与担当。高等农林教育要加强农科专业课程思政建设，组建课程思政专家委员会，探索制定课程思政建设标准，把思想政治教育贯穿农林专业人才培养全课程、全过程。农科专业思政有5种挖掘方法，即学科史、知识史角度的挖掘方法，科学突破与创新角度的挖掘方法，科学规律、模式、模型角度的挖掘方法，科学、知识运用过程角度的挖掘方法，科学家、学者的个体特征和人生经历角度的挖掘方法。为提高课程思政的教育效果，针对不同的内容和方法，可以选择通过故事式、附带式、警言式、纠正式、结合式等方法开展讲授。

（二）注重融合提升，构建“一院一品”人才培养新模式

高等农林教育要适应国家经济社会结构的战略性调整，开展人才培养模式改革与实践。高等农林院校要支持以学院为主体，深化科教融合、产学合作、校际合作及国

际合作育人，开展“一院一品”模式创新。一是以国家高等农林教育综合改革为引领，开展卓越农林人才2.0、基础学科拔尖计划2.0、理科基地、创新实验班等人才培养模式创新与改革。二是开展本硕贯通培养，本硕博一体遴选优质生源，优化整合本研培养目标与课程体系，构建纵向贯通一体化的教学体系。加强本研共享课程建设，按照鼓励交叉学科发展、促进学生批判性思维和创新能力培养的导向，选定一批优质课程作为本研共享课程。三是开展分层分类培养，围绕学生个性化成长，提供可供选择的培养模式清单。高校要围绕学术人才、技术技能人才、管理人才、创业人才、政治与领导人才等方面分类设计人才培养方案，系统设计公共基础课、专业课、通识课、交叉课、实践课等5类课程体系。

（三）开展供给侧改革，打造“农业+”专业新结构

农林院校在主动服务国家重大战略需求中发挥着重要作用，高等农林院校要主动对接地方农业和产业需求，以培养“下得去、用得上”卓越农林新人为目标，不断加强学科专业建设，加强农林人才供给侧结构性改革。一要优化农林学科专业结构，制定专业建设规划，做好专业的关、停、并、转、调、设、升，严格控制学院兴办专业数量。二要聚焦“卡脖子”的核心技术攻关方向，围绕国家重大战略和社会需求，优化专业布局，服务休闲农业、创意农业、森林康养等新产业发展，建设一批新兴涉农专业。促进农科与理科、工科及文科等交叉融合，聚焦生物医学健康、智慧农业、生态绿色发展等新兴交叉学科，布局智慧农业、大数据管理、营养健康、乡村振兴和农村公共管理等战略新兴和行业紧缺专业。三要实施专业动态调整机制，探索专业设置、预警和退出机制。四要加大国内国际专业评估、认证等工作力度，以高水平、权威性的专业评估推动专业建设。五要瞄准重点农业新业态、新技术、新产业和乡村振兴、农村公共管理新需求，建设若干涉农微专业，为学生提供更多个性选择。

（四）围绕T形知识结构，打造新型课程体系更新教学方法

新科技革命和产业革命呼唤新农科交叉复合型人才，农业高等学校要培养既具备扎实基础知识，又具备跨学科知识结构、思维能力和综合素养，同时具备分析和解决

复杂性农业农村发展问题能力的人才。[1]课程是高等教育的基本单元，高等农林教育要以课程为抓手，推进课程教育改革。一是围绕T形知识结构开展课程建设改革，一横表示宽厚的理科和文科知识，一竖表示精湛的专业技能素养。一方面要强基础，强化农业特色通识教育课程建设，建设中国农业文明等涉农核心通识课程，大幅增加通识课数量，开展读经典读名著活动；另一方面要精技能，每个农科专业重点建设5~7门核心课程，分批次建设标杆课程，覆盖各个专业，引领教学教改，立项建设一批新农科重点教材。二是深化课堂教学改革，增加课程高阶性、创新性和挑战度。推动全过程形成性考核方案，探索多元考核评价方式方法、非标准答案考试等；为学生合理"增负"，提高课业挑战度，优化学业评价模式，推行过程性考核评价，加大过程考核成绩占比；加大听课笔记、实验记录以及原始数据的比重，培养严谨务实的学风。三是建立课程评估淘汰机制，开展课程评估，引入专家评价、同行评价、学生评价等，借用第三方评价体系，实施末位淘汰制，对综合评分靠后的课程给予限期整改或停开处理，建设"金课"，淘汰"水课"。

（五）着力招生培养改革，开拓基层农技人才订单就业新路径

为加快新农科建设，培养服务乡村全面振兴的科技人才，高等农林教育应探索"订单式"基层农技人才招生培养改革实践，依托农林院校实施基层农技推广人才定向培养，重点为乡镇农技推广机构急需紧缺专业培养本科生，实施"两定一优先"政策（定编制、定岗位、优先保障就业），提前批招录，"订单式"培养，定向性就业。国家层面，要制定新农科建设引导性专业目录，顶层布局新产业新业态急需的新专业，培育农林特色优势专业集群。加大对农科专业改革的支持力度，鼓励高校开展以知识教育为主的学历教育与以实践教育为主的非学历教育结合的教育模式。在基层人才选拔时对农科生适当倾斜，引导更多农科毕业生到基层建功立业，加大对涉农高校的政策支持和财政倾斜。地方政府层面，应着力解决农科定向生的编制、岗位和待遇问题，切实保障基层服务农科生的后续出口问题，毕业生服务基层一定年限后，可自由流动，可选择继续深造；在研究生招生时，对在服务基层就业达到一定年限的考生予以政策倾斜。高等农林院校层面，要积极实施"公费农科生"计划，探索"订单式"农科人才培养的运行机制，创新以新农科为核心的人才培养模式，加强全科农技

[1] 应义斌，梅亚明. 中国高等农业教育新农科建设的若干思考[J]. 浙江农林大学学报，2019，36（1）：1–6.

推广人才和专业素质培养，构建与农技推广岗位相适应的课程体系和教学内容，改革现行学籍管理制度，培养更多“一懂两爱”的乡村振兴人才。

（六）加强深度融合，建立开放办学新格局

高等农林教育不能自成一家，更不能关起门来办学，要改革传统专业设置模式，破除彼此分割的行政院系，使得教育组织体系由封闭走向开放。[1] 一是吸引社会力量参与合作办学，选派农（林）科院专家、农林企业人员到农林院校承担相应教学任务，为学生配备行业（企业）导师，进一步推进与行业企业共同完成人才培养的基本要素资源建设，共同参与培养全过程。二是围绕“一带一路”等与世界一流农林大学合作办学，开发高质量的国际交流合作项目，推进学分学位互联互授，推动涉农“全英文”系列课程建设，积极引进国外优质教育资源。三是建立农林院校人才培养联盟，开展联合人才培养模式，实现学分互认，推进校际合作与交流，每年选拔优秀学生赴农林院校修学一个学期或以上，增加跨校学习经历。四是成立“农林类专业在线开放课程群”建设联盟，成立建设指导委员会和工作组，农林院校共建共享专业核心课程，实现资源共建、信息共享、资源互通，提高课程建设水平，提升教育教学质量。

四、新时代推进新农科建设的几点思考

（一）强农兴农：开展新农科建设的根本出发点和落脚点

新农科建设是中国在实现“两个一百年”奋斗目标征程中，主动服务脱贫攻坚等国家战略过程中的一次重大改革举措。[2] 新农科建设的目的在于培养以强农兴农为己任、知农爱农的新型人才，始终遵循高等教育发展规律、现代农业发展规律和农林人才培养规律，努力培养理想信念坚定的，服务脱贫攻坚、乡村振兴、生态文明、美丽中国等国家重大战略的拔尖创新型、复合应用型和实用技能型人才。新农科要解决立德铸魂的问题，更要回答为谁培养人的问题，要发挥课程思政教育在思想铸魂上的主渠道作用，主动融入情怀教育、耕读教育和劳动教育，使两者同向同行。农林院校要

[1] 王从严．“新农科”教育的内在机理及融合性发展路径 [J]. 国家教育行政学院学报，2020（1）：30–37.

[2] 张祺午．新农科：怎么看，如何办 [J]. 职业技术教育，2019，40（30）：1.

立足学校发展实际，主动探索具有自身特点、区域优势及行业特色的新农科建设路径、经验和模式，切实提升农林教育质量，培养大批知农爱农、承担乡村振兴大业和以振兴现代农业产业为己任的高素质人才。

（二）内涵建设：开展新农科理论研究与改革实践齐头并进

对高等教育而言，内涵发展的基本共识是提升质量。[1]现代农业的特征是市场化、专业化、社会化协同，生产链、加工链、销售链融通以及生产、生活、生态融合。开展新农科建设，首先要开展理论研究，结合学校发展脉络，从历史演进、概念、内涵、理念等方面开展研究，在厘清农科的知识与逻辑的基础上，既要立足校本开展纵向研究，也要立足国内农林教育开展横向对比研究，更要对标世界一流开展高端前沿研究。相较于以模式、规模、速度为主要特点的新工科，新农科有着季节、生命、系统的特性，因此，高等农林教育要走出一条有特色的新农科发展之路。

（三）开放耦合：在继承传统农科基础上开展协同创新发展

新农科包含新农业和大农科的特征，包含了高产值、机械化和智能化，以及农工、农理、农文、农医等融合发展。由不同农科交叉融合产生的专业将成为未来主流农业学科专业。创新农科教育，既要沉淀传统农科的优势和长处，又要融入新农科的新理念、新思路和新方法。新农科建设关键在创新，以“农”为基础，开展农工、农医、农理融合，充分将一二三产业结合到农业专业结构中来，使高等农林教育与农业经济社会形成相互依赖、互相协同、互相促进的耦合体系。对外开放办学是取长补短和互利合作。[2]新农科建设不能闭门建设，要广泛协同外部资源，形成建设共同体，同时需要扩大国际化程度，与国际建设标准接轨，对标国际农林教育一流。新时代背景下，高校要统筹推进新工科、新农科、新文科及新医科建设，实现从以专业教育为主的教育模式向通专结合的教育模式转化，形成“四新”交叉融合发展的新格局。[3]

（四）体系重构：顶层设计和机制建设是综合改革的关键

新农科有着新的知识体系、专业体系、人才培养体系和组织治理体系，以重构、

[1] 李斌 . 新农科视域下高等农林院校教育改革的探索 [J]. 中国林业教育，2020，38（2）：1–3.

[2] 张炜 . 高等教育现代化的高质量特征与要求 [J]. 中国高教研究，2018（11）：5–10.

[3] 吕杰 . 新农科建设背景下地方农业高校教育改革探索 [J]. 高等农业教育，2019（2）：3–8.

汇聚和跨界为主要特点，有着很强的系统性逻辑、学科性逻辑和协同性逻辑。因此，开展新农科建设要有全校性的顶层设计和系统谋划，打补丁式的局部浅层改革，只会是治标不治本。针对农林院校普遍存在的管理机制不健全、活力不充分、开放办学不够、课堂活力不足、教师发展乏力、实践教学质量下降及管理服务效能不高等问题，要从体制机制上予以保障和创新。农林院校要做好顶层设计，强化学院的主体作用功能发挥，完善新农科建设工作机构，实行管理重心下沉；有关职能部门要合力建立教学激励机制，构建具有农业院校特色的绩效考核和评价激励制度体系，优化考核与激励机制，建立荣誉教育体制。如此，就可以实现自下而上的改革，形成学院为主体、学生为中心的办学模式。

（原文刊载于《国家教育行政学院学报》

新农科建设的必要性、框架设计与实施路径

刘奕琳　徐　勇

（南京林业大学）

【摘要】无论是以人工智能为代表的第四次工业革命还是我国对农林业发展的新要求，都将使传统的农林产业领域发生深刻的变革，新农科建设成为农林院校调整优势学科布局、优化学科专业结构、寻求“立地”模式的必然选择。依据新农科建设核心要素，农林院校应形成与国家农林业发展战略布局相适应、与自身内涵发展相协调的专业布局优化动态调整新机制，建构面向需求的新农科的知识体系、组织架构和人才培养模式。

【关键词】新农科；农林院校；框架设计；实施路径

习近平总书记2021年4月19日在清华大学考察时强调，要用好学科交叉融合的“催化剂”，加强基础学科培养能力，打破学科专业壁垒，对现有学科专业体系进行调整升级，瞄准科技前沿和关键领域，推进新工科、新医科、新农科、新文科建设，加快培养紧缺人才。习近平总书记的讲话为农林院校推进新农科建设指明了方向。中国高等农林教育只有与新时代国家战略需求保持同频共振，把握新农科建设的内涵，解决“大而不强”、农林专业吸引力不足、传统农林学科发展与国家“三农”战略推进不协调不匹配等问题，推进学科专业优化升级，“加快先进实用技术集成创新与推广应用”[1]，才能面向新时代需求，打破自身发展面临的瓶颈制约，从而在人才培养、科学研究、社会服务等方面实现更大的突破。

[1] 新华社．中共中央国务院关于坚持农业农村优先发展做好“三农”工作的若干意见 [EB/OL].（2019-02-19）[2022-03-01]. http://www.gov.cn/zhengce/2019-02/19/content_5366917.htm.

一、农林院校建设新农科的必要性分析

高等农林教育是我国高等教育的重要组成，是农业科技第一生产力和人才第一资源的重要结合点。党的十八大以来，高等农林教育实现了跨越式发展。“到2018年，独立设置的本科农业（农林）高校38所，农林本科院校在校生数量已经达到86.6万人”。[1] 农林高等教育体系逐步健全，现有涉农专业本科院校538所，涉农本专科专业每年招生近20万人。当前，农林院校教育发展环境发生了显著变化，原先注重高度专业化、技术化的教育教学方式和人才培养模式，已无法适应新时代农林高等教育的新需求，主动拥抱知识生产新模式的挑战，主动适应新科技革命和产业变革创新，是建设新农科的必然路径；“以生命科学技术、工程科学技术、信息科学技术、管理科学技术等为代表的新兴技术，加快向农业领域渗透，不断开拓出农业科技新领域”，[2] 是新农科建设的现实选择。

从宏观层面来看，建设新农科是应对中国农业全面升级、解决中国农业问题的迫切需要。我国作为全球最大的人口国家，也是全球首屈一指的农业国家，随着世界科学技术的快速进步和国家社会经济的快速发展，我国的农业行业正在从传统意义上的第一产业全面升级成为一种一二三产业融合发展的新型农业行业，农业行业承载的功能也正在悄然发生转变，乡村振兴、美丽中国建设、生态文明成为农业行业的主题词。由于农业行业功能转变、产业转型升级，以服务农业行业为主要方向的高等农林教育也必然承载着新的使命，需要呈现新的格局。《“十三五”国家战略性新兴产业发展规划》进一步明确了农业发展方式的转变和产业发展的目标，“以产出高效、产品安全、资源节约、环境友好为目标，创制生物农业新品种，开发动植物营养和绿色植保新产品，构建现代农业新体系，形成一批具有国际竞争力的生物育种企业，为加快农业发展方式转变提供新途径、新支撑”。农业产业发展的战略目标、新技术新发明在农林业生产中的推广、农林业行业内涵拓展及其可持续发展、农业经营主体的转变和素质提升、传统农林业的改造升级以及现代农业产业发展方式的创新等，都要求我国高等农林院校在切实调研和考察当前国内农林行业及相关业态发展的基础上，根据农林新兴产业对中高端人才社会需求的变化，转变以往的专业建设和人才培养模式，

[1]　吕杰．新农科建设背景下地方农业高校教育改革探索[J]. 高等农业教育，2019（2）：8–11.

[2]　吴普特．世界一流农业大学的战略使命和建设路径[J] 中国农业教育，2018（6）：1–4.

推进契合现代农业产业发展的新农科建设。[1]

从中观层面看，建设新农科是应对学科发展的迫切需求。“无论是新的科技革命还是我国对农业发展的新要求都将使‘三农’领域发生深刻的变革，‘农科’的学科体系也必须进行解构和重构”。[2] 单纯依靠某一学科的力量无法对现代复杂社会作出有效解释。[3] 由于受到行业办学体制的影响，目前我国农林院校普遍存在学科设置单一、知识体系不够宽泛的特点，学科专业知识体系与当前农业一二三产业跨界发展的态势不相适应，难以满足现代农业升级和美丽乡村建设中的新型农民发展的需要。我国农林院校学科建设迫切需要顺应世界科技革命的发展趋势，将生物育种、人工智能、大数据信息技术等前沿科技以及森林休憩与康养、食品安全与健康、农村现代化治理等方面的知识纳入新农科知识体系范畴，重新建构新农科学科专业知识体系，重点解决我国农业全面升级、农村全面进步、农民全面发展遇到的问题，同时呼应农林行业中出现的生物质能源、森林休闲旅游、生物制药和保健品生产等新的产业发展方向。当前，知识生产方式也在发生新的变化，学科融合发展成为一种新的发展趋势，新农科知识体系必须顺应这种趋势，突破现有农林业学科界限，促进理、工、管、经、文等学科知识与传统农科、林科交叉融合，使之不仅能够在处理涉农、涉林技术复杂问题的同时解决好各种经济社会问题，而且还能突破传统思维定式，立足于长远和未来，在更广阔的学科专业空间中探索各种可能出现的问题，从而拓展知识生产体系范式和人才培养范式，推进传统农科向新农科建设转变。既“准确把握农业科技发展方向，加快产出前沿引领技术、关键共性技术、现代工程技术和颠覆性技术”，[4] 提升传统农林学科内涵，建设跨界交叉融合的新农科，做好“顶天”大文章，又在新时代背景下探索农林院校的“立地”模式，培养把握学理、亲近业界、直面问题、满足需求的涉农涉林创新人才。

从微观层面看，建设新农科是涉农院校供给侧结构性改革的必然要求。教育供给侧结构性改革就是从提高人才与服务供给质量出发，用改革的办法推进教育结构调整。[5]

---

[1] 勇强 . 新农科视域下高等林业院校专业结构优化的思考与实践 [J]. 中国林业教育，2020（1）：1–4.

[2] 张红伟，赵勇 . 新技术呼唤“新农科”[N]. 中国教育报，2019–04–08（6）.

[3] 程伟，王福友 . 双一流背景下省属高校学科建设面临的挑战及应对 [J]. 黑龙江高教研究，2018（4）：77–81.

[4] 吴普特 . 世界一流农业大学的战略使命和建设路径 [J]. 中国农业教育，2018（6）：1–4.

[5] 沈毅，宁永臣 . 从专业建设供给侧结构性改革看新工科建设 [J]. 高等工程教育研究，2018（3）：77–80.

当前，从供给侧视角看，农林专业急待优化升级。一方面，农林专业吸引力不足。相比医学、金融、师范这些热门专业，农林专业一直不被考生青睐。即使是贵为农业领域的“带头大哥”中国农业大学也免不了出现爆冷的情况。2019年，中国农业大学在陕西省理科招录分数线为468分，刚刚与一本线持平，比2018年低了将近140分。很多高分段考生宁愿就读一所“211”高校的热门专业，也不愿意就读农林院校的王牌专业。而长期的招生瓶颈难以突破，也迫使农林院校和普通院校的涉农涉林专业面向市场需求必须做出专业设置上的调整，从而加剧了农林院校结构的失衡。另一方面，农林专业协调发展不够。“对国内29所农林本科高校本科专业设置数量情况进行统计，农业高校本科专业平均值为71个，涵盖的学科门类平均是8个”。[1]涉农院校专业优化升级应本着以存量调整为主、以增量发展为辅这一基本思路，既稳步使用加法，又适当用好减法，探索并建立本科专业的退出机制；“通过大力发展新工科、新医科、新农科、新文科，优化学科专业结构，推动形成覆盖全部学科门类的中国特色、世界水平的一流本科专业集群”[2]，实现新工科、新医科、新农科、新文科专业的相同支撑、相互渗透、协同发展；应着眼于自身办学的历史与特色、结合自身发展的境遇与目标，扶需、扶强、扶优、扶特，分清急缓主次，集中优质资源，构建新农科专业群，打造品牌口碑，形成农林院校专业领域的“群体优势”。

二、农林院校建设新农科的框架设计

相对于传统农科而言，作为比较概念的新农科是指新的农科形态，它可表述为“农科+”，即农科+新理念、农科+新结构、农科+新体系、农科+新专业、农科+新技术、农科+新模式等形成的农科新形态。2017年发布的《教育部高等教育司关于开展新工科研究与实践的通知》明确将新工科的主要研究内容归纳为5个新，即“工程教育的新理念、学科专业的新结构、人才培养的新模式、教育教学的新质量、分类发展的新体系”。在高等农林教育视野中，新农科也面临同样的建设要求。在宽泛的意义上，新农科建设的内容必然包含用现代生物技术、网络信息技术、工程集聚技术、智能制造技术、人工智能关键技术等提升改造现有农林专业，加快布局适应新产

[1] 吕杰.新农科建设背景下地方农业高校教育改革探索[J].高等农业教育，2019（2）：8-11.

[2] 教育部：大力发展新工科、新医科、新农科、新文科，优化学科专业结构[EB/OL].（2019-02-26）[2022-03-01]. http://china.huanqiu.com/article/2019-02/14411387.html?agt=46.

业、新业态发展需要的新型的涉农专业，围绕乡村振兴战略和生态文明建设建构涉农新学科，全面推进课程体系、实践教学、协同育人等方面的改革。

无论是农林院校实施创新驱动发展，还是新时代“三农”领域的新要求，传统农科也必须在高等工程教育的总体框架下界定内涵，进行解构和重构。为此，从高等农林教育理论创新和农林院校实践探索的全新视角出发，为适应以新技术、新业态、新产业为特点的农业新经济的蓬勃发展，培养农林科技人才具备更高的创新创业能力和跨界整合能力，新农科内涵应加入新知识范畴、新知识组合、新研究问题、新研究群体、新组织载体、新人才培养等方面的核心要素，以此为基础重点加强新农科知识体系、组织架构、人才培养模式进行框架设计。

（一）重构新农科知识体系

一是拓展新农科知识范畴。第四次工业革命和新时代对农业发展新需求使得一些传统的种植养殖、森林养护知识逐渐退出新农科的知识范畴，而随着“云、网、端”新信息基础设施日益完善，尤其是人工智能技术的出现和应用，对传统农业的发展注入了颠覆性的变革力量。运用视觉识别技术的农业机器人、追踪诊断土壤缺陷的机器学习、利用无人机和计算机视觉分析农作物以及智能型精准农业无人机系统的研发和更广泛地投入农业生产，必将激励农林院校将人工智能所涉及的计算机科学、神经和认知科学，基因工程所涉及的生命科学、智能制造技术、社会学、心理学等不同门类的学科知识交叉融合，纳入新农科的知识范畴。二是调整新农科知识组合方式。按照教育部学科分类，传统的农学门类包括植物生产类、自然保护与环境生态类、动物生产类、动物医学类、林学类等。显然，当前教育部学科分类使得传统农林学科尚未完全实现与生态文明建设、资源集约利用、人类营养健康等领域的有效衔接，与法律、伦理等人文社会科学的衔接更是不足。随着新农科知识范畴不断推陈出新，“农科+”必然会层出不穷，传统的农林业知识的边界必将被打破。三是转变新农科的研究问题域。随着大数据、人工智能及智能制造技术、现代生物技术的发展在农林领域的渗透，农林学科研究内容从单纯重视农业应用研究向重视农业应用研究与农业基础理论研究并重转变，从单一强调农林行业资源、技术、服务向农业全产业链提供科技支撑转变，从单一学科研究向多学科交叉融合跨界转变，从促进农林行业发展向促进以农林行业为主的相关多个行业发展转变，传统农林学科的研究问题域也必然会因此而发生转移。

（二）创新新农科组织架构

一方面要增强新农科研究群体。学科研究问题发生变化，研究主体也会因此有所不同。新农科研究群体比起传统农科来说，要求层次更高、涵盖范围更广，其研究群体除了高等农林院校、农林业研究机构、专门农业技术林业技术管理部门、农林产品企业等传统农业研究机构以外，还应涵盖政府农业管理部门、各层次农业政策研究机构、第三方研究机构、相关国际组织和一些新型农民等。另一方面，要创新新农科组织形式。学科知识体系发生变化，学科组织架构也必然要发生变化。随着传统农林学科边界被打破，新型交叉学科将层出不穷，如作物遗传与发育学、食品安全与营养学、生态环境地理学、地域经济资源学、农业与环境化学等。而传统农林高校以学科分化为基础建立起来的校－学院－系－研究所等结构，既无法涵盖一些新生的交叉学科，也不利于学科交叉应对全球科技变革和学科交叉融合趋势。推进新农科建设，必须创新新农科组织形式，建立和完善以问题与研究领域为指明灯，以互相结合的实体、虚体组织为新的组织架构体系，以此跟随并适应着新农科的发展和变化。当前农林院校要着力打破院系单位制束缚和学科壁垒，以信息科技与智慧农业、宏观农业研究院、乡村振兴战略研究中心等跨学科机构为突破口，围绕学科交叉方向凝练、团队组建、平台搭建、人才成果评价、跨学科人才培养等，建立特殊的研究中心、研究所、跨学院的学部，或者成立特殊的研究小组和研究团队，以此作为新型的交叉学科（或项目）的承接单位组织或个人。

（三）优化新农科人才培养模式

第四次工业革命风起云涌，在“高效和安全的产出和产品、节约和友好的资源和环境”、进行美丽新中国的建设和实现现代化的农业农村的新时代要求下，传统意义上的农林科人才显然不能满足新时代和社会的发展需要。例如，师生之间的互动工具由传统的课本、板书、提问回答等方式变成更多地利用视频、图像等多媒体数字技术进行各种课业交流，信息化革命引发教学范式革命，也必然会给新农科建设带来巨大的影响。信息化时代的到来迫切需要农林院校培养出来的人才也随之适应。新需求引发“新人才”的产生，这些“新人才”需要具备扎实的专业技能以及跨学科的学习能力、创新思维、创新能力和创业精神。新农科人才培养需要坚持“以学生为中心”的教育教学理念，以继承与创新、交叉与融合、协同与共享为主要途径，统筹学校教学资源、社会育人资源、企业创新资源等，积淀、凝练、推动、形成“返本开新”、新农科专业结构优化理念，努力在教学组织形式、培养方式、课程体系、教学模式等方面进行创新，着力培养学生的世界眼光、中国情怀和实践能力，造就以学农、知农、爱农、兴农为特征的新型人才。

三、农林院校新农科建设路径研究

教育部高等教育司司长吴岩指出："加强新农科建设，要科学运用现代科学技术如生物技术、信息技术等改造涉农专业，加快对涉农新专业布局的脚步。蓝天绿水、食品安全和生活富美的美丽新中国将是我们为之奋斗的终极目标"，对标 2035 年基本实现农林业现代化目标，助力中国经济转型升级，促进农林产业高质量发展，是新时代农林院校义不容辞的任务与使命。农林院校需要纠正过去与农林产业（企业）脱节、相对封闭的办学状态，传统农科和传统林科需要面向农林产业的新技术、新经济、新业态进行结构改革，与产业领域和企业需求相融合，引领未来经济的发展。基于如上的思考和判断，笔者认为，应主要从以下 3 个方面进行基于新农科建设的专业优化升级。

（一）通过供给侧结构性改革，加快优化新农科专业结构的进程

传统的农林学科正在发生体系、方式、空间等方面的变化，因此专业构成和设置也必然需要被转变。农林产业新时代已经到来，其战略性发展不断萌生出新的组织形态——传统农林学科专业或向新经济、新业态自然延伸出新兴专业，或在跨学科跨领域之间融合交叉衍生出新生专业。因此，农林院校必须转变以往单纯的"以学科为基础"的专业结构设置思路，应重新塑造"市场为导向，发展是需求"的新农科专业知识体系，采用更为灵活的专业学科设置的规则。同时新农科专业构成的建立既需立足现实又需眺望未来。一是要对一些传统专业进行升级改造。涉农的专业需要利用现代科学技术如生物、工程等技术进行改造。农林院校应探索符合工程教育规律和时代特征的农林人才新培养模式，拓展传统农林学科专业的内涵和建设重点，在建立与农林产业（或行业）人才需求、资源配置挂钩、经费投入的专业动态调整机制基础上，清晰明确国家生态文明战略发展需求，清楚认识社会经济发展与农林业的战略性升级及农林院校办学定位，在此基础上建设匹配农林行业特色的学科专业体系以及适合农林行业特色的人才培养结构。二是对于新产业和新业态急需的新专业如智能农业、农业大数据等进行设立布局。这就需要农林院校关注并了解区域农林经济新兴产业的发展

和变化，“因地制宜”地无缝对接融合当地及附近的资源环境，增加对农林新兴产业适应性强、与农林新兴产业结合度高的应用型专业的设立，优先发展农林新兴产业中的应用性专业，改造升级传统农科、林科专业，有效整合农科、林科与工科、管理、人文等专业，兴办涉农、涉林复合型专业，如与新能源相结合的新能源科学与工程专业、与新材料相结合的生态环境材料与工程专业等。三是要淘汰一批不能紧贴农林业发展和社会需求的老旧专业。合理科学评估设置的专业情况，停办已经落伍于新时代和不能满足行业需求的专业。

（二）推进课程改革创新，提升专业内涵建设水平

“专业”就本质而言，是一系列课程等教学环节的集合体，内容包括课程体系和师资队伍、实验实践实训条件等多项指标及观测点，“但专业定位是否准确、课程体系设置是否合理、师资队伍是否优良、实验实践条件能否支撑学生实践能力培养、管理监控体系是否有效、人才培养质量是否合格、毕业要求是否达成，包括教学方法手段能否适应科技进步和学生实际，都要通过课程去实现、去检验”。[1]新农科专业优化升级的关键点还是在课程，正所谓“改到深处是课程”。[2]一方面，加强课程体系建设，通过不同课程类型的配置，凝练农林学科专业的特色，彰显农林学科专业个性，进而形成鲜明的农林学科体系，从而合理科学地对新兴的涉农专业进行布局，突破传统农林学科专业壁垒，凸显专业优势和特色，比如农产品电子商务、休闲农业。在“休闲农业”专业的课程配置上，应考虑构建公共基础理论课、专业基础课、专业通识课、专业核心课、专业实践课等五大模块跨界课程体系。专业基础课程可设置绘画、植物学、画法几何、工程制图、设计初步、景观生态学、休闲概论、休闲农业概论、旅游产业概论；专业通识课程可设置环境经营规划学、环境绿化与养护、农村转型与休闲产业、休闲与乡村发展、人与环境、生态环境与设施工程、景观游憩行为分析等；专业核心课程可设置游憩市场分析、休闲农业经营管理、休闲农业营销管理、休闲农业规划、公园与游憩规划、休闲景观建筑设计等。另一方面，加强新农科课程建设。“要淘汰水课、打造

---

[1] 李昂．以课程建设为抓手扎实推进专业建设 [J]. 教育现代化，2019（8）：115-116.

[2] 吴岩．教学改革改到深处是课程，改到痛处是教师，改到实处是教材 [EB/OL].（2019-09-02）[2022-03-01]. http://jx.njit.edu.cn/info/1133/1990.htm.

金课，提高课程的高阶性、创新性和挑战度”。[1]加强课程整体设计，加大课程开发力度，建设符合新农科建设要求的优质课程资源。按照体现新农科发展前沿性和时代性要求优化教学内容，促进知识、素质、能力有机融合，培养学生解决复杂农业问题的综合能力和高阶思维；聚焦课堂教学质量，根据学生特点改进教学方式方法，充分体现先进性和互动性；积极探索课程考核评价方式的改革，加大研究性、创新性、综合性内容占比，逐步增加教学过程考核和实践能力在总成绩中的占比。

（三）涵育严于律己、自我查纠的农林教育高质量文化体系

人才培养质量是检验行业高校办学水平的重要标准。培养适应新时代发展的知农爱农的高素质专门人才，需要建设匹配新农科的人才培养质量保障体系[2]，进而形成高质量的文化体系。一是要构建高等农林专业认证制度，推进三级专业认证，实现认证全覆盖。全面提升专业的建设水平，对接国际化，这是专业结构优化的重要内容。专业认证是评判一个院校教育质量是否合格的重要标准，相对于国际上已经通用的其他一些标准成熟的专业认证（如工程专业认证），农业专业认证标准还处于不成熟、不通用的情况。目前，以中国农业大学为“领头羊”的部分农林院校在2018版《普通高等学校本科专业类教学质量国家标准》的基础上，结合欧美国家的成熟经验，成为全国农学、植物保护学等农林专业认证试点工作的先驱。“以学生为工作核心、以产出为工作风向、以农林学科为工作特色”，探索和研究具有中国特色的关于农林科的三级专业认证体系。定时、公开、透明地向全社会发布农林院校的认证结果，如既可以在该校的招生简章和录取通知书上标明认证结果，也可以把认证结果列为农林院校教育质量的重要评估标准之一。二是要构建以农林院校内部质量保障为基础、多部门共同参与的新农科质量保障体系。要加强农林人才培养质量标准的研究和建设，促进农林院校结合国际标准、行业标准，对专业人才培养方案进行修订，构建和新时代农业发展相适应的国家、行业、学校多维质量标准体系。三是要创建以农林院校质量为根本、多组织多部门共同监督的新农科质量保障体系。要依托国家和省、校已有的

[1] 吴岩．教学改革改到深处是课程，改到痛处是教师，改到实处是教材[EB/OL].（2019-09-02）[2022-03-01]. http://jx.njit.edu.cn/info/1133/1990.htm.

[2] 周统建．新时代林业院校如何推进新农科建设——从林业产业发展与林业高等教育关联性角度分析[J]. 中国高校科技，2019（11）：54-57.

教育质量数据监控平台，推进教育教学动态监测和定期评估，开展质量监管的全面探索。四是建设严于律己、自我查纠的农林教育高质量的文化体系。以农林院校人才培养目标为导向，加强对全校教职工的质量文化教育，激发教师与学生的参与热情。注重利用崇尚质量的校园氛围，完善质量文化的规制，将大学质量文化内化为教师与学生的自觉行为。根据农林院校自身的特点，邀请行业、企业、地方政府和兄弟高校共同参与农林院校学生培养质量评价，进一步强化学校的质量文化建设。围绕大学质量文化建设的全面质量管理，要逐一对照文化的物质、制度、行为、精神等 4 个层次，面面俱到，不留死角。[1]

（原文刊载于《黑龙江高教研究》）

[1] 尹者金，潘成云．一流本科教育视域中地方高校大学质量文化建设探究 [J]. 黑龙江高教研究，2018（12）：49–52.

典 型 案 例

中国农业大学：牢记强农兴农使命
奋战全面乡村振兴

实施乡村振兴战略是党的十九大作出的重大决策部署，是新时代做好“三农”工作的总抓手。中国农业大学牢记使命，扎根中国大地建设世界一流大学，紧密围绕国家战略需求，主动担当、积极作为，逐步形成了人才培养、科技支撑、社会服务三位一体服务乡村振兴的新格局。

一、坚守立德树人根本任务，厚植学生“三农”情怀

构建耕读教育与劳动教育有机融合育人体系。牵头编写全国首部耕读教育读本，引领耕读教育教材建设；设置耕读实践教育基地，2021 年，学校组织近 3 000 名本科新生参加“劳动教育实践周”活动，让学生通过亲身实践，实现耕读文化的传承与价值内化。

构建“三全育人”大思政格局。学校在全国范围率先开展“专业课发挥思政功能”专项教改。2017 年以来，累计支持 218 门本科生课程和 70 门研究生课程，不断探索推广思政教育融入专业课建设的经验。将全校 2 600 余门课程的“教学大纲”提升为“育人大纲”，实现课程育人全覆盖，在全国发挥重要示范引领作用。

打造“大国三农”品牌在线开放课程。该课程在“学习强国”平台点击量近 300 万，校内外选课人数突破 1.3 万人次，选课学生覆盖国内 72 所高校，成为涉农高校知农爱农教育的特色名片，引领并推动全国高校乃至全社会的“三农”价值观教育。

二、推进新农科、新工科、新文科建设，优化学科专业布局

主动适应国家经济社会发展需求，聚焦保障国家粮食安全、生态安全、食品安全

和服务区域发展“四大使命”，相继成立农业绿色发展学院、土地科学与技术学院、草业科学与技术学院、“一带一路”与南南农业合作学院、国际发展与全球农业学院及营养与健康研究院。

不断优化学科专业布局，为乡村振兴提供更强有力的人才支撑。大力推进农工、农理、农文、农医深度交叉融合，增设农业智能装备工程、生物质科学与工程、食品营养与健康、兽医公共卫生等11个新农科专业。为培养解决现代种业“卡脖子”技术问题的高素质农业科技人才，新增强基计划种子科学与工程（植物育种）、动物科学（动物育种）方向。打造乡村振兴青年人才培养计划，成立“中国种业菁英班”“中国乡村振兴农场主菁英班”。

全面实施专业学位研究生专项制改革，精准服务“三农”事业发展。目前学校已设置10个大类、56个专业学位研究生专项，覆盖全校所有全日制专业学位硕士研究生，并涌现出“科技小院”“牛精英”“葡萄产业体系”“卓越临床兽医”等一批特色专项，在推进产教融合、协同育人等方面取得显著成效。

三、发挥科学研究优势，引领农业科技创新体系构建

学校面向国家重大战略需求和国民经济主战场，坚持“把论文写在祖国大地上”，持续协同攻关和全链条创新，在生物种业、耕地保护、农业绿色发展等农业科技核心关键领域，产出一批农业关键技术成果。持续攻克玉米单倍体育种、黑土地保护、低蛋白日粮与食品安全快检等一批农业领域“卡脖子”重大关键技术。

创建“梨树模式”，增产5%～20%，节约成本20%以上，水土流失减少60%以上，获得习近平总书记高度认可。李德发院士团队研制的新型饲用氨基酸和低蛋白质饲料，年大豆用量减少1 470万吨，氮排放平均减少20%。张福锁院士团队提出的绿色增产增效理论和技术新思路，突破高产与高效难以协同的国际难题，研究成果两次在《自然》杂志上发表。

学校大力开展成果推广转化行动，加强乡村振兴战略研究，先后组建国家农业农村发展研究院、国家农业科技战略研究院、国家乡村振兴研究院等高端智库，50多项调查报告和政策建议获党和国家领导人批示。围绕产业兴旺、生态宜居、乡风文明等前瞻性问题，成立“农村基层党建研究中心”。

四、融合教学科研社会服务职能，构建乡村振兴大服务格局

践行“解民生之多艰”百年追求，学校不断提升服务国家重大战略和地方经济社会发展能力，在助力国家脱贫攻坚、农业绿色发展等领域取得突出成绩。

打通人才培养、科学研究与“三农”事业的最后一公里，每年派出近3 000名学子赴全国百余县开展社会实践，形成了“科技小院”“乡村振兴班”“种业菁英班”“牛精英”“脱贫攻坚·青春建功”“全国农科学子联合实践行动”等一批深扎“三农”一线的特色育人品牌。

李小云教授团队的“深度性贫困综合治理”河边村模式、叶敬忠教授团队的“小农扶贫”模式以及“三精准1234”镇康扶贫模式等，不仅得到了中央领导同志的相关批示，也为全国乃至世界提供了可借鉴的成功经验。学校连续3年获得“全国脱贫攻坚奖创新奖”，成为全国唯一获此殊荣的高校，并获得1项“全国脱贫攻坚奖组织创新奖”。

张福锁院士团队的“引领绿色发展”曲周模式，依托曲周实验站和科技小院，全力打造跨学科、多单位、集团式农业绿色发展综合性创新平台，在完善农业绿色发展理论体系、突破关键“卡脖子”技术、培养知农爱农新型人才、服务乡村生态振兴等多个方面取得显著成效。“科技小院”模式先后被写入中共中央办公厅、国务院办公厅印发的《关于加快推进乡村人才振兴的意见》等重要文件。

五、拓展国际交流合作，引领构建全球农业与国际发展共同体

参与构建人类农业教育命运共同体，引领我国在“一带一路”与南南合作领域的农业教育科技合作。成立于2017年的“‘一带一路’农业合作学院”在联合国总部发布系列报告，参与国际发展评估标准制定；在坦桑尼亚实施的“千户万亩玉米增产示范工程”减贫项目，入选联合国南南合作优秀案例。

服务国家“中非合作”战略，打造中非公共管理、“中非科技小院”、“中非农业合作1+1”3个专业硕士班，公共管理硕士新增“国际组织与社会组织管理”人才培养方向，突出中国农业发展和减贫经验，助力农业教育援外人才培养。

构建与国际组织新型合作关系，与联合国南南合作办公室、联合国粮农组织、世界粮食计划署等国际组织建立合作关系，努力提高中国农业高等教育国际话语权。学

校推出研究生、本科生“出海深度学习”重大举措，与世界顶尖农业大学联盟成员大学建立首个双边合作人才培养计划，联合培养农业科技人才。

（资料来源：中国农业大学）

北京林业大学：以总书记回信精神为指引　为生态文明建设培养时代新人

近年来，北京林业大学深入学习贯彻习近平总书记给全国涉农高校的书记校长和专家代表重要回信精神，持续推进新农科建设，依托学校特色优势农林学科专业，强基固本，主动求变，加快推进新农科研究与改革实践项目落地显效，深入探索新农科建设的新路径新范式，为党和国家高质量培养新时代知农爱农新型人才。

一、新农科建设成效

（一）强化学科专业交叉融合，深度推进新农科背景下的农林人才培养模式创新

学校紧密围绕“两个大局”，紧跟国家战略和经济社会高质量发展需要，面向农林产业新业态，发挥学科交叉融合“催化剂”作用，加快推进农工、农文学科专业交叉融合，将培养通才化、多元化，具备跨界整合能力的复合型人才作为重中之重。

一是构建新农科背景下现代林业人才培养的新范式（见图Ⅴ-1）。高度聚焦学术前沿、国家战略需求、行业产业发展，精准把握和系统梳理现代林业的外部环境和需求供给，提出新林科建设的新动态、新趋势、新增长点。坚持扎根中国大地，精准对接林草行业发展，强化政策资源协同，加强国际交流与合作，加快推进“根蘖式”拓展、“嫁接式”升级、“修复式”改造、“混交式”复合等多类型一级学科或学科门类之间的交叉融合方式；以“新产业新业态急需的新专业”为导向，开办经济林、野生动物与自然保护区管理（森林康养方向）等行业特色专业，申办生态学、草坪科学与工程专业，全面提升林科人才培养质量，为支撑现代林业发展和高质量林科专门人才培养提供可借鉴、可推广的新范式。

二是推进农工交叉融合的园林人才培养模式创新与实践。优化基于需求导向和能力培养双驱动、农－工学科深度融合的园林专业人才培养体系。启动风景园林本科虚

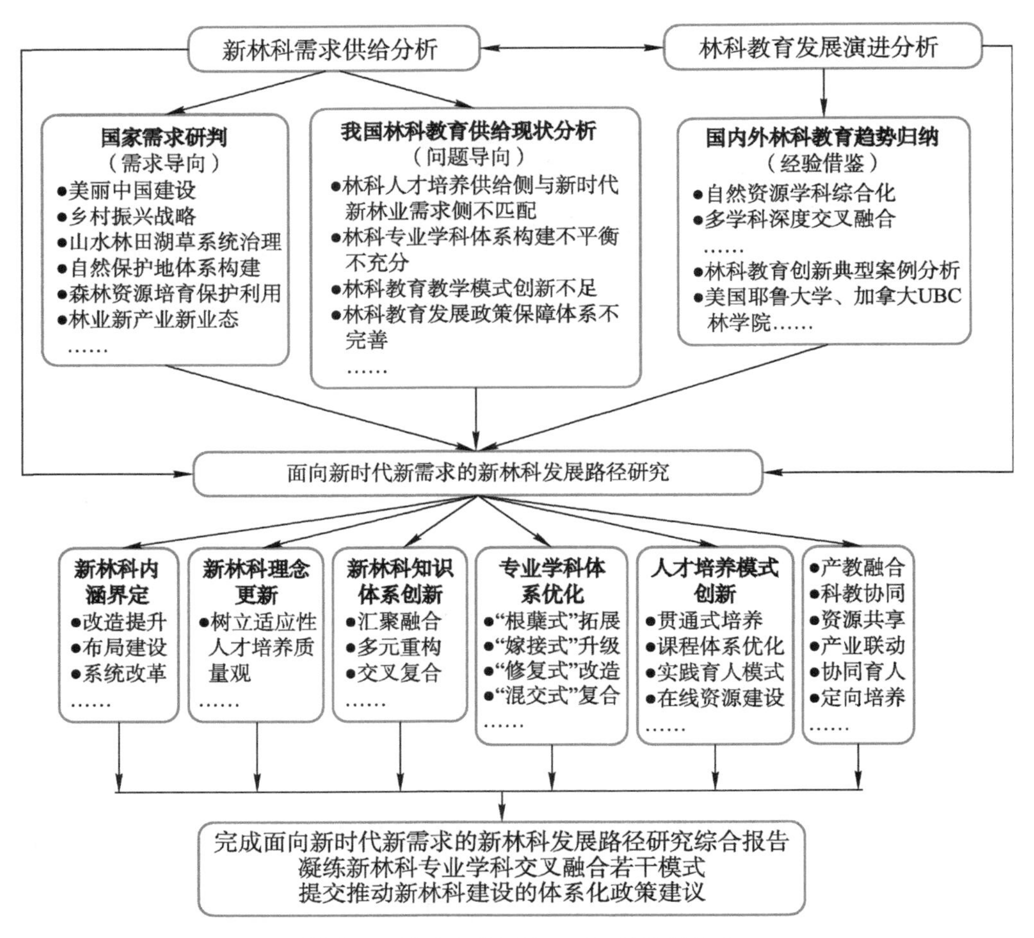

图Ⅴ-1　构建现代林业人才培养的新范式

拟现实教学及设计教学汇报系统建设；开设基于学科前沿动态的暑期国际联合课程、联合设计坊、花园建造节；推广“以赛代练、教研融合”的设计教学手段和科研探究式植物教学方法；推进联动化教学方式，组建校企协同课程组，开展本科生联合毕设及联合教学论坛；建设农-工学科有机联动的课程体系与教学团队，设置“三纵一横”课程体系，构建植物生态、规划设计、实践实训3条纵向主线，组建农-工学科协作式的系列课程教学团队。

三是打造协同创新的实践育人平台。坚持校企融合促进人才培养，与优质企业探索合作共赢的产教融合机制，共建多元化、多层次、高水平的实践育人基地，截至2021年12月31日，学校建设“农林生态环境”相关本科实验教学中心8个（建筑面积2.27万平方米），各类实验室等139个，充分满足学生实验教学、大学生创新项目以及相关科研训练的需求；建设“农林生态环境”类实习基地40个，其中国家级4

个，省部级3个，校级实习基地33个；深入推进产学合作协同育人，2018—2021年获批教育部公布的产学协同育人项目61项，在复合应用型人才培养方面起到引领和示范作用。升级国家级园林实验教学示范中心，率先建立数字景观实验室；丰富实践教学内容，构建“产学合作—协同培养—就业”三级实施体系。

四是实施基于产业需求的农文交叉融合复合型农林管理人才培养创新与实践（见图Ⅴ-2）。基于林业产业发展需求，深入推进“农林＋经管”的复合型人才培养的改革探索。双向改革人才培养路径，构建适应全产业链人才需求的经管类和农林类知识体系；对林科类专业和农林经济管理专业的能力体系培养进行调整优化；分类强化复合能力培养，实施导师制的人才培养模式和弹性教学计划，选修课模块不设置特定课程。

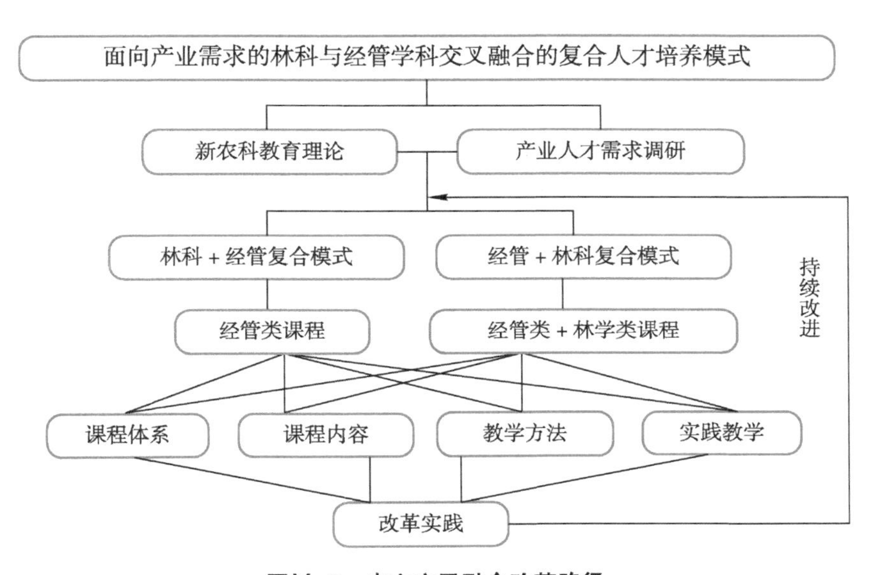

图Ⅴ-2 农文交叉融合改革路径

（二）融入信息技术变革力量，全面推进共享的农林课程体系建设

在改革实践中牢牢抓住提高人才培养能力这一核心，瞄准农林高校教师对先进教育教学理念和新兴教育技术不够敏感这一关键制约因素，注重系统设计，以信息技术这一变革力量为牵引，探索农林教育教学的高质量共享体系建设。

一是实施大规模在线教学，贡献学校改革经验。“停课不停教、停课不停学”，在信息化教学改革实践的引领支撑下，“用心、用力、用情”成功打造了“网联八方连心连线”在线教学的北林模式，实现了大规模在线教学与课堂教学实质等效。及时向兄弟高校特别是农林高校提供课程教材资源，分享在线教学经验，学校成为全国在线教学5所示范高校之一。

二是部署智慧教学系统，深化课堂教学改革。以需求为导向深入调查研究，学校召开系列师生座谈会，深入总结在线教学经验，改进不足；部署定制版智慧教学系统，形成统一的自有在线教学平台，提高教学的稳定性；建立常态化的智慧教学系统培训支持渠道，制作面向教师和面向学生的便捷直观的使用手册，开展专项培训，帮助师生熟练掌握系统的多场景应用。

三是强化课程内涵建设，推进高质量发展。形成标准化的特色课程体系，面向新农业、新乡村、新农民、新生态，制定水土保持与荒漠化防治、农业资源与环境等自然保护与环境生态类专业教学认证国家标准，搭建符合专业建设规范的标准化课程体系。通识教育课程体系坚持“少而精”，以思政与创新为引领；学科专业基础课程体系坚持“宽与用”，以基础与工具为引领；专业核心课程体系坚持“整与分”，以知识技能需求相当为引领。建设规范化、精品化的一流课程群。学校按照“两性一度”的建设要求，成功打造了一批高质量高水平的特色品牌课程，形成了一批涉林涉草专业的高质量“金课”群。2018年以来，立项完成112门校级精品在线开放课，其中全国性慕课平台上线72门、国际慕课平台上线2门，获批国家级一流本科课程12门，北京高校“优质本科课程”立项8个。

四是打造农林特色教材，奠基新农科改革实践。“十三五”期间，学校立项农业农村部、国家林业和草原局规划教材276种，出版各类教材158种，高质量教材建设步伐持续推进。2017年以来，7种教材获得“全国高等农业院校优秀教材”称号；8种教材获“北京高校优质本科教材课件”立项；申报“十四五”规划教材258种。学校高度重视教育教学与信息技术的融合，教材建设立项中重点支持和鼓励教师编制数字化、立体化教材，2017年以来，学校累计出版新形态教材17种。

（三）强化示范引领，率先构建基于实践的农林高校本科毕业论文标准体系

“把论文写在祖国大地上”是农林高校的优良办学传统，建设新农科是农林高校的时代重任，加强和规范本科毕业论文工作是推进农林高校人才培养的重要抓手。

一是率先编制农林高校本科毕业论文标准，推动全国农林高校本科毕业论文研究改革，加强和规范本科毕业论文工作。二是组织全国农林高校汇编《新时代农林高校本科毕业论文工作实践》，充分展示和分享新时代农林高校本科毕业论文工作改革研究成果，共收集北京林业大学、中国农业大学、东北林业大学等23所农林高校的58

篇研究成果，涵盖制度建设、质量体系、信息化管理等新农科高校本科毕业论文改革工作重点内容。

二、下一步工作展望

新农科是新时代农林高校的奋进之笔，是建设生态文明、投身乡村振兴的真实行动。北京林业大学将继续集聚力量，立足学科专业，瞄准人才培养，攻克技术难关，在新的征途上力争取得更多成绩。

（资料来源：北京林业大学）

吉林大学：综合性大学新农科建设机制的实践探索

涉农综合性大学作为农林教育发展和农林人才培养的重要基地，在涉农学科科学研究、科教融合、人才培养、乡村振兴等方面具有独特的优势和传统。面向新农科建设任务，吉林大学以承担的教育部、吉林省、学校的新农科建设改革研究项目为牵引，依托学科综合和基础科学研究的资源禀赋，更新农学学科建设理念，从顶层设计、学科交叉、专业优化、科教融合、协同育人、综合保障等6个方面，探索研究了综合性大学新农科建设机制的实践路径。

一、建设成效与举措

（一）构建顶层设计机制，完善新农科建设组织架构

顶层设计是新农科建设的“牛鼻子”工程，是实施新农科建设的前提和基础。吉林大学根据学科综合特点和建设任务情况，加强顶层设计。

一是成立专门的组织机构。鉴于学校同时承担国家“四新”建设任务实际，成立“四新”建设工作领导小组，下设新工科、新医科、新农科、新文科4个建设工作组，各工作组下设专家组和办公室。领导小组由校长担任组长，负责研究“四新”建设学校规划和重大宏观问题决策；各建设工作组由4位分管副校长分别担任组长，分头负责“四新”建设组织实施工作；各专家组负责本学科建设方面的论证咨询工作；教务处和相应学部（校区）教学办负责各办公室日常管理协调工作。二是制定专项建设规划。学校把“四新”建设纳入“十四五”建设发展规划，并制订新农科建设行动专项计划，明确“探索建设机制、优化学科专业、改革培养模式、加强协同育人”的建设思路，以教育部、省级、校级新农科建设研究项目为牵引，全面推进新农科建设，计划5年内完成综合性大学新农科建设机制及其涉农专业人才培养模式改革研究，改造

4～5个传统的涉农专业，新建2～3个新兴涉农专业，建设1个综合性校内新农科实践教学科研基地，建设4～5个高水平校外产学研融合协同育人基地。三是创新人才培养目标。学校贯彻以学生为中心、成果导向和持续改进的教育理念，提出培养“有家国情怀、批判性思维、创造创新能力，懂交流、善合作”，德智体美劳全面发展的社会主义建设者和接班人的人才总体目标。涉农专业面向新农业、新乡村、新农民、新生态，服务乡村振兴战略，培养知农爱农的创新型复合型新型卓越农业人才。

（二）构建学科交叉机制，培育新兴涉农学科专业

学科交叉是培育产生新兴学科的有效途径。吉林大学围绕国家战略需求和服务经济与社会发展，发挥学校学科综合优势，把实现学科交叉融合、培育产生新兴交叉学科，作为学科建设的发展战略。

一是成立新兴交叉学科学部。学校在人文学部、社会科学学部、理学部、工学部、信息学部、地学部、医学部、农学部8个学部基础上，适应学科建设发展需要，新增新兴学科交叉学部。二是开展学科交叉融合创新项目培育工作。通过“学科交叉融合创新”项目培育和倾斜投入，引导和激励新兴交叉学科建设，扶持农学与理学、医学、工学、信息学、地学、管理学交叉，培育新兴学科专业。三是面向国家战略需求设立新兴学科专业。遵循“同一健康，同一医学”理念，适应严重急性呼吸综合征（SARS）、禽流感、新冠肺炎疫情等公共卫生安全的新挑战，在国际上率先成立了首家人兽共患病研究所，并迅速发展成为“教育部重点实验室”。通过学科交叉融合，学校建成了农学与医学大健康、农学与理学大生命两大“双一流”交叉学科群，高标准、高起点建设并获批人与动物共有医学、仿生科学与工程两个交叉学科一级学科博士学位授权点，还计划增设“人与动物共有医学”“智慧农业”等2～3个新专业（方向）。

（三）构建专业优化机制，改造传统涉农学科专业

专业优化调整是高校专业建设的有效手段，是推进新农科建设的必要措施。吉林大学拥有16个涉农专业（方向），包括6个国家卓越农林人才教育培养计划试点专业，学校制定了本科专业建设标准和专业建设规划及管理制度，按照“扶优扶特、升级改造、优胜劣汰”专业建设思路，优化专业结构，促进涉农专业建设水平提升。一是重点扶持、倾斜投入，突出加强6个卓越农林计划专业2.0建设，近年成功获批涉农类国家级一流专业6个。二是守正创新、突出特色，加强动物医学、植物保护、食

品科学等涉农特色专业建设。三是升级改造、内涵建设，利用校内生物技术、工程技术、信息技术资源，改造提升农业资源与环境、园艺、食品质量与安全、农林经济管理等传统涉农专业。四是优胜劣汰、动态调整，主动撤销或停止招生涉农类专业 2 个。

（四）构建科教融合机制，培养创新人才和服务乡村振兴

科教融合是世界一流大学的核心办学理念，是高校培养创新人才的必然选择。吉林大学充分发挥科教融合优势，助力创新人才培养和乡村振兴。

一是把学科最新科研成果融入教学内容。要求每个学科、每门课程、每名教师，特别是涉农等应用学科，都要及时把自己的科研成果，恰当地引入教学，保持教学内容的先进性。二是强化高层次拔尖创新人才培养。学校打造“基础学科拔尖人才培养计划”唐敖庆理科实验班、“卓越农林人才教育培养计划”动物医学拔尖创新人才实验班，实验班每年免试推荐研究生比例高达 80% ~ 100%。三是加强创新创业实践训练。实施“大学生创新创业训练计划”，推广本科生导师制，让本科生广泛参与科研工作，加强培养学生科研创新实践能力。四是建立荣誉培养计划。设立荣誉课程、荣誉学分、荣誉实践体系、荣誉学位，通过设置多轨道、高阶性、挑战性、开放式的荣誉课程和荣誉实践环节，强化因材施教和个性化培养。五是开展科技扶贫。学校充分发挥科研优势，组织教师开展科技扶贫，将科研成果转化为扶贫项目，在定点扶贫的吉林省通榆县累计投入 11 个科研项目、100 余名科技专家开展科技扶贫，研究盐碱地治理，建立作物栽培技术试验示范基地，连续 3 年持续增产，新品种创造了增产 80.9% 的历史新高，为脱贫攻坚和乡村振兴作出了重要贡献，1 名教师荣获“全国脱贫攻坚先进个人”荣誉称号、1 名教师荣获“全国脱贫攻坚奖创新奖”。

（五）构建协同育人机制，提高人才培养质量

协同育人是高校人才培养改革的新模式，是新农科人才培养的重要途径。吉林大学高度重视协同育人，不断提高人才培养质量。

一是深入推进校内“三全”协同育人。2018 年 10 月，学校以“传承红色基因，培育时代新人”为主题，入选全国首批 10 所“三全育人”（全员、全过程、全方位）综合改革试点建设高校。试点建设以来，学校坚持高位谋划、重点攻坚、层级推进，从课程育人、科研育人、实践育人、文化育人、网络育人、心理育人、管理育人、服务育人、资助育人、组织育人 10 个方面设置 10 个专项工作组，针对 12 个大方面的 90 项建设指标，明确了 287 项预期成果，率先编写 12 个学科的课程思政指导教材，

成功获批高校思想政治工作创新发展中心（心理育人方向），全面形成全员育人、全方位育人、全过程育人的大思政格局。二是加强校外产学研协同育人。学校通过强化与农业企业、科研机构的合作，创建产学研协同育人机制，推进新农科人才培养链与产业链对接。学校涉农专业与中国农科院特产研究所、吉林省农科院、长春皓月集团、长春国信现代农业科技发展股份有限公司等单位签署合作育人协议，共同打造产学研融合协同育人基地。

（六）构建综合保障机制，提升新农科建设质量

吉林大学坚持以高质量内涵式发展为主题，以“吉大特色的思政工作体系引领工程”“良性互动的学科生态体系平台工程”“现代科学的学校治理体系基础工程”为牵引，紧紧抓住东北全面振兴全方位振兴的战略机遇，推进新工科、新医科、新农科和新文科建设。

一是强化新农科的资金支持。学校在“十四五”规划中提出，要聚焦“四个面向”，围绕生物育种、大生命健康等，主动开展研究；将包括农学学科在内的生命科学纳入学校“双一流”建设体系，加大新农科资源配置和资金投入。二是加强高水平新农科师资建设。出台《吉林大学“匡亚明/唐敖庆学者”人才岗位聘任管理办法》等配套文件，农学学科先后产生学校卓越教授、领军教授、英才教授、青年学者20余人次，新增各类人才10余人次，营造了“近者悦、远者来”的新农科人才生态体系。三是完善新农科建设制度保障。印发《吉林大学深化教育评价改革工作方案》，将服务乡村振兴等国家战略纳入学校总体评价方案；拟制农学学科建设规划，以制度形式规范新农科建设发展；建立学科交叉融合创新培育项目制度，形成一批体现吉林大学学科优势的新兴战略和学科交叉专业。四是探索建立新农科建设评价机制。突出立德树人导向和服务国家战略导向，将服务脱贫攻坚、乡村振兴战略成果纳入农学学科绩效评价和教师评价，单独开展“脱贫攻坚”系列教师职务评审，累计评审高级职称8人。

二、下一步工作计划

总之，通过初步探索构建综合性大学新农科建设机制，发挥学科综合优势和基础研究力量，优化传统农科专业，深化科教融合，强化农工、农理、农医、农管交叉，综合性大学能够成为新农科建设的重要推进力量。

从服务国家乡村振兴战略和新农科建设考虑，学校将对新农科建设机制进行进一步实践完善，着力推进形成新农科发展的新样态；推动农学学科与其他学科间的协同发展，实现不同学科间的相互促进与支撑，为农学学科发展夯实科学基础；面向世界农学科学前沿，开展融合研究、融合学习和融合实践，推动农学学科不断提升；创新研究新农科人才培养模式，面向新农业、新乡村、新农民、新生态，全面深化农学学科专业建设和人才培养改革，为新农科教育提供具有综合性大学特色的新方案、新路径、新经验。

（资料来源：吉林大学）

东北林业大学：“四个坚持”推动新农科建设发展

为深入贯彻习近平总书记给全国涉农高校书记校长和专家代表重要回信精神，落实新农科建设“三部曲”，东北林业大学以立德树人为根本，坚持“质量、绿色、创新、合作”发展理念，立足发展定位、特色优势，结合服务国家重大战略、地方经济社会和行业产业发展的需求，着力构建高水平创新人才培养体系，探索建立新农科建设的新范式、新标准、新技术、新方法，推动高等农林教育创新发展。

一、新农科建设工作进展及成效

（一）坚持质量发展理念，夯实教学基础建设

1. 服务国家发展战略，加强专业交叉融合

实施培养能力提升计划，深化“林业 +”教育改革，主动布局林业 + 大数据、林业 + 人工智能等战略新兴方向，推进农工、农理、农文交叉融合创新。成立林业人工智能研究院、化学化工与资源利用学院，发挥学科优势、加强学科专业交叉。增设助力智慧林业发展的人工智能、机器人工程本科专业，为传统专业改造赋能。学校 12 个涉农专业获批国家级一流本科专业建设点，约占涉农专业总数的 60%。出台《东北林业大学本科辅修学士学位管理办法》，重点突出“前沿性、创新性、交叉性”的专业特点，着力建设新型辅修专业、微专业，推进交叉复合人才培养。

2. 聚焦师生思政工作，立德树人使命担当

实施思想政治铸魂计划，推进实施“树人工程”，发挥思政课程和课程思政育人功能，重点打造生态文明教育类一流课程和以生态文明为着眼点的课程思政教育。出台《东北林业大学一流本科课程建设实施方案》，构建学校特色的一流课程体系。目前学校获批国家级课程思政示范课程 3 门，国家级、省级、校级一流本科课程分别为

13门、58门、232门，学校将持续探索涉农课程建设，支撑新农科人才培养。

3. 体现党和国家意志，提升教材建设水平

学校主动作为，为新农科人才培养写好“剧本”。布局未来农林教育，组建高水平教材编写团队，多举措全方位激励导向建设一批基于优势学科的高水平农林精品教材，统筹立项建设首批校级“十四五”规划教材51部。获首届全国教材建设奖优秀教材二等奖1项、先进个人1人，首届黑龙江省教材建设奖优秀教材10部。

（二）坚持绿色发展理念，彰显以“林”育人特色

1. 教师倾心投入教学，人才队伍成效初显

学校形成“三全育人”大格局，林学院被评为教育部第二批“三全育人”试点学院。现有国家级教学名师3人，全国绿化奖章获得者1人，全国林业和草原教学名师3人，国家林业和草原局科技创新团队2个，全国林草科技创新领军人才、青年拔尖人才分别为2人、4人，为高质量培养农林人才提供坚强保障。

2. 丰富以“林”育人内涵，创新“林”中育人实践

学校履行行业特色大学使命，聚焦国家生态文明，碳达峰、碳中和战略需求，出台《东北林业大学生态文明教育实施方案》，构建生态文明学科专业体系，打造生态文明人才培养体系。设置生态文明教育课程体系，增设生态文明通识教育课程模块，建设“中国传统文化与生态文明”等14门生态文明教育通识课程；首批建设20余门农林实习实践类共享课程；持续建设帽儿山、凉水实验林场等特色基地；形成生态文明教育产政学研合力，进一步推动高水平农林人才培养，为生态文明建设提供“东林方案”。

（三）坚持创新发展理念，促进绿色发展创新

1. 改革人才培养模式，加快创新人才培养

面向林业行业转型发展需求，立足新发展阶段，筹划未来农林教育发展，重塑林学类、林业工程类成栋实验班人才培养模式；增设生物科学基础学科拔尖人才成栋班，强化对两个“双一流”学科的支撑，培养卓越林业生物学拔尖人才，加快高质量新农科创新人才培养，服务未来领军人才需求。

2. 创新人才培养机制，激发自主学习动力

基于OBE理念修订培养方案；通过完全开放的选课机制推进学分制改革；实施“自主选择－择优竞争－完全开放”政策推进转专业政策改革。改革学生评价方式，

实施"N+1"形成性考核，按照提升学生创新能力的方向进行教学和考核设计，启迪创新思维，激发创新潜能。

学校积极探索面向未来高等农林教育改革新路径新范式，"建设具有农林高校特色的教师教学发展中心""发挥资源优势，共育农林人才，打造帽儿山实践教学示范基地"等6个项目获批国家级新农科研究与改革实践项目，推动新时代高等农林教育创新发展。

（四）坚持合作发展理念，服务地方行业需求

1. 传承东林精神品格，扎根绿色发展事业

学校传承弘扬"人拉犁"的艰苦创业精神，塞罕坝的奉献坚守精神，鼓励师生到祖国最需要的地方建功立业。制定《东北林业大学支林计划实施方案》，设置支林计划推免专项，选派优秀学生深入大兴安岭地区行政公署等涉林单位开展支林工作，学校和所在单位为学生选配双导师，制订个性化培养方案。进一步强化高校与企业间深度合作，共育知农爱农新型人才，助力林业行业转型，服务地方经济发展。

2. 深化科教产教融合，协同提升育人质量

加强科教产教融合育人，深化联合培养人才模式的创新与改革，构筑产学合作教育模式，与中国林业集团、黑龙江省自然资源厅等共同建立236个就业实践基地，推进"带薪－实习－就业"，打造人才培养、科学研究和解决企业需求的"三赢"模式。成功承办第十二届"挑战杯"中国大学生创业计划竞赛，连续3年蝉联全国农林类本科院校大学生竞赛排行榜榜首，凸显农林教育特色。

3. 增进教育国际合作，丰富国际教育资源

成立中外合作办学机构奥林学院，设立生态学硕士点、生物技术本科专业，加强与奥克兰大学、阿斯顿大学等海外知名高水平大学的联合培养项目建设，通过创新理念、内容、方式与途径等培养具有国际交往与跨文化沟通能力的农林高水平创新人才。

二、存在的问题及下一步工作计划

农林教育的专项支持力度有待提高，建设区域性共享农林实践教学基地的地方支持有待加强，林业教育的隐性滞后作用有待挖掘。

学校将立足新发展阶段、贯彻新发展理念、构建新发展格局，着力打造碳中和创

新人才培养高地。以科学研究为引领，贯穿学科专业建设，贯通科教融合、产教融合，勇担行业特色大学使命，提升服务国家重大战略需求能力，布局未来人才培养，推动高等农林教育成为绿色教育的提供者、绿色科技的推行者、绿色文化的引领者，助力建设天蓝地绿水清的美丽中国。

（资料来源：东北林业大学）

南京农业大学：农科教融合发展的“南农模式”

南京农业大学深入贯彻落实教育部《高等学校乡村振兴科技创新行动计划（2018—2022年）》，创新设施“党建兴村，产业强县”行动，积极搭建科教平台，把“脱贫攻坚主战场”变成“立德树人大课堂”，形成农科教融合发展的“南农模式”，切实提高了学校服务区域经济社会发展和乡村振兴的能力和水平，成效显著。

一、重要举措及成效

（一）多元协同助推乡村振兴

成功举办全国高等学校新农村发展研究院第三届乡村振兴论坛，42所高校140余位专家共同为高质量助推乡村振兴贡献“高校方案”和“高校智慧”。携手全国12所农林高校共建“乡村振兴云学堂”，为“十四五”在云端开展科技服务和转化科技成果奠定坚实基础。当选为江苏省现代农业产业园区联盟第一届理事长单位。发起成立农业有机废弃物资源化利用产业联盟、稻麦种植产业技术创新战略联盟等，为产业振兴不断助力。深入推进实施长三角乡村振兴战略研究院项目。指导创建省级试点示范项目7个，帮助地方争取扶持资金3 000万元，建设科技服务乡村振兴的南农示范点多点探索、坚实起步。

（二）“双线共推”助力乡村振兴

学校组织科技特派员“线上线下”双线共推开展科技服务，助推脱贫攻坚衔接乡村振兴。“南农易农”App线上用户7 000余人，发布水稻、梨、生猪等6个产业1 000分钟微课，推送科技咨询1万余条，线下新建新型农业经营主体产业联盟41家。新冠肺炎疫情期间，通过“云指导”等形式服务农户，单次课程观看人数达14

万人次。通过举办江苏省梨产业联盟成立大会、省甜柿产业发展研讨会等活动，促进推广项目实施，推动区域产业发展。相关政策咨询报告获高等学校科学研究优秀成果奖三等奖。

（三）农科教协同创新

学校特设创新创业学院、新农村发展研究院、大学生创新创业训练计划项目申报绿色通道，引导学生赴新农村服务基地、定点帮扶点开展大学生创新创业训练计划的实施，在现代农业、文旅互融等方面对接地方需求，以“基地+项目+导师+学生团”模式实现教学、科研、服务社会“三结合”的项目实施特色。自2017年开始设立基地专硕研究生专项以来，共培养基地专硕研究生105人，基地专硕研究生的毕业论文或设计基本上都围绕基地的服务工作来实现，真正是把论文写在了大地上。同时，依托前期工作基础和南京国家农业高新技术产业示范区，一方面，提升学校白马教学科研基地的建设水平，努力打造区域共享实践教学基地；另一方面，从校内白马基地向外辐射，加强现有310多个各类校外实践教学基地的建设，不断提高学生实践能力和综合素质。

二、典型案例——“党建兴村、产业强县”

在“党建兴村”工作中，学校10个学院对接帮扶麻江10个村，分别带队赴麻江开展系列主题活动，把精准扶贫、乡村振兴与党建共建同谋划、同部署、同督导、同落实，充分调动发挥了各个学院的积极性、主动性、创造性。在“产业强县”工作中，学校围绕麻江的10个特色产业，跨学院组建10个产业技术专班，选派学科带头人、产业体系岗位科学家等60余名产业带动能力最强的精锐，与麻江县地方产业技术人才共同担任班长和专家，组团开展全产业链帮扶。全产业链帮扶体系见图Ⅴ-3。

自实施以来，开展各类特色帮扶活动30余场次，解决麻江县关键技术问题近50项，建立科技示范基地11个，引进新品种700余个，示范新技术、新模式20余项，共建锌硒米、农村电商、草莓、生猪和林禽新型农业经营主体发展联盟5个，培训技能人才2 237人次，辐射服务农业生产面积超过10万亩次；帮助打造农业旅游品牌节1个，吸收游客100余万人次，实现综合收入超过1亿元。

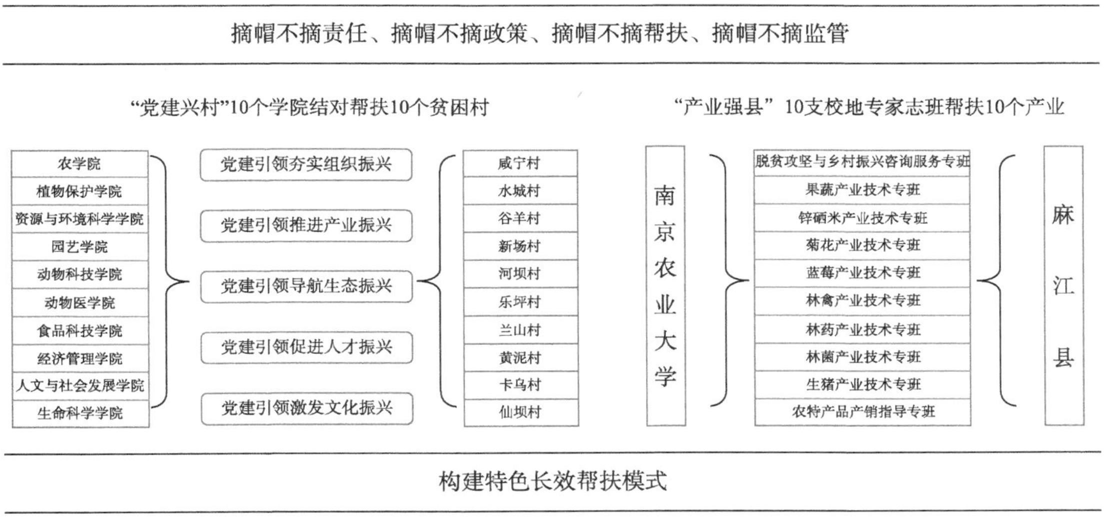

摘帽不摘责任、摘帽不摘政策、摘帽不摘帮扶、摘帽不摘监管

“党建兴村”10个学院结对帮扶10个贫困村

农学院
植物保护学院
资源与环境科学学院
园艺学院
动物科技学院
动物医学院
食品科技学院
经济管理学院
人文与社会发展学院
生命科学学院

党建引领夯实组织振兴
党建引领推进产业振兴
党建引领导航生态振兴
党建引领促进人才振兴
党建引领激发文化振兴

咸宁村
水城村
谷羊村
新场村
河坝村
乐坪村
兰山村
黄泥村
卡乌村
仙坝村

“产业强县”10支校地专家志班帮扶10个产业

南京农业大学

脱贫攻坚与乡村振兴咨询服务专班
果蔬产业技术专班
锌硒米产业技术专班
菊花产业技术专班
蓝莓产业技术专班
林禽产业技术专班
林药产业技术专班
林菌产业技术专班
生猪产业技术专班
农特产品产销指导专班

麻江县

构建特色长效帮扶模式

图Ⅴ-3　全产业链帮扶体系

（一）党建兴村——以“党建引领”助力乡村振兴发展

结合麻江新形势，围绕麻江农业产业发展与乡村振兴重大发展战略，学校进一步整合资源，制订并实施“党建兴村、产业强县”行动方案，协同推进产业扶贫、党建扶贫、智力扶贫、教育扶贫、消费扶贫以及其他特色扶贫活动，通过“党建兴村”切实推动精准扶贫与乡村振兴的有效衔接。

1. 党建引领人才振兴

一是创新培养新时代人才。发挥教育资源，通过开展“六次方”教育扶贫项目为麻江 30 余名小学教师做成长型思维培训，引导教师以启发式的思维教育孩子；通过开展“兴苗计划”，建设助“苗”精准帮扶工作坊，帮助孩子激发内生动力；通过持续开展“禾苗学子”助学成长计划，“一对一”帮扶 72 名优秀学生，组织 70 名优秀学子到江苏实践游学；通过设立南京农业大学奖助学金，首批奖助 60 名麻江学生，多方位激励学生勤奋学习、成长成才。

二是大力培训基础干部和乡土人才。通过举办脱贫攻坚与乡村振兴战略知识培训班、产业发展暨乡村振兴能力提升培训班和农业科技新成果学习培训班等，精准围绕麻江发展需求，做“产业融合发展与乡村振兴”“乡村振兴的产业选择与培育模式”等培训报告，为麻江乡村培训各类干部人才 1 236 人次；通过举办各类产业技术讲座、创业致富带头人培训班、实地技术指导培训班等，为全县培训技能人才 2 237 人次。

2. 党建引领文化振兴

通过在黄泥村、兰山村捐建文化教室，在卡乌村建立农村社会工作教育实训实习基地和社工研究生精准帮扶工作坊等助力乡村文化载体建设；通过组织大学生暑期社会实践调研河坝村“瑶族枫香染”非物质文化遗产、仙坝村古树文化、畲族文化等，帮助设计文化产品，组织优秀红色话剧走进麻江乡村，传递红色信仰力量，丰富乡村文化生活；通过使用全国党建标杆院系创建经费等，慰问边缘户、困难户和留守儿童近70户。

（二）产业强县——以“产业核心”构建特色长效帮扶

为进一步巩固脱贫成果，构建长效帮扶机制，学校围绕麻江县产业现状，创新特色帮扶模式，跨学院组织金牌学科，遴选60位专家组建10个产业技术专班。选派学科带头人、产业体系岗位科学家等，与麻江县地方产业技术人才共同担任班长和专家，按照“用金牌学科、助招牌产品、创品牌产业”的思路，组团开展全产业链帮扶，突显产业扶贫核心作用，激发产业发展持久内生动力。

1.“稻米、菊花、果蔬”产业专班打造“1258阵地战”

推动建设“菊花产业2.0——药谷江村菊花谷项目”，推广菊花观赏品种、食药品种新品种560余个，全县食用菊、观赏菊、菊花园增加至600余亩，带动贫困户在家门口就业，实现脱贫。锌硒米产业技术专班捐赠“宁粳8号”水稻新品种1 100斤，改进“麻江锌硒米”只有籼米的品种结构。带动农户90户，其中建档立卡贫困户43户；果蔬产业技术专班捐赠优质葡萄苗350株，帮助引进草莓新品种10个；推广提纯复壮、脱毒繁育、地膜覆盖技术等，解决“麻江红蒜”蒜种退化老难题，助推麻江果蔬产业提档升级。

2.“电商、乡村振兴”产业专班助推产销融合发展

农特产品产销指导专班指导农村电子商务服务站建设，组建大学生创新创业扶贫实践团，全力促进“黔货出山”。脱贫攻坚与乡村振兴服务专班举办定点扶贫“黔货出山”麻江蓝莓展销会、扶贫科技成果嘉年华等活动，帮助麻江县政府（企业）联系参加广州、杭州等地展销活动16场次，全力拓展产业扶贫销售渠道；发出《致全体南农师生和广大校友“战疫扶贫”的倡议书》。2019年以来，产业扶贫与消费扶贫相融合，帮助销售农特产品1 057万元。

（三）成效经验

学校2017、2018、2019年连续3年入选教育部直属高校精准扶贫精准脱贫十大典型项目；2019、2020、2021 年连续 3 年荣获中央单位定点扶贫工作成效考核最高等级，多次收到中共黔东南州委、黔东南州人民政府的感谢信。学校菊花遗传育种团队的事迹入选央视纪录片《脱贫大决战》，扶贫工作受到各级媒体报道 30 余次：《大山支部小院里开了场座谈会：南农大以党建为引领　催生扶贫内生动力》受到新华社、学习强国等多家媒体报道，受到广泛关注；《配足“富方子”摘掉“穷帽子”》受到中国教育报头版头条报道；《南京农业大学：科技帮扶为贵州麻江端上“金饭碗”》等获得中国科学报、新华社等多家媒体报道。

（资料来源：南京农业大学）

浙江大学：面向国家战略需求培养创新型农科拔尖人才

浙江大学坚持以立德树人为根本，以强农兴农为己任，面向国家农业农村发展战略需求，积极探索新农科教育教学改革，培养高素质创新型农科拔尖人才。现将学校新农科建设情况汇报如下。

一、建设成效

（一）创新农科人才培养模式

一是充分发挥综合性大学优势。依托浙江大学国内一流综合性大学办学起点高、学科门类全、生源素质好等优势，以一流的学科和师资队伍建设为基础，实施大类招生、大类培养。面向农科成立“数理化生公共基础课程教学平台”，强化数理化生基础教学，为农科学生未来发展奠定基础。二是优化人才培养体系。坚持“知识、能力、素质、人格”并重的培养理念，完善“通专跨国际化”课程体系，深化“四课堂融通”的培养路径，加强农学创新人才培养。三是探索卓越拔尖农科人才培养模式。在竺可桢学院设立神农班，培养具有远大理想、拥有国际视野，能在未来农业科学领域发挥引领作用的领袖人才。作为浙江大学未来农学科学家培养“特区”，采用国际先进的培养模式，集中优质教学资源，遴选优秀导师团队全程个性化培养，实施小班化教学，聘请国内外一流名师开设高水平荣誉课程和智慧农业课程群，开展沉浸式高水平科创训练和海外实训。2021 届神农班 29 名毕业生中，8 人赴剑桥大学、普林斯顿大学、加利福尼亚大学伯克利分校等攻读研究生学位，20 人在清华大学、北京大学、浙江大学、中国科学院、香港大学等国内一流高校和科研机构深造，深造率达 96.55%。

（二）深化新农科专业内涵建设

一是强化学科支撑。以一流本科专业建设为抓手，推进“学科－专业”的一体化协同发展，以“宽口径、模块化”的思路，优化专业设置。涉农本科专业从19个调整至16个，其中12个专业入选教育部首批一流本科专业建设点，占比75%。二是优化专业培养方案。根据社会经济和学科专业发展需求，优化课程体系设置，2019级培养方案通过增设“国际化模块”和“跨专业模块”，加强学生创新能力、国际化能力培养。三是全面推进课程教学体系、教学方法、教书育人模式等改革与创新，成果显著。拟推荐的2021年浙江省教学成果奖中有涉农相关成果特等奖1个、一等奖4个、二等奖3个。

（三）建构多层级的高水平课程和教材体系

一是着力打造一流课程。围绕一流课程“两性一度”要求，从制定激励政策、落实资源保障、营造良好氛围等方面系统推进“国家级－省级－校级”一流课程建设。现已有涉农国家级一流课程8门、第二批被推荐申报国家级一流课程15门。二是培育学生爱农知农为农情怀。通过强化课程思政、建设“大国三农”通识课程、加强学生社会实践等措施，培养学生“三农”情怀。目前已建成“智慧农业”“绿色农业与人类文明”“认知与实践——乡村振兴”“农业创业概论”等通识课程。三是推进高水平教材建设。强化教材培育机制，持续开展校级教材立项建设工作，2019年以来已立项47个校级教材建设项目，并依托优势专业，启动农学类实验实训、农业工程专业等系列教材项目建设。我校《环境化学》《土壤学（第4版）》入选首届全国优秀教材二等奖。

（四）打造结构合理的高水平师资队伍

一是加强新农科高层次人才引育。紧紧围绕国家战略和区域发展要求，实施精准引人战略，充分调动各方力量，新农科高层次人才的引育工作再上新台阶。二是实施师资队伍质量提升计划。以浙江大学“全国党建工作示范高校”和“国家双创示范基地”创建为依托，开展“青禾强师”培训班，增强青年教师的“三农”情怀，提升青年教师综合素质。三是实施高校实践型师资计划。加强双师型教师队伍建设，选拔教师到重点企事业单位、综合基地进行挂职锻炼，提升实践教学能力，并从校外遴选一批师德高尚、业务精良、熟悉农业农村产业、具有丰富生产实践经验的兼职教师。

（五）完善农科科教协同育人机制

一是加强实践实训平台建设。发挥浙江大学涉农学科优势，强化“科研支撑教学”，充分依托国家重点学科等高水平科研和实践平台，建设覆盖全产业链、开放式、高水平产学政协同实践实训平台。二是推进协同育人的校企地合作。主动对接农业行业学会、农业企业、农业科研单位等深度参与新农科人才培养，围绕学生教学培养、社会实践、职业生涯规划、创新创业等方面开展深度合作，形成协同育人效应。如，与中国农业国际合作促进会开展人才联合培养，建立校外实习基地，建设国家科技特派员创业培训基地、浙江省饲料产业科技创新服务平台等。三是注重学生创新创业能力培养。连续多年选拔学生参加美国 ASABE 国际机器人竞赛和全国农业机器人大赛、全国大学生农建创新设计大赛、全国食品专业工程实践训练综合能力竞赛等。2016 年获美国 ASABE 机器人竞赛冠军（美国本土以外的参赛团队在该赛事中赢得的首个冠军），2019 年以来 ASABE 国际大学生获高级组、标准组第一名 4 项。

二、面临的问题

综合性大学涉农专业提前招生取消。1998 年浙江大学四校合并以后，涉农专业曾经历过严重的生源不足问题；2007 年起实施的农科大类提前批招生，为稳定生源质量起到了积极的作用。2021 年，教育部全面取消农学大类提前批招生，这给综合性大学涉农专业稳定生源和人才培养带来严峻挑战。

综合性大学学生“三农”情怀有待进一步培养。农业行业走向田间地头的属性决定了农科毕业生工作条件和环境的相对艰苦。而学生对新农业、新乡村、新农民、新生态的发展不够了解，对涉农专业的认同感不强，也导致毕业生从事农业相关领域的比例不高。

综合性大学的优势在新农科建设中的作用有待进一步发挥。新农科的核心应该是如何培养新时代新型农业人才，以满足国家、社会在新时代对人才的新需求。目前，农科专业与工科、理科、文科专业的交叉融合方面尚不足，专业、师资、课程的壁垒需要进一步打破，学生跨专业能力的培养需进一步提高。

三、对策与建议

（一）建议继续执行“提前批”招生模式

考虑到农科人才培养的特殊性，迫切需要国家在综合性大学的农学专业招生政策上继续予以支持，以保障农科教育规模和优质生源，为推动全面乡村振兴和服务“三农”提供人才保障。

（二）进一步厚植学生“三农”情怀

通过完善多渠道、立体化的育人机制，继续推进专业课程的课程思政建设，建设通专融合的优质涉农通识课程，加强农业农村社会实践活动，全面增强学生服务“三农”和农业农村现代化的使命感和责任感。

（三）强化多学科交叉人才培养

综合性大学有高水平的基础科学、人文社会科学、工程科学等学科，需要进一步完善辅修、双学位等复合型人才培养项目，打破专业壁垒，加强学科与学科、通识教育与专业教育之间的融合，形成更多高水平农科教育成果，提升农科人才培养质量。

（资料来源：浙江大学）

华中农业大学：牢记初心使命 服务乡村振兴

华中农业大学始终牢记初心使命，坚持以强农兴农为己任，在践行耕读精神中持续坚守“三农”底色，面向农业农村现代化发展，加快推进新农科建设，主动对接乡村振兴战略实施，扎根农村大地办大学，在乡村振兴中紧抓产业振兴“牛鼻子”，贡献智慧和方案。

一、启动“一院三地”战略

自2017年10月18日十九大报告提出乡村振兴战略以来，学校强化顶层设计、科学谋划，于2017年10月30日在全国率先成立乡村振兴战略研究中心，立足服务“三农”工作基础开展乡村振兴理论与实践研究。2018年出台了《华中农业大学服务乡村振兴战略实施方案》，聚焦乡村振兴构建“一院三地”战略，全面提高学校服务乡村振兴贡献力。

（一）成立交叉科学研究院

强化学科交叉融合与协同创新，以科技创新引领为引擎，为乡村振兴深入推进注入发展动能。交叉科学研究院作为学校科技创新和人才培养“特区”，享受发展预算单列、人才政策单列、博士后支持政策单列、研究生指标单列、科研用房相对集中的“四单列一集中”的特殊支持政策。

（二）成立襄阳现代农业研究院

学校主动服务湖北省、襄阳市农业农村现代化建设和乡村振兴战略，与襄阳开展全面战略合作，共建华中农业大学襄阳现代农业研究院（校区），围绕粮食安全、食品安全和生态安全，聚焦生态农业、智慧农业、绿色农业等重点领域联合办学，全面深入开展科学研究、产业服务和人才培养。

（三）成立神农架科技创新中心

学校充分利用神农架林区独特的自然资源和生物多样性优势，加快促进生态环境与绿色发展新兴交叉学科群建设，开展可持续发展、生态文明建设、自然遗传保护与利用等研究。

（四）成立深圳营养与健康研究院

学校借助深圳国际化和现代化优势，加快高精尖技术布局，为高质量服务乡村振兴战略提供高层次人才保障、科技和产业技术支撑。

二、建设“三农”高端智库

整合多学科力量，打造新型智库，为国家和地区农业农村现代化、粮食安全、生态文明政策制定提供咨询建议与理论支撑。先后成立新农村建设研究院、宏观农业研究院、双水双绿研究院、乡村振兴研究院、农业绿色低碳发展实验室等，自主设立乡村振兴项目 11 个，围绕粮食与种业安全、绿色健康养殖、农村环境保护等绿色发展与乡村振兴议题，开展全方位政策研究并提出咨询建议。2017 年以来，共有 127 篇决策咨询报告和理论文章获得省级及以上批示或采用，其中 5 篇获得国务院有关领导同志肯定性批示，11 篇获《光明日报》《经济日报》采用刊发。新冠肺炎疫情期间，学校发挥多学科优势和特色，第一时间组织各领域专家开展疫情防控和农业生产发展相关智库研究工作，疫情期间总计提交相关智库报告 70 篇，其中 1 篇获湖北省委书记批示，2 篇获湖北省副省长批示，13 篇被湖北省委宣传部《抗击“新冠肺炎”专报》、湖北省新冠肺炎疫情防控指挥部、《光明日报》《农民日报》等多方采用。

三、实施“乡村振兴荆楚行”

2020 年 7 月，学校启动实施“乡村振兴荆楚行”。通过“一位学校领导带领一个学院、一个业务部门和一个民主党派，组建一个工作专班，联系服务一个地市”组织方式，主动对接湖北省内 17 个市州，瞄准湖北农业农村发展“短板”和优势特色产业领域，每年明确一个行动主题，精准设计内容、集中组织师生深入乡村开展实施，形成“领导牵头、部门协调、学院对接、教师参与、学生响应”科技服务工作新模式，推进服务行动在湖北省内市州县全域覆盖，校属单位、学科、专业、教师和党员干部全员覆盖。2021年，湖北省农业农村厅联合学校共同研制《2021年“乡村振兴荆楚行”实施方案》，围绕湖北农业农村发展的“十个突出”要点，重点实施楚才服务农业产业行动、科技成果在鄂转化行动、调研宣讲服务湖北行动、荆楚“三农”人才培训行动、留鄂就业创业促进行动等“五大行动”。“乡村振兴荆楚行”实施以来，开展校地、校企走访调研54次，设立专家工作站6家，举办校友招商会3场，对接合作项目32项，签署合作协议16项；先后开办了农业产业发展能力提升培训班、党政干部乡村振兴培训班，荆楚乡村振兴大学堂等，累计培训6 000余人次。

四、全力推进产业富农

学校始终坚持并持续丰富“围绕一个领军人物，培植一个创新团队，支撑一个优势学科，促进一个富民产业”的“四个一”特色发展模式，联接起领军人才、团队、学科和产业，打造服务乡村振兴和产业富农“好样板”。

（一）以重大农业科技攻关筑牢乡村振兴产业基础

学校柑橘团队规划了我国“两纵两横”柑橘优势产业带，成功实现柑橘鲜果全年供应；水稻团队研发“少打农药、少施化肥、节水抗旱、优质高产”绿色超级稻新品种，累计推广面积超过1.5亿亩；猪病防控团队自主研发动物重大疾病和人兽共患病防控新型疫苗和诊断试剂30余种；油菜团队研发选育出75个新型品种，全国累计推广面积超3亿亩。

（二）以创新成果转化带动农业农村产业致富

近5年，学校400多位科学家长期扎根基层，示范推广新成果、新技术200余项，带动发展农业产业新增产值超千亿元。其中，为国家级贫困县建始县培育猕猴桃等10个优质产业，实现过亿规模产业5个；助力赣南湘南革命老区、滇西和云贵川少数民族地区等区域性战略贫困地，将柑橘产业发展成为第一大支柱产业，年产值超过122亿元，培育亿元村3个、过5 000万元村10个；基于产学研深度融合发展的“扬翔模式”，将生猪养殖成本每千克降低2元，为行业创造经济效益超500亿元；培育推广玉米、棉花、食用菌、马铃薯等新品种近20个，新增产值超100亿元；连续5

年组织举办农产品展销会，累计销售 1 000 余万元。

（三）面向乡村振兴培养“一懂两爱”新型农业人才

全面实施“社会服务能力提升计划”，启动“111”计划（一院带一村，辐射一个县）和“双百”计划（百名教授进百企），依托科技特派员制度和国家现代农业产业技术体系岗位科学家、“三区”科技人才深入农村培养培训农业人才。近 5 年，共建立 96 个院士专家工作站，有 500 余人次院士专家、836 人次湖北省科技特派员、269 人次“三区”科技人才和 47 支博士服务团驻点服务乡村振兴第一线指导生产、提供技术支持。持续开展“科技支撑乡村振兴行动计划”“农业农村人才培养推进行动”，累计培训各类乡村振兴人才 3 万余人次，培训农民近 10 万人次；通过举办农业电商培训班，培训农村电商经营者 5 000 余人次。

（资料来源：华中农业大学）

西南大学：立德树人　强农兴农

西南大学坚持以强农兴农为己任，主动对接乡村振兴战略和农业农村现代化发展需求，积极践行新农科建设，取得了一系列进展，现总结如下。

一、新农科建设成果

（一）坚持以“制度”为先导，确保顶层制度设计到位

为保障新农科建设的顺利进行，学校强化顶层设计，成立新农科建设领导小组、新农科建设专家委员会，统筹推进新农科建设的各项工作。积极研制学校新农科建设计划文件，率先在全国发布《新农科本科教育创新行动计划》。该计划涵盖了学校农林人才培养的重点领域、关键环节，着力构建新时代综合性大学框架下特色的高水平农科人才培养体系。举办第二届新农科人才培养暨创新创业论坛，深度交流农林人才培养经验。召开一流本科教育工作推进会，部署本科教育高质量发展的工作安排，进一步明确新农科人才培养的工作任务。

（二）坚持以“德育”为基础，筑牢“三农”情怀教育体系

面向农科类专业学生，强化“三农”情怀教育，培育学生爱农知农为农素养。深化思想政治理论课改革，将“隆平学长”“蚕桑院士”“油菜教师”“养猪兄弟”等本校师生校友投身农业科研和产业发展的鲜活案例融入课堂教学内容。深入推进课程思政建设，高标准建设“大国三农”课程思政示范课，构建思政课程与农科专业教育相融合的课程思政体系。立项支持农科类课程思政建设，作物育种学、植物生理学、农业政策与法规、动物生理学等30门农林类课程入选学校课程思政建设项目，2个优秀案例被推荐至教育部。印发农科类专业课程育人指引，要求每门课程的教学内容都要明确情感、态度、价值观教育目标和育人元素，完成2 000余门农科类专业课程大纲

修订工作。

（三）坚持以“资源”为重点，强化一流本科教育资源供给

学校准确把握新农科建设的时代要求，围绕专业认证理念和一流专业建设标准，坚持专业内涵式发展，不断强化一流本科教育资源供给。强化传统专业新农科改造，遴选16个农科类专业进入校级一流专业点培育项目，投入专项建设经费支持专业建设，其中10个农科类专业入选国家级一流专业建设点。植物科学与技术、动物科学2个农科专业获批教育部中外合作办学项目。按照专业认证要求对21个农科类专业培养方案进行全面修订。构建农科类专业优质教学资源库，着力打造一批农业教育“金课”，立项建设500余门农科类专业核心课程建设项目，其中农村经济发展调查、家畜育种学、动物生理学等7门农科或涉农专业课程入选首批国家级一流本科课程。举办“国际课程周”，邀请全球农科等专业近百位知名教授为本科生和研究生讲授全英文课程，让学生“足不出校”接受世界一流农科教育。

（四）坚持以“交叉”为突破，探索多元人才培养模式

注重“宽口径、厚基础、具有多学科背景的复合型高素质”农林人才培养，着力深化农科类人才培养模式改革。推进拔尖创新型农林人才培养，面向大理科类学生设置“袁隆平班”，面向植物生产类学生设置“神农班”，吸引优质生源选择涉农专业，培养引领农林业创新发展的高层次、高水平农林人才。实施“神农班”卓越农林人才培养提质计划，全面实施“一制三化”（导师制、小班化、个性化、国际化），着力提升学生的创新意识、创新能力和科研素养。

（五）坚持以“协同”为关键，构建农科类特色实践体系

面向新农科人才培养新变化，更加强调培养农林人才解决农业农村发展现实问题的能力。推进实践教学条件的升级与改造，将新农科实践与劳动教育结合，开展新农科实践教育基地和劳动教育实践基地建设，从学校层面开展农科学生跨学院、跨专业的混合编队实习。探索建立国家级竞赛培育机制，积极培育一批优秀的农科学子参加全国性竞赛活动并获得优异成绩，学校农科类学生在第六届中国国际“互联网+”大学生创新创业大赛获得1项金奖、2项银奖。深化农科教协同育人，实施“一省一校一所”科教协同育人探索与实践项目，与重庆市畜牧科学院签订战略合作协议，建立合作办学育人、合作科研攻关的长效机制。牵头发起成立长江经济带农业绿色发展联

盟，与联盟成员单位协同培养农林人才；与四川农业大学签订协同服务成渝地区双城经济圈建设合作协议，共建成渝乡村振兴学院，打造高端智库，培养“一懂两爱”的“三农”人才。

二、新农科建设中存在的主要问题

（一）农林类高层次师资队伍不够充足

受地域影响，学校存在农林类高层次人才引进难的问题，农林类高层次人才总量不足，学科领军人才、青年创新人才和高水平创新团队尤其缺乏，对学科建设发展以及人才培养的支撑力不强。

（二）农林人才培养协同合作不够深入

受资源条件、政策支持等多种因素影响和限制，学校与农林类科研院所以及现代农业企业就人才培养开展深度合作不够，双方共同确定人才培养目标、共同研制课程体系、共同开展课程讲授、共同编写教材、共同指导学生就业创业的目标有待实现。

（三）农林类实践教学条件投入不足

打造多学科交叉、多专业综合、全产业链融合、现代农业形态集成的实践教学综合体，需要加强资源投入，学校受宏观政策影响，实施相关计划需要得到上级有关部门的大力支持。

三、对策及建议

（一）坚持引育并举，建设新师资

深入推进高层次人才倍增计划，配足、配齐、配强农科类师资队伍。构建农科类教师职后培育体系，建立专职教师到企业锻炼制度。加强基层教学组织建设，遴选一批优秀基层教学组织负责人，组建名师工作室，以师资水平提档升级带动人才培养质量提升。

（二）坚持多元协同，建设新实践

坚持科教协同、产学研协同和社会服务育人，强化学生综合实践能力培养，实施农科专业引智计划、“一省一校一所”科教协同育人探索与实践项目、顶岗实习支农制度改革、“十百千”实践育人工程，打造实践教学综合体，实现育人要素与创新资源共享互动，提高学生服务“三农”的本领。

（资料来源：西南大学）

西北农林科技大学：牢记使命　勇担责任
为乡村振兴战略实施贡献西农力量

西北农林科技大学按照党中央部署，在国家相关部委和地方各级政府支持下，主动担当作为，积极发挥学科、人才和平台优势，不断创新体制机制，探索构建了以试验示范站为平台的多元协同农技推广模式，实现了产学研、农科教紧密结合。学校按照“建在产区、服务产业、长期坚持”的原则，与全国 18 个省区 200 余个市县政府、科教机构、推广部门、农业企业和合作组织，协同建立了 28 个试验示范站、46 个示范基地和 240 余个示范园，覆盖了粮、果、畜、菜等 30 余个产业领域，为区域农业产业发展贡献了积极的“西农智慧”。

一、加强试验示范站建设，助推乡村振兴产业兴旺

（一）集成创新全产业链关键技术，促进了区域产业升级

学校各试验示范站研发、引进、集成创新与示范推广新品种、新技术 1 350 余项，建立核心示范样板 400 余个。针对我国苹果品种单一、栽培技术落后等问题，苹果试验站选育苹果新品种 8 个，集成创新与示范推广旱地矮砧密植栽培技术，攻克苹果树腐烂病这一世界难题，推动黄土高原成为世界最大的优质苹果集中产区，栽培面积 1 760 万亩，占全国的 1/2、世界的 1/4，年产值 1 200 多亿元，带动 300 多万农户实现增收致富。

（二）开辟科技成果进村入户快捷通道，加速科技成果转化

通过“大学→试验站→示范户→农户”的科技推广新通道，学校应用性成果转化率达到 70% 以上。学校猕猴桃试验站组建校地结合推广团队，示范推广的标准化生产技术体系在陕西主产区普及率达到 90% 以上，并带动引领河南、重庆、云南、江西等

省区超过 50 万亩，受益农户 10 万户。

（三）为区域“三农”发展培养了一支不走不散的人才队伍

学校建立了大学、试验站、示范点三位一体的培训体系，年均培训基层干部、农技人员、农民 10 万人次。陕西省白水县林皋镇北马村村民在学校专家指导下，从两亩苹果开始发展成十里八乡有名的苗木培育大户、技术服务队队长、专业合作社理事长。95 后大学生师承蔬菜专家李建明，成长为青海省海东市高原现代农业园区技术员，同时还承包了 8 个大棚，把所学技能用到生产实践中，成为一名新型职业农民。

二、创新工作模式，助力地方脱贫攻坚

（一）产业一线建站，科技扶贫“零距离”

学校 80% 的试验示范站建在贫困县，成为农户看得见、学得会的“样板田”；专家常驻农村，科技服务实现“零距离”“零时差”。4 070 户贫困户在 300 余名专家科技帮扶下，全部脱贫摘帽。针对安吴镇崇德村群众收入低且没有种菜经验的现状，泾阳蔬菜试验站为该村量身定制了“门槛低、投入少、周期短”的越冬甘蓝种植，33 户贫困户亩均纯收入 2 000 元，甘蓝种植被政府确定为产业扶贫重点项目。

（二）点上做亮到面上做强，创建了“三团一队”帮扶新模式

学校遴选 168 名多学科专家组成“专家教授助力团”，选派 9 批共 136 名在校优秀博硕士生组建“研究生助力团”，组建了 14 个产业帮扶团队，示范推广新品种、新技术 190 余项，助农增收 5 700 余万元，带动建档立卡贫困户 2 300 户、12 000 人。“三团一队”扶贫模式被国务院扶贫办列为“有着积极示范带动作用”的“好经验好典型”向全国推广，连续两次入选“教育部直属高校精准扶贫精准脱贫十大典型项目”。

三、汇聚全校科教资源，助力乡村振兴战略实施

（一）整合人才学科资源，组建了研究机构

整合学科力量，汇聚 100 余名专家成立学校乡村振兴战略研究院，内设 13 个分

中心，设立韩城分院、乌海分院，成立我国首个省级乡村振兴技术标准化委员会，组建多学科交叉融合研究团队，开展乡村振兴战略咨询服务。陕西省农业农村厅、发展改革委、科技厅依托学校成立了陕西省乡村振兴产业研究院，学校出台《服务乡村振兴战略实施方案（2020—2025年）》，并提出了“创建助力实施乡村振兴战略的标杆”。

（二）开展乡村大调查，搭建了西北乡村本底信息数据平台

学校组织3 000余名师生对陕西、甘肃、宁夏、青海、新疆及内蒙古（除东四盟）、西藏7个省（自治区）开展了乡村类型与特征大调查，获得4.6万个乡村的69个调查指标本底信息，搭建了西北乡村类型与特征基础信息平台。发布《西北乡村类型与特征调查报告》，构建了乡村类型划分指标体系和标准，将7个省（自治区）乡村类型划分为生态保护型、粮食主导型、果蔬园林型等11种类型，为分类推进乡村振兴实施提供了理论指导。

（三）坚持创新探索，为乡村振兴提供理论支撑

构建包括五大振兴及规划、考评等在内的7个方面的标准体系，用标准引领乡村振兴提供顶层规划。编制《县域乡村振兴规划编制内容与规范》，为规划编制提供了理论依据和技术指导。编制《乡村空间布局与功能定位规范》，为乡村基础设施建设、资金投入、人力资源配置等提供依据。编制《乡村功能定位理论方法及规范》，夯实乡村振兴过程中农产品安全保障的基础性和战略性地区。制定乡村振兴监测指标体系，设计乡村振兴评估方案，编制《县域乡村振兴监测与评估方案》。

（四）创新培养模式，为乡村振兴提供人才支持

学校设立乡村振兴专业研究生培养专项，3年已累计招生920名，2019、2020级共500余名学生进驻学校各产业试验示范站和乡村振兴示范县镇，实地开展乡村振兴全方位服务工作。整合相关学科资源，增设“乡村学”学科，构建了本科、研究生、博士生和管理人员专项4个层次的乡村振兴人才培养体系。先后建成国家级培训基地10个，围绕新型职业农民教育，成立全国首个农民发展学院和陕西省职业农民培训学院，形成多层次、广覆盖的现代农业农民教育体系。聚焦脱贫攻坚、生态文明和乡村振兴等重点领域，研究开发70多个培训项目、500多门培训专题课程，建有100余个现场教学点，研究制定《陕西省职业农民培训地方标准》。2017年以来，累计举办各类培训班871期，培训“三农”人才6.7万人次。

（五）积极行动，打造乡村振兴示范样板

学校与渭南、榆林、宝鸡、汉中、韩城、合阳等市县政府签署乡村振兴研究院分院共建协议。率先与韩城市政府合作，编制了《韩城市乡村振兴战略规划》总体规划和 8 个子规划，建立韩城花椒、水产、林业等产业兴旺示范点。编制合阳县“十四五”发展规划及创建省级乡村振兴先行区实施方案，助力合阳县脱贫攻坚与乡村振兴有效衔接。首批启动的 6 个乡村振兴示范村分别获得“省级乡村振兴示范村”“科技示范村”等称号。

今后，学校将以习近平新时代中国特色社会主义思想为指引，紧密围绕学校“双一流”建设战略目标，全面落实“12345”发展思路，以立德树人为根本，以新农科建设为抓手，持续深化人才培养模式改革创新，持续开展新型职业农民培训，不断提升学校学科水平、科技创新能力、人才培养质量和社会服务效能，引领旱区“三农”发展水平整体跃升，全面增强学校服务国家乡村振兴战略实施的能力。

（资料来源：西北农林科技大学）

兰州大学：初心如磐　笃行不怠

近年来，兰州大学紧紧围绕西部地区经济社会发展，依托草学、畜牧学、生态学、区域经济学等特色学科专业优势，整合校内外资源，全方位助推乡村振兴。

一、发挥专家智库优势，为乡村振兴提供智力支撑

依托草业学科国家 A+ 学科和一流学科建设点，充分发挥专家智库作用，为乡村振兴建言献策。以任继周院士和南志标院士为代表的草地农业科研团队，为政府和企业提供科技咨询 100 余次，并率先提出“存粮于草”，推动我国从“耕地农业”向“粮草兼顾”转型升级，得到中央领导认可和批示；围绕贯彻落实习近平总书记在黄河流域生态保护和高质量发展座谈会上的重要讲话精神，与 41 所高校达成并发布“杨凌共识——黄河流域生态保护和高质量发展宣言”。南志标院士向党中央提交了“关于完善和构建‘粮改饲’长效机制的建议”，同时作为主要建议人之一，向国家领导人提交了“发展奶业科技的建议”，向农业部提交了“加强乡土草研究与利用的建议”，积极推动我国草业科研与产业发展。

聚焦国家重大战略需求和地方经济社会发展需要，组建经济研究所、社会经济发展研究所等 6 个基层专业研究所；设立中小企业研究中心等 3 个非实体研究机构；成立丝绸之路经济带建设研究中心、西部地区区域经济发展与区域政策研究中心 2 个省级重大、重点研究基地；建成县域经济发展研究院、绿色金融研究院 2 个新型智库机构。围绕西北地区和甘肃省经济社会发展中的重大现实问题，形成了一批有价值的研究成果。共完成新疆、青海、甘肃和陕西等省（自治区）30 个县区评估工作，向国务院扶贫办提交报告 16 份。牵头组织完成甘肃省和宁夏回族自治区 56 个贫困县退出评估检查工作，提交贫困县退出和成效评估等各类报告 100 余份。编制县域经济、乡村振兴等各类专项规划和“十四五”规划等综合规划 80 余项。赴甘肃省各市（州）县（区）开展各类专题调研 1 000 余人次。

二、发挥学科专业优势，为乡村振兴提供人才支撑

学校作为唯一承担农村订单定向免费医学生的“双一流”高校，持续为基层乡镇医疗卫生机构培养高素质医疗卫生人才，累计培养农村订单定向免费医学生近 3 000 名，有力支撑了健康中国战略和医疗扶贫事业。

紧密围绕国家乡村振兴战略，将实践育人和劳动教育相结合作为突破口和着力点进行重点改革，将耕读教育作为重要内容融入课程体系，加强学生“三农”情怀教育。实行全员导师制和“走进草业”系列活动，将教室与实验室、试验站与企业、试验站与农牧户、科学研究与红色教育紧密结合，落实立德树人根本任务。2004 届毕业生李景平被誉为“最美驻村第一书记”。2015 届毕业生李欣勇挂职海南省东方市大田镇俄乐村第一书记期间，积极申请扶贫项目，整合扶贫资金 1 100 万元，同时结合中国热带农业科学院热带作物品种资源研究所在农业产业技术方面的优势，以“专业合作社 + 扶贫项目 + 贫困户”的模式推进花卉种植产业，带领俄乐村贫困户 265 户，1 175 人全部脱贫，荣获第十一届“全国农村青年致富带头人”荣誉称号。

三、发挥师资队伍优势，为乡村振兴提供培训支撑

学校积极响应党和政府号召，组织牧草栽培、畜牧学、草地保护学等学科师资力量，积极参与实施现代草畜扶贫工程，通过“送教下乡”“定向培养”对当地农村致富带头人、优秀农村青年和农村新增劳动力进行素质培训。

围绕农业农村部联合教育部推进的“百万高素质农民学历提升行动计划”，结合经济学科、管理学科优势，针对县域特点、地方特色主导产业和发展需求，打造特色高效培训基地。重点围绕特色产业培育、产业技术指导等方面开展党政干部、专业技术和企业管理专题培训，培训人员达 1 000 余人。

主动对接地方经济社会发展，积极开发适应中西部地区的特色培训项目。在甘肃、陕西、浙江等 20 个省（区）设立校外学习中心 100 余个，开设行政管理、法学、药学、大气科学等 24 个本专科专业，累计为社会特别是西部地区培养了 20 多万名应用型人才。

四、发挥产教融合优势，为乡村振兴提供科技支撑

南志标院士团队提出“不合理的农业系统是草地退化的根本原因”，并建立“合理利用与改良草地的技术体系”，累计治理退化草地 2 722 万公顷。

学校组织科研力量，培育出高抗逆性牧草新品种，并育成早熟、高产的“兰箭”豌豆系列新品种，为青藏高原、沙漠边缘地区发展草食家畜养殖业提供了物质基础，对缓解西北地区“粮草争地、争水”的现实矛盾具有非常重要的现实意义。同时在尾菜覆土埋压处理技术、高效旱地沟垄覆膜管理技术和花椒根腐病害及防治技术方面取得了阶段性的显著成果，为当地农村提高农业产量、增加农民收入、改善农村环境提供了技术支撑。

贯彻落实农业农村部部署，大力开展西部及全国贫困地区草畜科技扶贫，在农牧区建设 6 个野外试验站和 30 余个育种基地，采用技术帮扶、龙头企业咨询以及组织本科生和研究生深入农牧区等方式助力脱贫攻坚。科技助力“三州三区”产业扶贫对接活动，在农牧区开展肉羊新品种和新品系培育及推广配套高效繁育和饲养技术，培训农牧民 1 万人次，发放技术手册 11 000 册（套）。为退牧还草和天然草地保护承检样品 1 530 个、6 035 项次，代表种批 20 315 吨。实现腾格里无芒隐子草品种、4 项研发畜牧业技术和 3 个草业专利转化应用。

初心如磐，笃行不怠。兰州大学将继续发挥研究型大学综合优势，加强创新研究和实践探索，巩固并深化“四个支撑”，更好地服务于乡村振兴国家重大发展战略。

（资料来源：兰州大学）

宁夏大学：融入新发展格局　助力乡村振兴

宁夏大学紧紧围绕乡村振兴战略，落实自治区党委的部署和要求，立足新发展阶段，贯彻新发展理念，主动融入新发展格局，发挥多学科协同优势，服务自治区九大重点产业，在精准脱贫、现代农业产业发展等方面开展了大量工作，为乡村振兴战略提供了有力支撑。

一、加强基础研究和技术攻关，支撑现代农业发展

现代科学技术是乡村振兴的“引擎”，科技创新是引领农业产业发展的动力，农业关键核心技术攻关是科技创新的源泉。学校涉农学科充分发挥学科团队力量，加强外联，精心组织，提高科研项目申报数量和质量，加强科技攻关，形成基础研究、应用研究、产业化开发研究 3 个层次的现代农业科技创新研究体系。近 5 年来共获批科研项目 402 项，其中国家自然科学基金 85 项、自治区自然科学基金 75 项、自治区重点研发项目 123 项、科技成果转化类项目 91 项，累计科研经费 2.56 亿元。

针对宁夏中部干旱带和南部山区深度贫困村马铃薯产业发展科技需求，学校何文寿教授主持的“科技支宁”扶贫东西部协作项目“马铃薯优质高效生产技术集成示范与科技扶贫”开展了新品种引进示范与脱毒种薯推广、粉垄耕作技术引进示范、优化集成增产增效种植技术、马铃薯贮藏保鲜与抑芽技术、马铃薯网上营销电商培育等方面的技术研发和示范推广，形成一系列研究成果。在西吉县、海原县、原州区等县（区）建立核心示范基地 3 个、示范村 9 个，集成示范推广增产增效技术 2.86 万亩，辐射推广 14.15 万亩，平均亩产 2 445.3 kg，亩增产 31.3%，平均亩增收 991.94 元，累计新增效益 1.82 亿元。贫困村农民人均纯收入增加 12.9%，有效推进了深度贫困村农民脱贫致富。

二、加强团队和创新平台建设，提升科技服务水平

积极申报自治区科技创新团队和科研平台，凝练学科方向，提升团队服务水平。近5年，涉农学科新增宁夏草牧业工程技术研究中心、宁夏优势特色作物现代分子育种重点实验室、宁夏反刍动物分子细胞育种重点实验室3个自治区科研平台和宁夏优势特色牛产业技术研发自治区科技创新团队，提升了创新驱动与发展的平台条件，增强了农业重大关键共性技术研发攻关能力。学校成立了优质粮食、蔬菜、马铃薯、优质牧草、葡萄、奶牛、肉牛、肉羊等13个科技服务团队，建设了12个新农村研究院特色产业服务基地，围绕优质粮食和草畜、蔬菜、枸杞、葡萄特色优势产业等领域，研发一批先进适用技术成果并大力进行技术示范推广，为现代农业发展提供优质技术解决方案，促进产业转型升级，提供智力支持，助力乡村振兴。

宁夏反刍动物分子细胞育种重点实验室和宁夏优势特色牛产业技术创新团队把企业作为技术研发和示范基地，从育种到规范化养殖为企业提供全生产环节的技术支撑。先后与宁夏农垦贺兰山奶业集团公司、宁夏新澳农牧有限公司和宁夏金宇浩兴农牧业股份有限公司共同开展自治区重点研发计划项目研究，与青铜峡市恒源林牧有限公司共同开展自治区乡村振兴科技成果引进示范推广项目，建立企业和平台捆绑式发展模式。先后在宁夏银川市、吴忠市、固原市等20多家养殖企业设置试验点，长期进行数据采集、生产指导、提供技术服务。2020年仅针对犊牛腹泻、奶牛营养代谢病、乳房炎和流产，为企业检测病料160余份，出具检测报告10余份。

三、加强科技特派员行动，引领支撑产业发展

学校涉农学科教师以各种形式积极投身精准脱贫和乡村振兴的工作中，先后有65人次入选农业农村部岗位科学家、自治区党委专家服务团、现代农业科技示范园区首席专家、农业优势特色产业岗位首席专家，积极参与政府层面组织的调研、培训、咨询等活动。15名教师被聘为自治区科技扶贫指导员，23人入选“三区”科技人才，强化了科技扶贫指导员指导整合争取自治区脱贫项目能力。科技人员围绕受援地发展脱贫产业科技需求，积极主动帮助贫困村农民发展产业，从培训、生产、经营全程开展对口帮扶，采取“三区人才＋示范基地＋示范户＋农户”的服务模式，为贫困户开展一对一、多对一的定点精准帮扶，开展订单式培训和组团培训，提高技术培训的精

准性和实用技术覆盖率。5 人次获“自治区优秀科技特派员”称号，多人受各级政府部门表扬，被新闻媒体作为典型事迹报道。

科技扶贫指导员吴心华教授围绕奶牛场急需，长期驻扎宁夏吴忠市奶牛养殖园区，开展奶牛养殖、繁殖、兽医技术推广、技术服务和科学研究及成果转化。从奶牛场疫病预防、控制、净化及控制水平评估 4 个方面提出了奶牛健康生产循环保健体系，为企业提供一体化技术服务。在固原市三营镇、中卫市海原县精准扶贫期间，现场指导，解决农民疑惑，为农户挽回了巨大经济损失，帮助扶持村全部实现精准脱贫。每年累计开展培训 20 次以上，培训养殖技术人员 1 000 人次以上，为企业培养了一批既懂理论又有实践技能的团队，为乡村培养了一批农民兽医，为养殖业发展发挥了积极作用。吴心华教授被评为“宁夏大学服务地方先进个人”，2021 年被评为“宁夏民进全社会服务暨脱贫攻坚先进个人”。

四、加强成果转化应用，全力支撑乡村振兴

学校组织各学科团队主动对接各县科技局、各大企业，为产业提供科技服务。先后与泾源县、灵武市政府签订合作协议。针对各县市产业问题，组织广大教师积极申报服务类项目，先后获 2021 年自治区乡村振兴科技指导员项目 5 项、团队项目 1 项；获 2021 年宁夏大学乡村振兴基地建设项目 6 项、成果转化孵化项目 1 项；6 人被各县市科技局推荐为科技特派员并获得科技特派员创新服务项目的支持，在服务的同时加速了成果转化与应用。2021 年“葡萄根域限制栽培”项目获得自治区乡村振兴科技成果引进示范推广项目支持得以推广，13 项科研成果得以转化应用。打造了 5 个科技支撑农业绿色发展、高质量发展和创新驱动发展的企业样板，提高了企业的内生动力和活力。

学校园艺团队与贺兰县科技局签订全面合作协议，2020 年以来 9 项科研成果实现了转化，为贺兰县设施蔬菜、瓜果提质增效提供技术支持，为宁夏园艺产业园的示范发挥了不可替代的作用。

（资料来源：宁夏大学）

内蒙古农业大学：聚焦草原畜牧业建设北疆新农科

内蒙古农业大学紧紧围绕立德树人根本任务，全面提升人才培养能力，创新推进新农科、新工科、新文科建设，深入实施“卓越人才培养计划 2.0”，把本科教育教学质量立起来，形成高水平的人才培养体系，培养德智体美劳全面发展的社会主义建设者和接班人。

一、新农科建设工作成效

（一）培养模式

1. 创新人才培养模式提高人才培养质量

学校本着“分类培养、因材施教”的原则，实施三类人才培养模式。顺应农业创新驱动发展新要求，以一流专业为依托，完善推免遴选、本硕博衔接、专项奖励、联合培养等机制，加快推进拔尖创新型人才培养改革；顺应一二三产业融合发展新要求，健全和完善校企合作、产学研融合、协同育人的培养机制，加快推进复合应用型人才培养改革；顺应现代农牧业建设新要求，产学用融合，加快推进应用技能型人才培养改革。

2. 修订人才培养方案实施“卓越人才培养计划 2.0”

学校修订 2020 版《本科人才培养方案》，使之成为符合新农科、新工科、新文科卓越人才培养和专业认证要求，适应新时代德智体美劳全面培养的标准。巩固通识教育，夯实学科基础，拓宽专业口径，实施大类招生，实现课程思政全覆盖。

3. 更新教学管理理念推动教学研究与改革

实施以“学校为指导、学院为主体、教研室为核心”的三级教学管理体系，推进管理重心下移。坚持“学生中心、产出导向、持续改进”的理念和质量观，规范教学与教学管理工作。建立“英才基地班”和“卓越班”淘汰制等教学管理制度。恢复教研室基层教研组织，设立学院实验室中心，现有教研室主任 103 人、实验中心主任 19 人。

2019 年以来，获批本科教学研究与改革国家级项目 21 项、自治区级 71 项；设立校级教育教学改革研究项目 279 项，资助经费总计 750 万元，将“四新”建设、专业认证、课程思政等研究列入校级项目并重点支持。

4. 推进创新创业教育培养创新能力

鼓励学科竞赛，以赛促学，在全国大学生数学建模竞赛等重大赛事中获得佳绩。2019—2021 年，在中国国际“互联网 +”大学生创新创业大赛中共获得国赛 2 银 4 铜和省赛 8 金 7 银的优异成绩。

（二）专业建设

1. 围绕新农科调整专业结构

学校现有本科专业 83 个，涵盖农、工、理、经、管、文、法、艺等 8 个学科门类，形成了以农学专业为主体，工学专业占多数的专业布局。办学规模趋于稳定，围绕新农科建设，专业结构逐步调整、优化，2019—2021 年停招 9 个专业，新增 2 个专业，撤销 1 个专业，拟新增 1 个专业。

2. 依托优势学科打造一流专业

学校获批国家级一流本科专业建设点 18 个、自治区级 8 个，2020 年推荐 16 个专业参评国家级一流本科专业建设点，新增推荐数在全自治区高校名列前茅。

3. 推进专业认证实现一流专业达标

学校 4 个专业通过中国工程教育专业认证。组织 9 个工科专业申请 2021 年工程教育专业认证，积极推进农科专业认证准备工作。开展校级一流本科专业认证工作，专业建设水平和人才培养质量稳步提升。

（三）课程教材建设

1. 加强一流课程建设，提高教育教学质量

学校于 2019 年以来，以打造一流课程为抓手，全面推进示范课程建设。截至 2021 年有国家级一流课程 4 门；自治区级一流课程 30 门；校级预建设一流课程 507 门、立项 326 门、72 门验收合格，认定为校级一流课程；上线“智慧树”和“学堂在线”平台共 16 门；引入优质网络通识课程 67 门。

2. 强化教材建设，夯实人才培养根基

学校重点支持校企联合自编教材和教学信息化背景下的新形态教材建设，出版符合新农科、新工科、新文科要求的教材；建立教材选用的学术评审和意识形态审查机制，严格教材选用管理程序，确保教材选用质量。“十三五”期间，立项省部级规划教材 68 部、民族语言教材选题 49 个，获得中华农业科教基金会全国农业教育优秀教材奖 8 部，中华农业科教基金教材建设研究项目 4 项。

（四）师资队伍

1. 师资队伍数量结构

学校现有专任教师 1 329 人，其中具有博士学位的有 676 人，具有硕士学位的有 501 人，学士学位及以下的有 152 人；具有正高级职称教师 299 人，副高级职称 443 人，中级及以下职称 587 人。2019—2021 年共引进和公开招聘专任教师 124 人，教师队伍数量和质量持续提升。

2. 分层次培养教师

对于新进专任教师，学校采用高校新进专任教师多元化培训体系，分阶段开展系列培训；对于中青年骨干教师，采取国外进修与国内培养相结合的方式，全面提升骨干教师业务水平。2019—2021 年，开展新进专任教师现场培训 60 余场，在线培训课程 200 余门，培训教师 3 000 余人次。33 名中青年骨干教师获批国家公派出国项目资助；派出 245 名青年骨干教师参加有关师德师风建设、课程思政建设、混合式教学等培训，稳步提升教师队伍的整体素质和业务能力。获批自治区级优秀教学团队 1 个、自治区级教学名师 1 人、教坛新秀 1 人、全家林业和草原教学名师 1 人。

（五）协同育人

1. 产教深度融合，校企协同育人

学校发挥人才、科研、服务的支撑作用和品牌价值，采取合作招生、命名企业班、订单培养、协议就业、设置奖学金等方式，推进校企合作协同育人，将产教融合建设在专业上、落实在课程里、实现在教学中。与自治区内外知名企业共建 6 个校企合作专业。

2. 校地企共建基地，产学研用并举

依托内蒙古正大集团－内蒙古农业大学国家级大学生实践教学基地，搭建了云畜牧创新平台，实现了教学、科研、社会服务三位一体的现代化人才培养模式，受到自治区政府、知名企业、农林高校的高度关注，获自治区专项建设经费2 680万元。云畜牧创新平台着眼立足新农科建设，打造人才培养新模式，推动课堂教学革命，解决课程质量“最后一公里”问题；聚焦乡村振兴战略，对接产业需求，为传统畜牧业插上科技智慧的翅膀，助力推进国家和自治区畜牧业现代化进程。

二、新农科建设建议

一是注重宣传，强化意识。新农科理念已深入农林院校人心，但尚未引发全社会、全行业共鸣，应重视面向全社会宣传现代化农业，唤醒国民“支农爱农”意识。二是建立标准，加强典型案例宣传推广。建议尽快借鉴工程教育专业认证模式开展农林专业认证；加大组织征集、凝练、推广新农科建设案例工作力度，加大企业、行业等的参与度。三是重视教研，增强支持。建议在国家、省部级人文社科基金项目中增列“四新”教学研究与实践专项，加大立项经费支持，促进教研成果产出。四是重视教材编写和课程建设。新农科要有“新教材”，传播新思想、新知识、新技术。按照院校类型、地域特点，紧盯需求与发展，校企编写修订教材。巩固在线教学成果，持续推进一流课程建设。

（资料来源：内蒙古农业大学）

吉林农业大学：构建“三融三通”一体化协同育人模式

一、新农科建设进展

吉林农业大学在多年来校企政协同育人基础上，探索实施“一省一校一所”协同育人机制。在宏观层面，紧跟国家新农科建设“三部曲”，多次向省教育厅、教育部高等教育司汇报工作进展，得到相关领导的认可与支持；在微观层面，学校将“安吉共识”的理念和“北大仓行动”的举措落实、落细、落到操作层面，全面推进新农科建设。

（一）成立组织机构

2019 年 3 月，学校与吉林省农业科学院签订战略合作协议，相继组建新农科建设工作组，成立新农科建设领导小组。同时，推动吉林省委省政府成立吉林省新农科建设领导小组。

（二）形成方案

2019 年 3—6 月，形成《吉林农业大学与吉林省农业科学院优势互补分析报告》，编制《吉林农业大学与吉林省农业科学院深度合作联合实施新农科协同育人工程建设方案》。

（三）提出建议

2020 年 1 月，学校李玉院士联合吉林省共 5 位涉农院士报上级主管部门联名信——《关于加快推进吉林省新农科建设，率先实现农业现代化的建议》。

（四）提交议案

2020 年 1 月，吉林省时任主要领导对以上联名信作出批示，并作出落实部署。学校向吉林省政府提交新农科建设议案，“新农科建设”被列入了《2020 年吉林省人民政府工作报告》。

（五）争取政策

2020 年 3 月，吉林省委政策研究室联合吉林农业大学和吉林省农业科学院召开由教育厅等多部门参加的新农科建设研讨会，落实省委书记批示和省政府报告内容。研究制定《关于支持吉林农业大学与吉林省农业科学院开展新农科建设协同育人试点的实施方案》，支持学校与吉林省农业科学院构建“三融三通”一体化协同育人模式。争取了加大教育资源投入、加强人才队伍建设、提高项目建设等方面的政策。6 月，中共吉林省委吉林省人民政府出台《关于加强新农科建设的意见》。吉林省出台《吉林省省属高校农科生“订单式”培养计划实施办法》，学校成为首批“订单式”农科生的培养单位。

（六）签署合作框架协议

2020 年 9 月，学校以新农科建设为引领，成立智慧农业研究院，获批 4 项教育部新农科研究与改革实践项目。在此基础上，12 月，学校与吉林省农业科学院签署新农科建设合作框架协议，双方聚焦新农科、聚焦黑土地、聚焦新发展，携手打造校院深度合作共同体。

二、新农科建设主要举措和成效

（一）创建“三融三通”一体化协同育人生态模式

基于国家要求、学校职能、协同育人问题，提出了“育人为本、融合创新、开放共享”的协同育人理念，构建了“三融三通”一体化协同育人生态模式。“三融”指科教融合、产教融合、中外融合；“三通”指身份互通、成果互通、经费互通；一体化指“政用产学研”一体化育人。“三融三通”一体化协同育人生态模式的核心为推进“四化”综合改革，即创建实体化育人特区，构建融合化学科专业体系，建设多元化师资队伍，构建精准化协同育人机制。

“三融三通”一体化协同育人生态模式的构建，推进政府、用户（市场）、企业、高校、科研院所等育人要素和创新资源的共享、互动，实现了多部门、多维度一体化育人，实现了优质资源转化为育人资源、行业特色转化为专业特色，将协同共建成果落实到推动产业发展中，辐射到培养知农爱农新型人才上。

（二）构建实体化育人“特区”

为承接卓越人才培养的功能需求，汇聚优势资源，学校积极与吉林省农业科学院共建吉林省新农科长白山创新学院，协同共建校院深度融合、高水平协同、高度共享的育人“特区”。

确定“三类型”人才培养目标：确定以卓越农林拔尖创新人才培养为引领，以复合应用创新人才培养为主体，以实用技能创新人才培养为辅助的人才培养目标；共建“四维度”书院制管理模式：构建以长白山书院为载体，从学生全面发展的第二课堂、文化育人的生活社区、师生共享的公共空间和学生自我管理的教育平台 4 个维度建立书院制管理模式；构建“书院 +”成长路径及“直通车”培养模式：学生本科阶段采取“书院 +”成长路径，即依据不同人才培养目标定位和学生个性化需求，可选择“书院 + 国际课程”“书院 + 院所研学”“书院 + 企业实践”3 种模式。研究生阶段采取 4 + X 本硕博连读和 2 + X 硕博连读的“硕博直通车”模式。

（三）构建融合化学科专业体系

面向新农业、新乡村、新农民、新生态，打破学科边界，破除专业壁垒，推进农医工文理深度融合。

坚持融合发展，打造药用动植物资源、农业生物科学、农林产业经济等学科；坚持多元发展，打造食品科学与工程、植物保护、兽医学等学科；坚持协同发展，打造农业资源与环境、作物学、菌物学等具有区域优势和特色的学科。目前，学校植物学与动物学、农业科学进入 ESI 全球排名前 1%；9 个学科在教育部第四轮学科评估中进入前 70%；13 个学科获批吉林省特色高水平学科。

把握现代农业发展智能化趋势，办好智慧农业、农业智能装备工程等新兴专业，促进人工智能在农业领域的规模化应用；适应现代农业发展生态化要求，建设新能源科学与工程等绿色专业，促进资源循环利用，保障农产品质量和农业生态环境安全；立足提升农业发展特色化水平，新办菌物科学与工程、农药化肥等新农科专业，引领服务生物科技、农资产业发展。瞄准农医工文融合化发展方向，打造复合型专业，构建复合型涉农人才培养专业体系；围绕推动农业品牌化发展趋势，打造新农科建设特色品牌，提升产品国际竞争力、影响力和产业带动力。目前，学校获批国家级一流本科专业建设点15个，省级一流本科专业建设点9个；获批省级特色高水平专业15个。

（四）打造多元化师资队伍

为培养学生创新能力、实践能力、国际视野与合作能力，打造多元化协同育人师资队伍。打造研究创新型师资团队。依托学校与吉林省农业科学院的126名国家级人才，打造以李玉院士、“杂交大豆之父”孙寰为代表的高端师资团队；打造应用技能型师资团队。联合涉农企业家、高级工程师担任“产业教授”的应用技能型实践教师队伍，补齐学生实践能力短板；打造国际联合型师资团队。依托国家留学基金委、国家和省外专局高端引智项目，引进国际知名专家，打造由著名专家领衔的国际联合型教师团队。

（五）构建精准化协同育人机制

为促进双方资源互补、优势叠加、利益共赢，提高协同育人效果，构建贯穿协同育人全过程、推动各要素主体协调运行的“精准化”运行管理与保障机制。其一，跨界联合机制。依托学校22个国家和部委级科研平台、61个省级科研平台，吉林省农业科学院63个国家级、省部级科研平台，汇聚其他高校、科研院所、企业资源优势，积极打造吉林省长白山科研协同创新中心、成果转化中心，以及4个现代农业创新平台。其二，运行保障机制。组建政府、企业、高校与科研院所联合协同育人联盟，成立理事会负责整体运行管理。制定规章制度，共同规划、共同建设、共同管理，保障“三融三通”的实现。

2020年9月，在教育部“学习贯彻落实习近平总书记给全国涉农高校书记校长和专家代表重要回信精神一周年座谈会”上，教育部副部长钟登华与教育部高等教育司司长吴岩对吉林农业大学与吉林省农业科学院的新农科协同育人给予充分肯定，钟登华表示：“吉林农业大学与吉林省农业科学院全方位合作育人，在‘一省一校一所’改革实践中取得了突破。”吴岩指出：“吉林农业大学与吉林省农业科学院‘一省一校一所’给全国做出了示范。”

（资料来源：吉林农业大学）

东北农业大学：开改革发展新路 育卓越农林新才　全力助推新农科建设

自新农科建设提出以来，东北农业大学不断深化体制机制改革，以一流本科建设为抓手，以实施卓越农林新人才培养为契机，优化涉农专业结构，推进学科交叉融合，在打造精品课程资源、探索农科教协同育人培养模式、提升优质师资培育等方面进行重点改革，努力构建本研衔接、交叉渗透、科教协同、产教融合的多样化人才培养模式，全力助推新农科建设。

一、新农科建设改革与实践探索

（一）深化体制机制改革，注重新型人才培养

通过深化体制机制改革激发新农科内部发展活力，学校积极探索具有特色的复合应用型农林人才培养模式，在形成体系开放、渠道互通、选择多样的人才培养机制上迈出了坚实的步伐。

1. 实施大类招生与培养

按照“厚基础、宽口径、强实践、重个性、广适应”的培养理念，在10个学院、14个专业类、44个本科专业进行按类招生与培养。

2. 实施本硕博贯通人才培养模式

学校在农学等9个涉农博士点学科实现了本硕博培养全贯通，促进新农科拔尖人才脱颖而出。

3. 创新特色人才培养模式

在动物科学技术学院实行“三导师”制，在动物医学学院实施“721”人才培养模式，在食品学院实行“一体四元”模式，在生命科学学院创建“秦鹏春拔尖人才培养实验班”，进行新农科人才培养特色模式的改革与创新。

4. 培养东农特色的“而”型人才

遵循“五个强化”“五个坚持”“五个突出”的原则，学校开展2021版本科人才培养方案的修订工作，突出培养具有东北农业大学特色“博学多能”的“而”型人才。

（二）优化专业学科体系，营造协调发展的育人生态

新时代高等教育不仅要支撑经济社会发展，而且要引领产业的发展和进步，农业产业现实和未来的需求是新农科建设的立足点和出发点。

1. 回应国家和区域农业农村发展需求，构建具有北方寒地农业特色的一流学科群

推进实施了以北方寒地现代化大农业学科集群为主体，以畜产品生产与加工、农产品生产与加工两大学科群为两翼的“一体两翼”学科发展战略，全力打造动物生产和植物生产两大全产业链条。

2. 围绕黑龙江省农业产业链，建设具有东北农业大学特色的重点专业群

学校整合了47个优势专业，包括10个国家级特色专业、18个国家级一流本科专业建设点、30个省级一流本科专业建设点，紧密围绕黑龙江“十大产业”中的“五大产业”构建了植物生产类等8个重点专业群，培养服务于现代农业产业需要的各类复合型人才。专业群与黑龙江省重点发展产业关系见图Ⅴ–4。

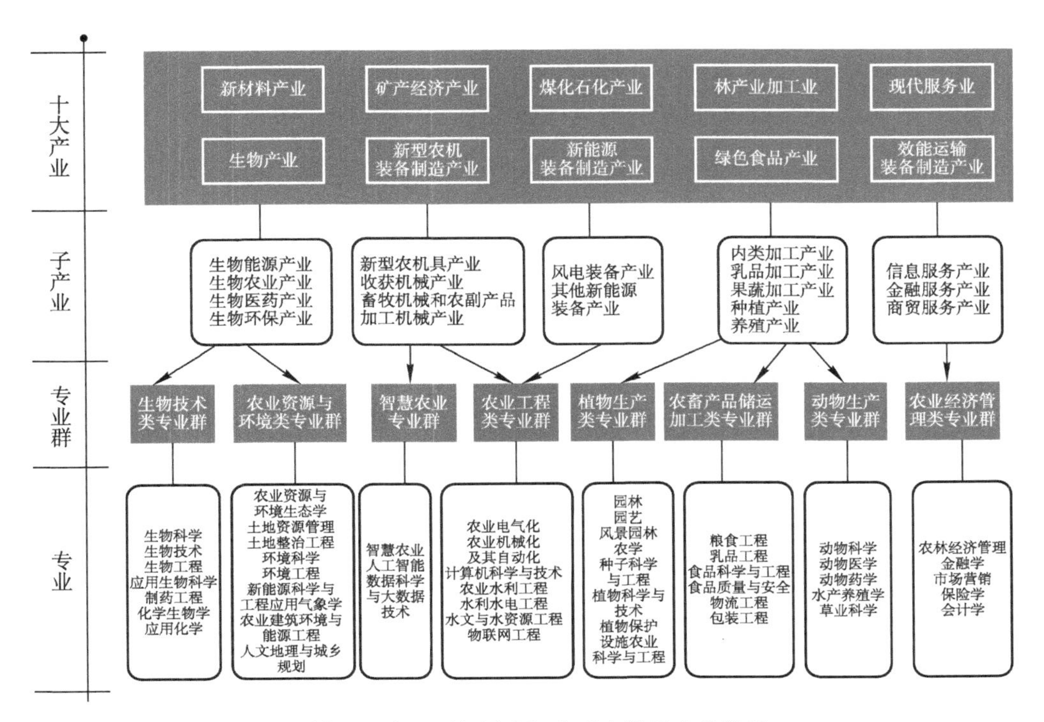

图Ⅴ–4　专业群与黑龙江省重点发展产业关系

3. **加快专业结构优化调整，主动适应现代农业发展需求**

一是坚持动态调整专业结构。近3年，学校停招旅游管理等7个非涉农本科专业，新增智慧农业等6个新兴交叉融合专业，适应新农科发展需求。二是强化涉农专业内涵建设。以一流专业评审为契机，以专业认证为范式，深化专业综合改革，目前学校食品科学与工程等3个专业通过了中国工程教育专业认证；2020年在全校范围开展了人才培养战略定位及专业结构优化调整论证，并启动新一轮专业人才培养方案的修订工作；制订涉农专业结构优化调整方案，升级改造30个传统涉农专业，推进信息技术、人工智能、大数据与农林教育教学的深度融合。三是依托国家新农科研究与改革实践项目探索新农科发展。2020年，学校5个新农科项目入选国家新农科研究与改革实践项目，依托项目进一步创新卓越人才培养模式，制定专业建设标准、人才培养标准、课程建设标准、实践环节标准，加强学校的新农科研究与改革。

（三）打造一流课程资源，提高课堂教学育人质量

新农科建设的核心是培养新型农林人才，人才培养的关键在于课程体系的建设，根据社会人才需求的特点，以新农科建设为引领，进行课程体系的建设与优化。

1. **强化课程思政，构建“三全育人”格局**

学校在黑龙江省率先制定了《课程思政建设实施方案》，成立课程思政教学研究中心；先后组织开展三批共174门校级课程思政试点课程立项，制作课程思政教师说课视频70余个，举办课程思政“金课”大讲堂、经验交流分享、教学案例展、课程思政教学竞赛等系列活动；2021年，3个项目入选教育部课程思政示范项目，是黑龙江省唯一一所普通本科教育、研究生教育、继续教育同时入选的高校。

2. **基于OBE人才培养理念，加快课程体系改革力度**

以能力培养为导向，构建对毕业要求有充分支撑的具有东北农业大学特色“博学多能”的“而”型理论知识体系和分级递阶的实践教学体系，支持跨学科跨专业拓展设置课程；同时加大对公共课程体系的改革力度。

3. **创新教学手段，精心打造农林类国家级一流课程**

学校围绕国家级和省级一流本科专业建设点的核心课程，开展一流课程建设。现有国家级一流课程18门，省级一流课程57门；出台在线开放课程管理办法，建设直播互动教室，已上线在线开放课程100余门，每年引进校外优质在线开放课程120余门，促进课堂教学改革。

4. 建立耕读教学体系，探索耕读教育新形式

学校设置劳动教育、大国三农、社会实践等课程，开展“乡村振兴大讲堂”，将耕读教育有效融入人才培养方案和课程教学体系，加强文理工农交叉渗透。同时开发东农简史、农业科学与人类等特色课程，让学生明晰中国农业发展大势，明了乡村振兴建设重任，厚植“三农”情怀。

（四）提升教师教书育人能力，建设一流农林师资队伍

师资队伍是高等农林院校学科建设、专业建设、科技成果产出和人才培养的核心因素，是“新农科”教育发展的核心动能。

1. 全面提升教师教学能力

学校坚持以高素质教师队伍建设为关键要务，以人事制度改革创新提升队伍整体水平，构建了以效益年薪、绩效奖励、分类评聘等为导向的激励机制，以东农学者、柔性引进、优博留校等为举措的引培机制，以讲座培训、经验分享、名师引路为手段的教师教学提升机制，以及以师德师风等为考评依据的约束机制，优化了人才成长软环境，教师队伍及高水平团队质量数量得到提升。

2. 鼓励教师开展教学革新

学校依托教师发展中心，以各级教学名师、课堂教学质量奖评审为导向，实现以“教为中心”向以“学为中心”转变，“以知识考核为主”向“知识考核与能力考核并重”转变，同时加大“双师型”教师建设力度。2021 年，学校动物科学学院 1 名教师获首届全国高校教师教学创新大赛一等奖。

3. 推进基层教学组织改革

学校建设 65 个专业教学团队、14 个课程教学团队，系、专业、教学团队三位一体，实行青年教师导师制、新教师助教制和试讲制、集体备课制，其中蔬菜学教师团队入选全国高校首批黄大年式教师团队。

（五）打造新农科育人环境，完善校企合作协同育人机制

学校科学合理地确定新农科相关专业校企、校地协同育人的新机制，解决学生实践动手能力不足的问题，探索高等农林院校与科研机构、企业、用人单位等联合培养人才的新途径。

1. 进一步加强创新创业教育

学校打造实践育人基地，建成了黑龙江省本科高校中首家集教学、模拟、实践、

培训四大功能于一体的SIPT创客空间；2019年建成创新创业梦想小镇；实施大学生创新创业训练项目，近3年，SIPT计划项目累计立项1 200余项，在全国创新创业大赛中名列黑龙江省前茅，成功入选“全国深化创新创业教育改革示范高校”和“全国创新创业典型经验高校”；依托创新创业学院建立创新创业人才库，聘请36名优秀创业人士、企业家担任创业导师，年均授课6 000余人次，为学生参与创新创业活动指明了方向。

2. 探索校企合作协同育人培养模式

学校鼓励二级学院与政府、行业、企业建立合作关系，统筹推进校地、校所、校企育人要素和创新资源共享、互动，签订合作协议机构共计533个，将合作成果落实到推动产业发展中，辐射到培养卓越农林人才上。例如：生命科学学院与深圳华大基因研究院开展委托培养合作，食品科学与工程专业与飞鹤乳业、万家宝乳业、米旗食品开展合作办学，农林经济管理专业实行“班村共建”合作模式，园艺园林学院与哈尔滨市农业科学院等签订一系列产学研合作协议；工程学院与德沃公司共建德沃－东农智能农机装备研究院等。此外，学校积极组建现代产业学院，构建产学研融合育人的新机制。

二、面临问题和对策建议

（一）存在的问题

目前，学校新农科人才培养存在四方面问题：一是生源问题，受传统思想观念的影响，很多人对农业、农村、农学的偏见根深蒂固，学生学农积极性不高；二是就业问题，基于工作环境、收入、职业发展等因素考量，毕业生务农积极性不高；三是政策问题，现阶段，面向服务国家重大战略需求，急需培养新农科创新人才，但是当前导农政策有待加强；四是新农科人才培养特色与创新人才培养模式仍需进一步突破。

（二）政策建议

一是建议以新农科建设为契机，制定全方位涉农专业学科的支持政策。二是建议建设一批以农耕文化或智慧农业为主题的教育实践基地或研学基地，以基地为重要依托，推动各农林类高校的实践教育资源共享和区域合作。三是建议加大推进农科专业认证力度，切实构建农科专业教育的质量监控体系，大力推进农科专业教育改革，持续改进农科专业人才培养质量，不断完善人才培养体制和机制，提高农科专业教育的认可度和竞争力，提升社会需求和人才培养的契合度。

（资料来源：东北农业大学）

黑龙江八一农垦大学：构筑底蕴支撑营造新农科建设新生态

黑龙江八一农垦大学分别从人才培养模式、专业建设、课程建设、师资队伍、校企协同育人等方面积极推进新农科建设，以立德树人为根本、以强农兴农为己任，加快培养知农爱农新型人才。

一、主要举措及成效

（一）构建知农爱农应用型人才培养体系

学校切实把“人才培养为本，本科教育是根”的教育理念贯彻落实到教育教学工作中，2019 年全面推动特色应用型本科示范校建设，进一步明晰应用型人才培养目标，持续改进人才培养方案，深化人才培养模式改革。突出学生中心、产出导向、持续改进，以助力垦区、龙江农业和经济社会发展为己任，构建基于 OBE 理念的高水平本科人才培养体系。通过加大实践教学比例、加强“双师型”教师队伍建设、创建北大荒农产品加工产业学院和航空产业学院等举措，努力培养社会责任感强、专业基础扎实、具有创新创业精神和实践能力的应用型人才，积极为现代农业的航母、国家粮食安全、服务龙江乡村振兴提供人才保障和智力支持。

（二）优化涉农学科专业体系

对标国家战略和区域经济、产业需求，定期开展人才需求调研活动，建立本科专业动态调整机制。通过传统涉农专业的升级与改造，培育新兴、新生农科专业等措施，努力形成布局合理、特色鲜明、适应区域经济社会发展需要的专业体系。近 3 年新增设施农业科学与工程、数据科学与大数据技术、供应链管理、食品营养与健康等 4 个新农科专业，涉农专业占学校专业总数的 75%；谋划开设农业智能装备工程、风景园林、智能飞行器技术、工程造价、智慧农业、土地科学与技术、人工智能、动植物检疫等 8 个本科专业，进一步提升人才培养与未来农业发展的契合度。

（三）加强一流专业内涵建设

基于人才培养定位，学校按照“发挥优势、突出特色、分层建设、协调发展”的基本思路，以强化专业内涵建设、增强专业核心竞争力、提高人才培养质量为核心，全面提升一流专业建设质量。成功获批农学、植物保护、动物医学、食品科学与工程、会计学 5 个国家级一流专业建设点，获批农业机械化及其自动化、农业电气化、动物科学、草业科学等 19 个省级一流专业建设点，对标一流专业建设标准与评价要素，以专业认证促进专业建设和高质量发展。

（四）打造特色优势专业集群

坚持“培养落地人才、研究立地项目、产出益地成果”的内涵式发展道路，全力发挥与产业集群相匹配的学科专业集群优势。重点建设农产品种植专业集群、农产品加工专业集群、畜产品养殖专业集群、农机装备现代化信息化专业集群、物流销售专业集群 5 个优势专业集群，服务种植、养殖、现代农业装备制造、农产品精深加工、产品物流销售等全产业链条。

（五）开发优质课程资源

学校对标一流课程建设标准，坚持“分类推进、重点落实”的建设原则，建设一批“北大荒精神”“工厂化育苗”“园艺综合实验指导”等具有农林特色和示范效应的一流课程及相关教材，促进优质课程资源的共享共用。累计立项建设 35 门线上课程、10 门线上线下混合式课程，其中获批国家级一流课程 1 门、省级一流课程 18 门。

（六）全面推进课程思政

学校深入贯彻落实《高等学校课程思政建设指导纲要》，坚持“横向融合、纵向推进”的建设路径，统筹抓好课程、课堂、教材和课程思政工作，全面实现“专业教育全面实施课程思政，人才培养全程融入课程思政”的建设目标。累计立项建设通识课、专业课、选修课共计 35 门，且每个专业类均有示范课程，全覆盖、分层次、相互支撑的课程思政内容体系逐步形成。2020 年获批黑龙江省高等学校课程思政建设示范高校，2 门课程获省级课程思政建设示范课程，1 位教师被评选为省级课程思政教学名师，努力培养知农爱农新型人才。

（七）加强师资队伍建设

学校充分依托全产业链中各级各类企业的技术平台，通过实践锻炼、岗位实习、技术服务等方式，加强专任教师应用能力培养；贯彻落实“三区”人才支持计划，建立教师实践锻炼基地，聘请企业具有一定专业技术职务的技术人员作为兼职教师，“双师型”教师占比达到50%以上。同时加强培训资源库建设，逐步形成以全国高校教师网络培训中心和国家教育行政学院在线培训平台为主、学校自建课程为辅的培训资源库。已完成20余门自建培训课程的建设工作，2020年开展系统性培训20余次，专题培训60余次，累计获得各类省赛一等奖3项、二等奖5项、三等奖4项，优秀组织奖3项，6名教师获评省级教学名师。

（八）深化人才培养模式改革

打造“1 + N”多位一体校企协同育人平台，即以协同育人为根本，搭建融合文化交流共建、协同创新、成果推广、学术交流、党建共建等形式的合作大平台。构建“七个 +”协同育人模式，通过邀请企业参与人才培养方案修订，实现标准对接；通过共建兴趣俱乐部，实现价值对接；通过顶岗实习和职业体验，实现技能对接；通过不同类型企业合作班，实现培养对接；通过设立“班主任 + 双导师”，引入企业专家力量，实现师资对接；通过企业奖助学金、素质教育基金，举办校企联谊和文化活动，实现情感对接；通过协作指导学生双创和学科竞赛、开展科研合作，实现创新对接。近年来，新建6个企业冠名班、11个校企协同育人班，新增企业奖助学金与教育基金6项，校企合作类基金16项，与多家企业建立研究生联合培养项目。

（九）强化实践教学质量

构建校所、校企、校地协同育人新格局，学校积极与黑龙江垦区、企业、科研院所共同建设产教研协同育人基地，促进益地成果的成功转化。学校通过建立“教学做”一体化的实训基地大庆市设施研究院，与县农机局合作，引企入校，带动大庆市五区四县24万栋棚室发展，帮扶建立标准化生产基地31个，帮助农民增收15.3%；培育扶持大庆市润丰农业科技公司、大同区李山果蔬种植专业合作社等13个农业科技公司及合作社；培植种植大户28个，企业合作社种植大户累积增收72亿元，辐射黑龙江、吉林、辽宁棚室主产区，极大地促进了区域经济快速发展。

（十）加强新农科教育理论研究

学校面向新农业、新乡村、新农民和新生态，积极开展“四新”理论研究，获批国家级新农科研究与改革实践项目 4 项、省级项目 2 项，省级新文科研究与改革实践项目 3 项，为培养知农爱农新型人才提供理论支撑。

二、面临的问题

一是引进优质教学资源不够；二是教学条件有待改善；三是校企合作尚需深入推进。

三、对策建议

（一）拓宽视野，探索农科建设新路径

适应现代农业新技术、新产业、新业态发展需要，顺应农村“三产融合”新趋势，加强与兄弟院校之间的交流与合作，引入优质教学资源，积极探索新农科建设新路径、新模式、新举措，努力培养知农爱农新型人才。

（二）加大投入，落实经费保障

为全面推动新农科建设，学校应继续积极筹措资金，整合校内外优质资源，加大专项经费投入力度，确保经费及时、足额地用于项目建设，为传统涉农专业改造升级提供资金支持。

（三）协同推进，加强校企协同育人

深化农科教结合，推动校所、校企、校地共同打造实践育人平台、开展跨学科技术研发，建设一批能够满足学生生产实训需要，设备先进、“教学做”一体化的示范实习实训基地，总结建设经验，持续提升实践教学质量。

（资料来源：黑龙江八一农垦大学）

扬州大学：发挥综合性大学优势
勇担强农兴农使命

学校全面贯彻落实习近平总书记给全国涉农高校的书记校长和专家代表的重要回信精神，贯彻落实习近平总书记对扬州大学提出的“优化组合、转型化合”重要指示精神，秉承学校创校人张謇先生提出的“学必期于用，用必适于地”的办学理念，充分发挥综合性大学优势，在教育兴农、科技强农、智慧助农等方面久久为功，高质量写好全面助力江苏乡村振兴走在前列的“扬大答卷”。

一、坚持人才强农，为乡村振兴提供强大的人才供给

创新“订单式”人才培养模式，输送契合度高的农业人才。深入推进新农科建设，获教育部新农科研究与改革实践项目资助 3 项。农科类项目获第十二届“挑战杯”中国大学生创业计划金奖 2 项、江苏省创新创业赛道特等奖等省级奖励 12 项。积极推行“三宽四得”农科人才培养模式，每年有半数以上的涉农专业毕业生在全省各地农业部门、企事业单位就业。连续十年开展“张家港班”“常熟班”等农科人才“订单式”培养，每年为当地农村基层一线输送约 60 名优秀毕业生。积极实施农村专项人才培养，全年为全省定向输送 244 名乡村教师、农村医生。

培育新型职业农民，服务农业新型经营主体。充分发挥国家科技特派员创业培训基地等作用，大力培育新型职业农民，实现规模种植大户、家庭农场、专业合作社、龙头农业企业等新型农业经营主体全覆盖，充分发挥他们在农业技术应用、绿色发展、特色品牌打造等方面的引领作用。由中国工程院院士、农业农村部种植业专家指导组组长等领衔的 260 多名专家，举办“疫情春耕复产院士云端授课”“规模种植大户千人培训与交流会”等活动 231 场次，2020 年全年培训新型职业农民、大学生村官、基层农业技术人员等 19 260 人次。

选派多学科专家干部，促进农民富裕富足。全年派出农业专家和管理干部 1 320

人次，深入农村基层指导产业发展。依托“挂县强农富民工程”项目，组建11个方向的专家团队，在大丰、响水、仪征、宝应等地设立专家工作站，累计推广各类技术20余项。加强校地合作，先后于江都、兴化等地建成扬州大学江都现代农业产业研究院、扬州大学兴化乡村振兴研究院、扬州大学现代园艺产业技术研究院等平台。深化校企合作，与江苏省农垦集团共建苏垦农发黄海分公司院士创新试验基地。高红胜老师在全省40多个草莓基地推广应用草莓脱毒种苗繁育技术体系、架式栽培技术体系，实现亩增效5万元以上，全年累计增效150多亿元，得到时任省委领导的高度赞扬。凌裕平、吉挺等与贵州从江县石奶引家庭、革命老区安徽金寨县花石乡蜜蜂养殖户等结对帮扶，一对一提供技术指导与服务，积极助力脱贫攻坚。

学校作物学科拥有农业农村部种植业专家指导组专家4人，其中张洪程院士分别担任水稻专家指导组副组长和农作物生产全程机械化专家指导组副组长，郭文善和朱新开老师分别为小麦专家指导组组长和成员。学校共有30余人次担任国家、江苏省农业产业技术体系专家服务水稻、小麦、水禽、肉鸡、奶牛等20个产业，其中国家产业体系岗位专家13人，试验站站长1人，省现代农业产业体系专家21人，含首席专家3人。

自2018年起，学校依托农业重大技术协同推广计划项目，围绕稻麦生产、蔬菜种植、高效养殖等领域，先后牵头成立8个协同推广联盟。其中围绕把“苏米”公共区域品牌打造成为“千亿级”产业，学校和江苏省农业技术推广总站联合牵头承担“中高端优质稻米产业技术集成与推广”项目，并成立了由农业科研教学单位以及相关企业、新型经营主体、农业社会化服务机构等参与的江苏省优质水稻创新联盟，重点通过协同推广模式的探索与创新，推动重大技术落地应用，探索可复制、可推广的稻米产业发展新模式。

二、坚持科技兴农，为乡村振兴提供厚实的技术供给

聚焦农业科技前沿，原始创新能力进一步增强。瞄准农业科技前沿和国家重大战略，组建一批科技领军人才领衔，跨学科、跨领域的协同攻关团队，2017年以来，新增国家级项目502项、省部级项目625项，在稻米品质遗传改良、农业与农产品安全、重大动物疫病防控等领域取得显著成效，如对淀粉类作物中蜡质基因的自然等位变异及精细调控的研究为优质稻米品种选育提供了优质种源，研制的小麦耕种管整体智能机组率先实现了水稻秸秆全量还田与小麦种植田间“无人化”作业，研制的“鸡

新城疫——传染性支气管炎二联活疫苗”为高质量根除家禽重大疫病提供了前沿技术支撑。

聚焦农业重大需求，创新链与产业链进一步融合。围绕农业农村重大需求，推广农业新品种、新技术、新模式等129项。6项（第一完成单位5项）成果获国家科学技术奖，覆盖国家自然科学奖、国家技术发明奖和国家科技进步奖，1项技术被列为农业农村部2020年度十大引领性技术，4项主推技术列入2018—2019年江苏省农业重大技术推广计划，5项主推技术列入2020—2021年江苏省农业重大技术推广计划。成果“促进稻麦同化物向籽粒转运和籽粒灌浆的调控途径与生理机制”“多熟制地区水稻机插栽培关键技术创新及应用”围绕国家粮食安全战略，从理论和实践上对作物高产技术进行研究，相关技术在苏、皖、鄂、赣等省大面积示范推广，分别于2017年、2018年获国家科技进步二等奖。推广应用稻茬小麦“三调三控”绿色高效栽培技术，年均增加经济效益11.5亿元，获2020年江苏省农业技术推广一等奖。2020年，学校成功获批全国粮食安全宣传教育基地。成果“优质肉鸡新品种京海黄鸡培育及其产业化”成功培育出我国目前唯一通过国家审定、适合产业化的优质肉鸡——京海黄鸡新品种（非配套系），已在全国11个省市推广种苗2.69亿只，总经济效益75.12亿元，获2018年国家科技进步二等奖。成果“鸡遗传资源评价、种质创新与产业化应用”近3年新增产值122亿元、新增利润33亿元，显著推动了我国优质肉鸡产业升级与技术发展，获2020年省科学技术奖一等奖。成果“基因Ⅶ型新城疫新型疫苗的创制与应用”使我国新城疫发生数量与新城疫病毒（NDV）强毒感染率呈明显下降趋势，累计生产销售75.1亿余份，减少经济损失或增效50亿元，获2019年国家技术发明二等奖。新城疫、禽流感等疫苗先后与国内外兽用生物制品企业签订疫苗技术开发或转让合同7项，合同总经费6 000万余元。成果“重要食源性人兽共患病原菌的传播生态规律及其防控技术”形成了覆盖“从农场到餐桌”全产业链的重要食源性人兽共患病原菌集成防控创新技术成果，在江、浙、沪等11个省市推广，累计新增利润1.41亿元，节约成本6 125万元，获2017年国家科技进步二等奖。

聚焦农田水利发展，保障粮食安全能力进一步提升。围绕农田旱涝保收、高产稳产，近60年专注服务南水北调工程，集中发力东线一期工程的安全运行和二期工程的设计论证。承担南水北调东线江苏水源公司、山东干线公司等委托项目（课题）及东线工程源头——江都水利枢纽多座配套工程安全鉴定，为东线一期工程优化运行作出重要贡献。围绕农田水利，承担国家重点研发计划项目自流灌区用水调控技术集成与应用示范课题，全面参与国家大中型灌区续建配套与现代化改造项目的规划和实施。积极参与全省高标准农田建设，在睢宁、高邮等地示范推广多模式高效节水灌溉、两暗一明灌排模式，“一体式智能化装配泵站”被列入2020年水利部水利先进实用技术推广名录。

三、坚持智慧助农，为乡村振兴提供全方位的知识与文化供给

强化智库助农，服务“三农”特色优势进一步彰显。围绕稻米产业发展、乡村振兴战略实施、农村物流等，形成20多项高层次智库成果。其中，张洪程院士撰写的“高水平建设‘绿色大粮仓’”建议得到国务院批示；关于“苏米”产业的建议得到江苏省主要领导批示。承担“三农”问题决策咨询重点研究课题32项。“‘戴庄经验’及其可推广性研究”获江苏省第十六届哲学社会科学优秀成果奖一等奖、“江苏水稻生产稳定发展的对策研究”获江苏省乡村振兴软科学课题研究成果一等奖1项。学校担任江苏省现代农业产业园区联盟副理事长单位和秘书长单位，全方位服务江苏省现代农业产业园区建设。

强化文化惠农，服务乡村文明建设效应进一步发挥。积极开展乡土文化传承发扬和文化惠农，每年举办专家报告会、宣讲会、送文化下乡等活动120多场次，近万人次师生开展“三下乡”文艺汇演、基层社会治理宣讲、优秀乡土文化传承、乡村振兴调研等社会实践。依托教育部高等学校科学研究优秀成果一等奖和国家社科基金重大项目，深入推进民间俗文学和宝卷研究，深刻阐释了中国乡土民俗的变化与发展。江苏省五一劳动奖章获得者、学校吴林斌教授面向农村基层传授中华优秀传统文化，近3年累计讲授近千场，被广大农民誉为“热心公益的义工教授”。

（资料来源：扬州大学）

浙江农林大学：深耕绿水青山
扎实推进新农科建设

一、理念更新，培育时代新人

学校从落实立德树人根本任务出发，坚持生态特色与农林底色，加强生态教育，厚植支农爱农情怀，全面推进院长主管本科教学，打造新时代学校品牌课程思政品牌。

（一）打造“浙三农”特色课程思政品牌

开设“中国竹文化”等通识课，阐释竹文明的历史渊源与发展脉络；着力打造生态环境类、生态经济类、生态文化类和美丽乡村类等具有农林特色的“新生态”系列课程 116 门；培育“课说三农”品牌课程。

（二）深挖生态育人元素

将 3 200 余门课程教学大纲修订为课程育人大纲，充分挖掘每门课程的思政元素，突出生态育人特色，做到课程思政全覆盖。建设课程思政示范课 70 门（省级 15 门）、教学研究项目 30 项（省级 10 项）、示范基层教学组织 9 个（省级 2 个）、示范学院 3 个。

二、机制协同，革新人才培养模式

（一）多方合作，培养新农科复合交叉型人才

与政府、企业合作，深化“定向招生 - 定向培养 - 定向就业”的“三定”合作教育模式，实现招生招聘并轨和基层定向就业。与浙江省粮食与物资储备局合作设立食

品科学与工程（粮油储检）专业，校企协同定向培养粮油储检人才，学生按照培养协议到各级粮食系统定向就业，学费由用人单位一次性奖补。

（二）夯实基础，培养新农科拔尖创新型人才

学校以集贤学院为主体，联合多个专业学院，举全校之力开设新农科求真实验班，涵盖农学等8个农科类专业，通过“一制三化”（导师制、小班化、国际化、个性化）合力培养“宽厚基础、融通国际、差异教育”的拔尖创新型农科人才。

（三）本硕贯通，培养新农科学术人才

开发探索本硕贯通的课程体系，在本科生人才培养中融入研究生课程；依托省级及以上重点实验室，创新平台，开展“三早教育”（早进实验室、早进课题、早进团队），开展创新创业活动。

三、交叉融合，优化专业布局

（一）构建全新体系，优化专业布局

紧密对接生态文明建设、乡村振兴战略等国家战略，按照“面向需求、聚焦农林、彰显生态”原则，改造升级林学专业；发挥优势，强化跨学科交叉融合，新设数据科学与大数据技术、智能科学与技术、家具设计与工程等新专业，构建了与新农业新乡村新生态需求相匹配的全产业链专业群，包括智慧农业、现代林业、人居环境、美丽城镇、健康时尚、绿色生态等六大专业群。

（二）追求卓越发展，打造一流专业

做精做强优势特色专业，在综合改革、师资建设、教学条件和质量保障等方面起到示范领跑作用，国家级一流本科专业建设点11个，省级一流本科专业建设点13个，共计24个，占学校招生专业总数的47%。

（三）坚持融合推进，深化学科专业一体化

为解决涉农学科和专业“两张皮”现象，创新性探索学科专业一体化机制，实现组织机构一体化、任务考核一体化、人才培养一体化等；建立学科专业管理团队

（1 + X），设置学科专业负责人岗位，对学科和专业建设工作负总责，下设专业建设、学位点等，实现学科专业互促发展。

四、技术融入，打造引领性金课

（一）强化根基，重视通识教育

重点打造具有农林特色和学校学科优势的生态创业类、艺术素养类等四类百门优质通识教育核心课程；面向新需求开设培养学生思辨能力的“大学写作”课程，培育厚基础农科人才。现已推广至所有省级一流专业，计划于2022年所有专业全覆盖。

（二）顺应形势，建设一流课程

构建具有学校特色的“323”（建设30门国家级一流课程，200门省级一流课程和300门校级一流课程）课程体系和立体化教材资源体系。学校已认定国家级一流课程9门，省级一流课程131门，中国大学MOOC、智慧树等平台已上线农学类课程59门，建设“林业经济学”“兽医微生物学精要（双语）”等省级新形态教材19部。

五、多措并举，提升师资队伍水平

（一）师资队伍数量结构不断优化

引进中国工程院院士、澳大利亚科学院院士各1人，国家专项人才计划等国家级人才10人，省部级人才21人。新增省部级及以上创新团队5个。

（二）人才队伍质量水平明显提高

全面实施青年英才培养计划、天目学者计划、特殊津贴人才计划、青年教师助教助研计划、青年教师基层锻炼计划。自主培养“长江学者奖励计划”青年人才1人、国家杰出青年基金获得者1人和“百千万人才工程”国家级人选1人、省部级人才14人。

六、产教融合，创新协同育人模式

紧密对接社会需求，引入政府、企业、科研院所、国内外高校等优质资源，构建“校地、校企、校所、校校、国际合作”五类协同育人模式，覆盖全校21个专业，营造了良好的新农科发展生态。立足浙江省产学研合作教育分会，多维度深化产学研融合，促进产学研一体化。出台《现代产业学院管理办法》，与浙江省粮食与物资储备局共建现代粮食产业学院；牵头成立浙江省新农科教育联盟，加强省内涉农专业和院校合作。《校企结缘　仙草下凡》等三项案例获2020年度中国高等教育博览会“校企合作　双百计划”典型案例称号。

七、建设成效

学校“基于多学科交叉融合的林学专业改革与实践”等5个新农科建设项目获得立项；2019年“超纤科技——新型多功能无醛纤维板先行者”项目获得第五届中国“互联网+”大学生创新创业大赛全国总决赛金奖；学校牵头联合21家高校、企业成立浙江省新农科教育联盟。与天目山国家级自然保护区管理局共同牵头，联合浙江大学等4所国内知名院校成立野外实践教育基地联盟，推进大学生实践教育计划的有序实施；学校成立了浙江农林大学环境医院，是全国高校成立的第一家环境医院，并建立了六家分院，主要开展山区小流域污染综合治理、森林碳汇监测与提升技术、村落景区农村污水治理、受污染耕地安全利用和修复治理、毛竹林碳汇能力提升等方面研究；为加快推进新农科建设，做大做强涉农学科，改善办学条件，学校筹资3亿元规划建设6.5万 m^2 浙江新农科教育教学中心。

八、问题及建议

一是新型师资队伍有待加强。学校将加大人才引进力度，优化人才引进和服务机制，提高人才引进工作效率，扩大师资规模，提升师资层次，打造具有农林特色的师资队伍；通过交流合作等方式，不断更新现有教师的教学理念以及教学信息化资源与应用能力。

二是涉农校所深度合作有待深入。继续依托浙江省新农科教育联盟，搭建资源服务平台，通过学习研讨、交流互换、课程共享等多种形式，实现全方位多途径的成果共享互通。

三是办学资源有待拓展。利用杭州城西科创大走廊、乡村振兴等机遇，积极扩展外部资源和有效整合内部资源。

（资料来源：浙江农林大学）

云南农业大学：扎根西南边疆
矢志不移培养新型农科人才

云南农业大学坚持以习近平新时代中国特色社会主义思想为指导，全面贯彻落实习近平总书记给全国涉农高校书记和专家代表重要回信精神，根据“安吉共识”“北大仓行动”“北京指南”提出的新农科建设要求，立足西南边疆，以服务国家战略和地方经济社会为己任，以新农科建设为引领，紧紧围绕乡村振兴战略、生态文明建设和美丽中国建设，深化人才培养模式改革，完善学校与政府、行业、企业、科研院所协同育人机制，持续加强适应农林新产业新业态发展的涉农专业内涵建设，不断提高人才培养质量。

一、工作进展和成效

（一）培养模式

深化分类分层的多样化人才培养模式改革，2019 年重新制订专业人才培养方案，新方案融入专业认证理念，建立课外学习制度，重点着力专业核心课程，拓宽学生视野；完善课程体系，强化实习实践，立足西南边疆，探索实践校企合作、科教结合、产教融合的协同育人新模式，推进高质量复合型、应用型人才培养。与行业、部门合作，根据市场需求，建立卓越农林人才培养标准体系，开设农科拔尖人才创新班。

获准教育部新农科教学研究与改革项目 4 项，立项校级新农科项目 21 项。对教育部、省级和校级项目，分别给予 30 万元、5 万元和 1 ～ 2 万元经费支持。朱有勇院士领衔的“基于脱贫攻坚的农科应用型人才培养体系构建与实践”获云南省高等教育教学成果特等奖。

（二）专业建设

1. 一流专业建设成效明显

学校共有29个专业入选“双万计划”一流本科专业建设点，占全校专业总数的34.5%。其中国家级9个、省级23个（3个为国家级），并按国家级一流专业300万元、省级一流专业60万元投入建设。

2. 专业结构进一步优化

学校以服务国家战略和地方经济社会发展为己任，坚持走转型升级、创新驱动、内涵发展、质量取胜之路，加强特色优势专业建设，大力优化专业结构布局，以现代科学技术改造提升现有涉农专业。申报并获准适应农林新产业新业态发展需要的新兴涉农专业6个（香料香精技术与工程、中药资源与开发、化学生物学、人工智能、兽医公共卫生、生物工程），主动撤销或停招15个专业，备案第二学位专业13个，本科专业结构进一步优化。

3. 校内专业认证全面推进

秉承“以学生为中心”“以产出为导向”和“持续改进”三大理念，率先全面开展了校内专业认证。参照《国家工程教育认证标准》《普通高等学校本科专业类教学质量国家标准》，制定校内专业认证标准，完成了57个本科专业校内认证。通过认证专家“把脉”“诊断”，找准专业建设中的薄弱环节，以评促建，持续推进专业内涵建设。水利水电工程、农业水利工程2个专业通过国家工程教育认证。《全面推进校内专业认证升华专业内涵建设的创新与实践》荣获云南省高等教育教学成果二等奖。

（三）课程教材建设

1. 课程与教材建设持续推进

按照“反向设计、正向施工”的人才培养体系构建思路，从专业培养目标反向设计毕业要求、课程体系、课程内容、教学要求、评价方式，课程目标更加明确，着力加强高质量特色教材建设，一批突出现代生物技术、大数据、人工智能等新科技的新课程陆续开设，学生通过学习应获得的知识、能力、素养更加明晰，教学中学生的主体地位更加凸显，通过课堂教学方法及考试方式的改革，更多的学生从“要我学”开始转变为“我要学”，课堂参与度明显提高，主动学习的自觉性和积极性逐渐增强，学习效果和学习质量不断提升。

2. 课程教材建设成效显著

2019年以来，学校获国家级一流课程2门、省级一流课程31门，省级课程思政示范项目3项，自主立项校级一流课程101门、校级通识课程78门、校级课程思政示范项目70项；出版教材82部（主编19部、副主编38部），6部教材获全国高等农业院校优秀教材奖，3部教材获云南省高等学校优秀教材奖；5门课程入选全国生态文明信息化教学成果，获云南省高等教育教学成果一等奖1项、二等奖4项。

（四）师资队伍

1. 持续加强教师教学能力提升

实施教师教学能力提升工程，持续推进教学导师遴选、青年教师助课、研习营培训等工作，开发教师教学能力培训管理系统，建设教师在线学习平台，每年引入教师网络培训课程50门，年均培训1 500余人次。以赛促培，以赛促研，一批中青年教师在研讨和比赛过程中快速成长。2019年来，获全国高校教师教学大赛二等奖1项、三等奖1项，省级教学比赛获奖29项，其中特等奖7项、一等奖1项、二等奖8项。

2. 多元协同建设高质量教师队伍

科教融合、产学研协同，在主动服务脱贫攻坚、乡村振兴等社会实践中提升教师教学科研能力。2019年来，获准全国高校黄大年式教师团队1个，立项校级黄大年式教师团队29个、优秀教学团队15个；朱有勇院士获“时代楷模”“全国脱贫攻坚先进个人”荣誉称号；1人入选“国家百千万人才工程”，1人获评“全国优秀教师”，35人入选教学名师等云南省高层次人才。

（五）协同育人

1. 协同育人深入推进

学校建立“教师双聘、资源共享、管理联动”机制，深入推进政产学研协同育人。多元协同，共建实践教学基地、共建师资队伍、共育新农人才，着力培养学生实践能力和创新创业能力。通过长聘、短聘、临聘等多种形式外聘兼职教师398人，校企合作共建校外实践基地274个，获批教育部产学合作协同育人项目41项。

2. 协同育人成效凸显

2019年来，学校获准国家级双创项目70项、省级双创项目120项，立项校级双创项目457项；学生获省级以上学科竞赛奖104项（国家级11项）。学校先后荣获全国乡村振兴人才培养优质校、全国高校网络教育优秀作品推选展示二等奖、云南省民族团结进步教育示范学校等荣誉。

二、面临问题

（一）新农科建设工作未成体系

新农科建设内涵深厚，外延宽广，迫切需要教育部和地方政府、企业等投入大量的政策、人力、物力、财力支持，学校地处西南边疆，在现有条件下力所能及地开展了一些工作，但工作未成体系，亟待建立系统全面的新农科建设体系。

（二）教学条件建设不够

与深化学分制改革相适应的教学资源有待增加，如专任教师队伍总量不足，高水平师资较少；课程资源不足，学生自主选择专业及课程的余地较小。

三、对策建议

针对新农科建设现状和面临的问题，学校提出两方面建议：一方面，进一步加大对边疆地区高校的政策倾斜力度。由教育部统筹，分类指导，加大对边疆地区高校的政策支持，确保人力、财力、物力重组，发挥边疆地区新农科建设特色，为服务地方经济贡献力量。另一方面，进一步加强教学条件建设。优化教学资源配置，进一步加强教学基础设施建设，不断改善教室、实验室、图书资料、智慧校园、学生宿舍、教学信息化管理平台等相关教学条件，确保满足教学需要。

（资料来源：云南农业大学）

新农科大事记

▶ 2018 年 12 月，中国农业大学牵头组织召开新农科教育研讨会

教育部高等教育司农林医药科教育处及来自西北农林科技大学、南京农业大学、华中农业大学等七所农林高校主管校领导、教务处长参加启动会。会议围绕“新农科”重点研究问题及推进方案展开广泛讨论，并达成重要共识。会议对新农科建设具有重大标志性意义。

（资料来源：中国农业大学）

▶ 2019 年 4 月，中国农业大学校长孙其信受聘为新农科建设工作组组长

教育部等多部委在天津联合召开“六卓越一拔尖”计划 2.0 启动大会。会议指出，要全面实施“六卓越一拔尖”计划 2.0，发展新工科、新医科、新农科、新文科，打赢全面振兴本科教育攻坚战。启动会上举行了新工科、新医科、新农科、新文科建设工作组聘任仪式。中国农业大学孙其信校长受聘为新农科建设工作组组长，负责全国农林高校新农科建设的相关工作。

（资料来源：教育部）

▶ 2019 年 6 月，《安吉共识——中国新农科建设宣言》发布　新农科建设唱响发展“三部曲”

2019 年 6 月 28 日上午，由教育部高等教育司指导、教育部新农科建设工作组主办的新农科建设安吉研讨会在浙江省安吉县余村召开。来自全国 50 余所涉农高校的 140 余位党委书记、校长和知名专家齐聚一堂，围绕习近平总书记关于“两山”理念的重要论述和新时代中国高等农林教育创新发展的思路和举措进行了交流与研讨。会

议发布了《安吉共识——中国新农科建设宣言》，对新农科建设作出了总体部署。会议标志着中国高等农林教育发展进入新时代。

（资料来源：教育部）

▶ 2019 年 9 月，习近平给全国涉农高校的书记校长和专家代表回信

2019 年 9 月 5 日，习近平总书记给全国涉农高校的书记校长和专家代表回信。对涉农高校办学方向提出要求，对广大师生予以勉励和期望。总书记的回信在全国涉农高校广大师生中引发热烈反响。

▶ 2019 年 9 月，新农科建设北大仓行动方案确定

2019 年 9 月 19 日，新农科建设北大仓行动工作研讨会在黑龙江七星农场召开。全国 50 余所涉农高校的近 180 位党委书记、校长和专家代表集中学习了习近平总书记给全国涉农高校的书记校长和专家代表重要回信精神，提出深化高等农林教育改革行动实施方案，确定新农科建设北大仓行动方案，对新农科建设作出全面部署。

（资料来源：新华网）

▶ 2019 年 12 月，新农科建设北京指南工作研讨会在北京召开

来自全国 55 所涉农高校的 150 余位党委书记、校长和专家代表参加会议。会议研究了新农科建设发展举措，提出了新农科改革实践方案，推出了新农科建设“北京指南”，对新农科建设的改革实践作出全面部署和展望。教育部高等教育司司长吴岩出席会议并发表题为《从“试验田”到“大田耕作”——深入贯彻总书记回信　全面展开新农科建设》的讲话。

（资料来源：中国日报）

▶ 2020 年 6 月，吉林省出台加强新农科建设的意见

2020 年 6 月 13 日，吉林省委办公厅省政府办公厅印发《关于加强新农科建设的意见》，《意见》指出新时期应以习近平新时代中国特色社会主义思想为指导，积极探索涉农高等教育改革新路径，加快构建新农科建设体系，持续提升人才培养能力和科技创新水平，树立近期和长期发展目标，明确发展任务，加强条件保障，构建现代农业产业、生产、经营三大体系。《意见》对加强吉林省新农科建设、推动吉林省由农业大省向农业强省转变意义重大。

（资料来源：吉林省人民政府）

▶ 2020 年 9 月，教育部依托中国农业大学设立全国新农科建设中心

2020 年 9 月 2 日，教育部高等教育司复函中国农业大学，决定依托中国农业大学设立全国新农科建设中心，统筹推动全国新农科建设工作。

（资料来源：中国农业大学）

▶ 2020 年 9 月，学习贯彻习近平总书记给全国涉农高校的书记校长和专家代表重要回信精神一周年座谈会在京举行

教育部党组成员、副部长钟登华出席座谈会，并指出，习近平总书记的重要回信和一系列重要指示批示，为新时代高等农林教育创新发展，加快新农科建设指明了前进方向，提供了根本遵循和行动指南，要坚持改革创新，全面总结梳理新农科建设发展经验，持续推进新农科建设，深化农林人才培养改革，推动我国高等农林教育呈现新局面。

（资料来源：教育部）

▶ 2020 年 9 月，教育部办公厅公布新农科研究与改革实践项目立项名单

教育部办公厅发布《关于公布新农科研究与改革实践项目的通知》（教高厅函〔2022〕20 号），认定 5 个选题领域、29 个选题方向 407 项新农科研究与改革实践项目。

（资料来源：教育部）

▶ 2020 年 9 月，河南省新农科建设创新联盟正式成立

2020 年 9 月 16 日，河南省新农科建设大别山行动方案发布会在信阳市光山县举办，会上河南农业大学牵头，河南省教育厅倡议，由河南农业大学、河南科技大学、河南科技学院、河南牧业经济学院、信阳农林学院 5 所高校共同发起筹备组建的河南省新农科建设创新联盟正式成立。

（资料来源：河南农业大学）

▶ 2020 年 9 月，中国新农科水产联盟成立

2020 年 9 月 26 日，中国新农科水产联盟在青岛正式成立。联盟是由中国海洋大学发起成立的非盈利、公益性社会组织，联盟将在改造提升现有水产学专业，布局适应新产业、新业态发展需要的新型水产专业方面发挥作用。

（资料来源：中国海洋大学）

▶ 2020 年 10 月，浙江省新农科建设推进会暨新农科教育联盟成立大会召开

2020 年 10 月 16 日，浙江省新农科建设推进会暨浙江省新农科教育联盟成立大会在安吉余村举行。浙江农林大学等 20 余所高校共同发起成立浙江省新农科教育联盟，携手推进新农科建设，培育卓越农林人才。

（资料来源：浙江农林大学）

▶ 2020 年 11 月，综合性大学农科人才培养联盟在浙江大学成立

联盟是由浙江大学农业与生物技术学院等国内综合性大学涉农学院联合发起成立的全国性高校合作组织，北京大学、浙江大学、上海交通大学、中国科学院大学等 34 所综合性大学的涉农学院加入。

（资料来源：浙江大学）

▶ 2020 年 12 月，吉林农业大学与吉林省农业科学院签署新农科建设合作框架协议

2020 年 12 月 11 日，吉林农业大学与吉林省农业科学院新农科建设合作签约仪式在吉林农业大学举行。根据协议，双方将加快“一省一校一所”教育合作育人示范基地建设。

（资料来源：吉林农业大学）

▶ 2020 年 12 月，河南实施新农科建设“八大行动” 培养一流农林人才

河南省发布新农科建设大别山行动方案，启动实施新农科建设“八大行动”，预计到 2025 年，形成河南特色、国内一流的新农科人才培养体系，培养懂农业、爱农村、爱农民的一流农林人才。

（资料来源：教育部）

▶ 2021 年 9 月，教育部发布《加强和改进涉农高校耕读教育工作方案》

2021 年 9 月，教育部印发《加强和改进涉农高校耕读教育工作方案》，对涉农高校加强和改进耕读教育作出部署，提出把握耕读教育基本内涵、构建耕读教育课程教材体系、多渠道拓展实践教学场所、建设专兼结合的耕读教育教师队伍、加强耕读传家校园文化建设等五项任务举措。

（资料来源：教育部）

▶ 2021 年 9 月，东北三省一区新农科教育联盟建设研讨会召开

沈阳农业大学组织召开东北三省一区新农科教育联盟建设研讨会。会议旨在进一步加强东北三省一区新农科院校合作，持续深化本科教育制度改革，探索新农科发展新路径、新境界，共同推动东北三省一区农业高校开放办学、资源共享、优势互补、共同发展。

（资料来源：沈阳农业大学）

▶ 2021 年 10 月，全国新农科建设工作推进会在吉林长春举行

教育部党组成员、副部长钟登华指出，要始终心怀“国之大者”，高质量推进新农科建设。钟登华强调，要抓好耕读教育，把思政工作与耕读教育有机结合，补齐实践教学短板。抓好农林紧缺人才培养，增强专业设置前瞻性和适应性，培养多类型卓越农林人才。抓好学科交叉融合，探索建立交叉学科人才培养先行示范区，促进“卡脖子”关键技术取得新突破。抓好农科教协同育人，推广“一省一校一所”育人模式，深化产教融合。抓好师资队伍建设，强化培养知农爱农新型人才使命感，完善教

师评价体系。

（资料来源：教育部）

▶ 2021年11月，《耕读教育十讲》教材出版

由中国农业大学牵头组织南京农业大学、西北农林科技大学、华中农业大学等校11位专家学者编写的《耕读教育十讲》出版。教材编写是中国农业大学等涉农高校积极响应教育部《加强和改进涉农高校耕读教育工作方案》文件精神，落实涉农高校耕读教育工作的具体举措之一。教材编写工作得到教育部高等教育司的高度重视。

（资料来源：中国农业大学）

▶ 2021年12月，河南省新农科建设工作推进会举行

会议传达了全国新农科建设工作推进会精神。河南省农业农村厅、河南农业大学、河南科技大学、河南科技学院、河南牧业经济学院等单位就推动高等农林教育改革发展、加强新农科建设工作经验开展交流。

（资料来源：河南省教育厅）

▶ 2021年12月，福建省新农科建设论坛暨推进大会召开

会议部署福建省新农科建设，探讨加快福建农业产业高质量发展，提高涉农人才培养质量。会议发布了福建省新农科建设宣言，由福建农林大学牵头的福建省新农科教育研究中心正式揭牌成立。

（资料来源：中共福建省委教育工委、福建省教育厅）

▶ 2021年12月，中国农业大学牵头成立全国乡村振兴高校联盟

联盟由全国42所具有不同学科及地域特点的高校共同发起成立。由中国农业大学当选理事长单位，中国农业大学校长孙其信当选联盟首任理事长，浙江大学、武汉大学、西北农林科技大学、南京农业大学、华中农业大学担任副理事长单位，联盟秘书处设在中国农业大学。理事会表决通过《全国乡村振兴高校联盟章程》。

（资料来源：中国农业大学）

▶ 2022 年 2 月，新疆新农科建设工作推进会召暨新农科教育联盟成立大会召开

由新疆农业大学发起，全疆及兵团 12 所涉农高校、4 所科研院所、21 家涉农龙头企业共同组建的新疆新农科教育联盟正式成立。

（资料来源：新疆农业大学）

▶ 2022 年 3 月，京津冀农林高校协同创新联盟新农科建设研讨会召开

会议由京津冀农林高校协同创新联盟主办，由天津农学院承办，中国农业大学、北京林业大学、北京农学院、河北农业大学等京津冀地区涉农高校参会。本次研讨会是京津冀地区高校围绕高质量推进新农科建设开展的一次重要研讨，对于京津冀地区持续深化本科教育教学改革，协同推进新农科建设具有重要意义。

（资料来源：天津农学院）

▶ 2022 年 6 月，全国新农科建设中心召开耕读教育实施进展与问题调研研讨会

来自高等教育司农林医药科教育处、劳动教育专业委员会及 10 所涉农高校的领导、专家参与研讨。开展全国涉农高校耕读教育实施进展与问题调研，对于推动农林高校耕读教育实践反思，深化对耕读教育内涵的认识和理解，形成更为清晰的、既体现农林高校共性又带有院校个性的耕读教育内涵解读，从根本上促进“耕”“读”有机结合，充分发挥耕读教育综合育人价值具有重要的现实意义。

（资料来源：全国新农科建设中心）

▶ 2022 年 7 月，黑龙江省新农科教育联盟成立大会暨 2022 年度黑龙江省高等学校新农科建设研讨会召开

联盟由东北农业大学发起成立，邀请 19 所高校、佳木斯国家农业高新技术产业示范区以及北大荒集团、大北农集团等 24 家涉农企业、政府部门共同组建。会议审议通过了《黑龙江省新农科教育联盟组织机构》《黑龙江省新农科教育联盟章程》《黑龙江省新农科教育联盟工作方案》，选举东北农业大学校长付强为联盟第一届理事长。

（资料来源：东北农业大学）

▶ 2022 年 7 月，东北三省一区新农科教育联盟正式成立

沈阳农业大学、吉林农业大学、东北农业大学、黑龙江八一农垦大学、内蒙古农业大学共同发起成立东北三省一区新农科教育联盟。联盟是深化高校开放办学，加强省际、校际合作，推动农林教育高质量发展的重要创新举措。

（资料来源：辽宁省教育厅）

▶ 2022 年 7 月，东北林业大学举办“高等农林院校校长论坛”

论坛以“创新行业育人质量保障体系、培养知农爱农型人才”为主题，聚焦“卓越农林人才培养”“高质量推进新农科建设”“建设一流大学”等方面相互交流经验，共话未来发展。

（资料来源：东北林业大学）

▶ 2022 年 7 月，全国新农科建设中心联络工作组正式成立

全国新农科建设中心联络工作组是全国新农科建设中心组织建设的标志性成果，是全国协同提升新农科建设水平的重要平台和有生力量。联络工作组的成立将在新农科建设信息报送、交流等方面发挥重要作用，为全国新农科建设工作提供有力支撑。

（资料来源：全国新农科建设中心）

安吉共识——中国新农科建设宣言

我们的共识：新时代新使命要求高等农林教育必须创新发展

没有农业农村现代化，就没有整个国家现代化。新时代对高等农林教育提出了前所未有的重要使命。打赢脱贫攻坚战，高等农林教育责无旁贷；实施乡村振兴战略，高等农林教育重任在肩；推进生态文明建设，高等农林教育义不容辞；打造美丽幸福中国，高等农林教育大有作为。面对农业全面升级、农村全面进步、农民全面发展的新要求，面对全球科技革命和产业变革奔腾而至的新浪潮，面对农林教育发展的深层次问题与严峻挑战，迫切需要中国高等农林教育以时不我待的使命感紧迫感锐意改革，加快建设新农科，为更加有效保障粮食安全，更加有效服务乡村治理和乡村文化建设，更加有效保证人民群众营养健康，更加有效促进人与自然的和谐共生，着力培养农业现代化的领跑者、乡村振兴的引领者、美丽中国的建设者，为打造天蓝山青水净、食品安全、生活恬静的美丽幸福中国作出历史性的新贡献。

我们的任务：新农业新乡村新农民新生态建设必须发展新农科

面向新农业。新农业是确保国家粮食安全之业，更是三产融合之业、绿色发展之业。新农科建设要致力于促进农业产业体系、生产体系、经营体系转型升级，优化学科专业结构，重塑农业教育链、拓展农业产业链、提升农业价值链，推动我国由农业大国向农业强国跨越。

面向新乡村。新乡村是农业生产之地，更是产业兴旺之地、生态宜居之地。新农科建设要致力于促进乡村产业发展，服务城乡融合和乡村治理，把高校的人才、智力和科技资源辐射到广阔农村，促进乡村成为安居乐业的美好家园。

面向新农民。新农民是健康食品和原材料生产者，更是现代产业经营者、美丽乡村守护者。新农科要致力于服务农业新型经营主体发展，融合现代科技和管理知识，培育新型职业农民，助推乡村人才振兴。

面向新生态。新生态是人与自然和谐共生的命运共同体，更是经济社会发展的新的生产力。新农科建设要致力于服务山水林田湖草系统治理，树立和践行“绿水青山就是金山银山”的理念，提升生态成长力，助力美丽中国建设。

我们的目标：扎根中国大地掀起高等农林教育的质量革命

开改革发展新路。开创农林教育新格局，走融合发展之路，打破固有学科边界，破除原有专业壁垒，推进农工、农理、农医、农文深度交叉融合创新发展，综合性高校要发挥学科综合优势支持支撑涉农专业发展，农林高校要实现以农林为特色优势的多科性协调协同发展。创多元发展之路，服务国家粮食安全、农业绿色生产、生态可持续发展，以需求的多元化推进发展的差异化特色化，构建灵活的教育体系和科学的评价体系，推进人才培养从同构化向多样化转变，实现多类型多层次发展。探协同发展之路，创建产学研合作办学、合作育人、合作就业、合作发展的“旋转门”，推动建设每省“一校一所”联盟、农科教合作育人基地，推进人才培养链与产业链对接融合、教育资源与科研资源紧密整合。举全国涉农高校人才培养和科技服务之力助力脱贫攻坚和乡村振兴，汇聚起新时代新农业新乡村新农民新生态发展的磅礴力量。

育卓越农林新才。打造人才培养新模式，实施卓越农林人才教育培养计划升级版。对接农业创新发展新要求，着力提升学生的创新意识、创新能力和科研素养，培养一批高层次、高水平、国际化的创新型农林人才；对接乡村一、二、三产业融合发展新要求，着力提升学生综合实践能力，培养一批多学科背景、高素质的复合应用型农林人才；对接现代职业农民素养发展新要求，着力提升学生生产技能和经营管理能力，培养一批爱农业、懂技术、善经营的下得去、留得住、离不开的实用技能型农林人才，培育领军型职业农民。激励青年学子在农业农村广阔天地建功立业，为乡村振兴和生态文明建设注入源源不断的青春力量。

树农林教育新标。构建农林教育质量新标准，建设“金专”，基于农林产业发展前沿、基于生产生活生态多维度服务、基于新兴交叉跨界融合科技发展，优化增量，主动布局新兴农科专业，服务智能农业、休闲农业、森林康养、生态修复等新产业新业态发展；调整存量，用生物技术、信息技术、工程技术等现代科学技术改造提升现有涉农专业，加速推进农林专业供给侧改革。建设“金课”，基于农林实际问题、基于农林产业案例、基于科学技术前沿，开发新时代农林优质课程资源，创新以学生发展为中心的教育教学方法，推进农林教育教学与信息技术深度融合，提升农林课程的高阶性、创新性和挑战度。建设“高地”，构建校内实践教学基地与校外实习基地协同联动的实践教学平台，建设一批区域性共建共享农林实践教学基地，让农林教育走下“黑板”、走出教室、走进山水林田湖草，补齐农林教育实践短板。建设一批农林类一流专业、一流课程和一流实践基地，倾心打造高等农林教育“质量中国”品牌。

我们的责任：为世界高等农林教育发展贡献中国方案

不忘初心、牢记使命，扎根中国大地办好高等农林教育，倾心倾力服务中国农业农村现代化和中华民族伟大复兴事业，是新时代中国高等教育肩负的庄严神圣使命。同时，作为世界农业大国、第一人口大国、第一发展中大国、第一高教大国，中国高等农林教育可以为解决全球粮食安全，农业农村发展，生态可持续发展，为服务人类命运共同体，共建美丽地球村贡献中国智慧、提供中国方案。这既是中国高等教育的责任担当，也是中国高等教育的世界情怀。

中国强，农业必须强；中国美，乡村必须美；中国富，农民必须富。中国实现现代化，农业农村必须实现现代化。

中国新农科建设，我们从安吉出发！

全国新农科建设进展简报

2021 年简报 

2022 年简报